천마 시설 재배 신기술

天麻设施化栽培新技术

贺新生 · 王正前 · 陈波 · 杜春雪 · 赵秋月 지음

왕효봉·유찬주·이장원·백승우 옮김

창지사

天麻设施化栽培新技术 / 贺新生等著.
ISBN 9787109266612

中国农业出版社出版
地址:北京市朝阳区麦子店街18号楼
邮编:100125
责任编辑: 李昕昱　　文字编辑: 黄璟冰
版式设计: 李　文　　责任校对: 刘丽香
印刷:中农印务有限公司
版次:2020年4月第1版

머리말

천마(天麻)는 자연의 깊은 땅속에서 자라나지만, 그 작고 하얀 덩이줄기 속에는 수천 년을 이어온 인류의 약용 지혜와 현대 과학이 주목하는 생리활성 물질이 응축되어 있다. 오랜 세월 동안 한약재로서 사랑받아 온 천마는 최근 뇌 건강과 관련한 연구가 활발히 진행되면서 기능성 식품과 고부가가치 농산물 시장에서 새롭게 조명받고 있다. 특히, 천마는 하늘에서 떨어져 마비가 되는 증상을 치료했다는 의미를 담고 있다. 옛 문헌에는 어지럼증과 중풍 치료제로 활용되었으며, 이후에도 심혈관 질환 및 마비 증세의 예방과 치료제로 활용되었다. 최근에는 혈관 및 뇌에 쌓인 유해산소를 없애며, 기억력 감퇴를 막고 뇌신경과 뇌혈관을 보호하는 작용을 하는 가스트로딘 성분, 항염증성 및 항혈관생성 억제 물질로 강력한 항산화 물질로 알려진 바닐리 알콜과 노화 억제 성분으로 잘 알려진 에르고티오닌이 다량 함유되어 있는 것으로 확인되었다. 그러나 국내에서는 이러한 잠재력에도 불구하고, 천마 산업은 여전히 기술적 기반이 취약하고 재배 효율도 낮은 상태에 머물러 있다.

이에 천마가 가진 가능성과 국내 천마 산업 발전을 위해서는 천마 재배에서부터 가공 및 유통까지 참고할 수 있는 체계적이고, 과학적인 기본서가 필요한 상황이다. 대부분의 농가는 '선배 농가의 경험'에만 의존한 채 재배하고 있으며, 이로 인해 시행착오가 반복되고 수확량과 품질이 일정하지 않은 현상이 지속되고 있다. 이는 단지 농가 개인의 문제가 아니라, 지역 농업의 경쟁력과 신소득 작물로서 천마 산업화를 어렵게 만드는 구조적 문제이다.

이 책은 그러한 절실함에서 시작되었으며, 중국에서 발간된 천마 재배 신기술 전문서에 관심을 가지게 되었다. 중국은 이미 수십 년 전부터 천마 재배를 과학적으로 접근해 왔으며, 종균 개발, 자마 배양, 성마 생장 관리, 시설 환경 조절, 병해충 통제, 수확 후 가공 및 유통에 이르기까지 천마 산업의 전 과정을 체계화하는 데 성공한 국가이다. 중국의 천마 산업은 기술 집약형 구조로 진입 장벽이 높지만, 그만큼 높은 생산성과 품질을 확보하며 국내외 시장에서 강한 경쟁력을 발휘하고 있다. 특히 최근에는 시설 재배 신기술이 개발되어 보급되고 있는 상황이다.

이번 번역서는 그러한 중국 천마 재배 신기술을 담은 것으로, 단순한 매뉴얼 수준이 아니라 천마라는 식물의 생리적 특성부터 생장 메커니즘, 재배 기술, 환경 조건, 생장균 및 종균의 활용, 생장 단계별 관리 요령, 그리고 최신 시설재배와 가공 유통 기술까지 전방위적 내용을 담고 있다. 이 책은 천마 산업의 초석이 될 기초 지식부터, 현장에 즉시 적용 가능한 실용 기술까지 아우르는 보기 드문 실용서이다.

천마는 여타 작물과는 근본적으로 다른 생장 방식을 가지고 있다. 꽃이 피고, 암수의 수정을 통해 씨앗을 얻고, 이 씨앗은 곧바로 싹이 트지 않으며, 반드시 발아균과의 공생 관계를 형성해야 자마가 만들어진다. 그 자마를 다시 생장균과 함께 묻고 일정 기간, 자연환경 속에서 숙성시켜야 비로소 성마로 성장한다. 이처럼 천마는 인위적인 방식으로 단순히 심고 거두는 작물이 아니라, 균과의 긴밀한 생물학적 상호작용을 기반으로 성장하고, 화학적 농법이나 오염된 토양에서 재배할 수 없는, 말 그대로 '생태적 작물'이라 할 수 있으며, 그 자체가 유기농산물이다.

바로 이 점이 천마 재배를 어렵게 만드는 요인이기도 하지만, 동시에 천마만이 가진 가치와 희소성을 높여 주는 본질적 배경이기도 하다. 균과의 공생을 성공적으로 유도하려면 정밀한 온도·습도 조절, 토양 상태의 유지, 참나무 조각과 종균의 균형 잡힌 사용, 자마의 건강한 생장 조건 등이 필수이다. 이 책은 바로 이러한 복잡하고 미세한 기술 요소들을 과학적 데이터와 실제 사례를 바탕으로 설명해 주고 있다.

현재 국내 천마 재배 농가들은 이러한 기술을 충분히 습득하지 못한 상태에서 재배하고 있으며, 이로 인해 생존율이 낮고 자마의 품질이 균일하지 않으며, 성마 수확량에도 큰 차이가 발생하고 있다. 또한, 생물로서 저장성이 낮기 때문에 저장성과 가공성을 확보하지 못한 채 생물 상태로 유통되는 경우가 많아 수확 이후에도 손실이 크다. 이러한 문제는 농가에서는 해결하기 어렵기 때문에 지역 차원의 재배 기술 보급과 체계적인 수확 후 관리 기술이 뒷받침되어야 한다. 본 번역서는 이러한 문제를 해결할 수 있는 지침서로서, 단순한 기술서가 아니라 천마 산업의 구조적 경쟁력을 확보하는 데 기여할 수 있는 교재이다.

이 책은 특히 다음과 같은 독자층에게 실질적인 가치를 줄 수 있다. 우선, 천마 재배 농가는 반드시 갖추어야 할 '기본서'로서 활용할 수 있다. 이미 천마를 재배 중이지만 기술의 한계를 느끼고 있거나, 품질 향상을 위한 지식을 찾고 있는 농가에 이 책은 새로운 가능성을 열어 줄 것이다. 또한 천마를 새로운 소득 작물로 도입하고자 고민하는 농업인들에게는 입문서이자 전략서로서 구체적인 재배 계획을 수립하는 데 도움을 줄 수 있다.

지자체 및 농업기술센터에도 이 책은 의미 있는 자료가 될 것이다. 신소득 작물 발굴을 위한 시범 사업이나 교육 프로그램에서 천마를 소개하고, 교육할 수 있는 유일한 체계적 교재로 활용될 수 있다. 귀농 · 귀촌 인구 증가에 따라 특용 작물 재배에 대한 수요가 높아지고 있는 시점에서, 천마는 그 수요에 대응할 수 있는 작물이다. 천마는 생물학적 특성상 유기농 재배가 가능하고, 초기 노동력은 다소 요구되지만 이후 관리가 비교적 용이하여 고령 농가에도 적합한 작물이다. 따라서, 귀농인에게는 초기 기술 확보만 잘 이루어진다면 안정적인 수익원을 마련할 수 있는 작물이며, 농촌 노동력이 부족한 상황에서 고령 농가가 소득 작목으로 적합한 작물이라 할 수 있다.

무엇보다도 본 번역서의 가장 큰 강점은 그 '정확성'과 '현장성'에 있다. 이 책은 천마에 대한 생물학적 이해가 깊은 저자와 중국 현지 교수진, 천마 재배자들이 함께 검토하고, 작성한 원서를 천마 전문가들이 함께 직접 용어 검수와 해석을 거쳐 번역한 결과물이다. 천마 관련 용어는 그 지체로도 전문성이 높고 복잡한 생장 구조를 이해하지 않으면 잘못 번역될 가능성이 크다. 많은 시간 동안 중국의 기술적 맥락을 이해하고, 국내 농업 현장에 맞게 용어를 정제하며, 각 단계별 기술의 해설을 현장 중심으로 재구성하였다.

또한, 이 번역서는 단순한 기술 해석을 넘어 '천마 산업화의 방향성'을 제시하고 있다. 천마의 가능성은 단순한 약용 작물에 머무르지 않고, 최근 기능성 소재에 대한 시장 수요가 급증하면서 천마는 고부가가치 가공식품의 원료로서도 각광받고 있다. 기존 건강기능식품 시장에서 가장 많은 활용도가 높은 것이 바로 뇌혈관 기능 개선, 기억력 강화, 신경계 안정 기능인데, 이는 천마의 주요 효능과 정확히 맞닿아 있는 지점이다. 따라서 천마는 향후 식품 소재 산업, 뷰티 헬스 케어, 스마트팜 연계 작물로 확장될 수 있는 가능성까지 지닌 작물이다.

끝으로 본 번역서는 단지 한 권의 기술서가 아니라, 대한민국 천마 산업의 미래를 여는 하나의 도전이자 실천이기에 천마를 재배하는 농가, 그리고 새로운 작물을 찾는 농가, 나아가 지속 가능한 농업과 고부가가치 산업을 고민하는 이들에게 실질적인 길잡이가 되기를 희망한다. '천마'라는 작물이 가진 조용한 생명력처럼, 이 책 또한 독자들의 손에서 조용히 뿌리를 내리고, 농가의 삶과 지역 산업에 튼튼한 열매를 맺기를 기대한다.

2025년 6월

역자 일동

차례

개요

천마는 난초과(Orchidaceae) 천마속(*Gastrodia*)의 총칭으로, 다년생 초본 공생 식물이며, 국가에서 규정한 식·약 겸용 식물로서 유명한 전통 한약재이다. 천마는 다음과 같이 여러 이름으로 불리고 있는데, 적전(赤箭), 이모(离母)『본경(本经)』, 신초(神草) 『오보본초(吴普本草)』, 독요지(独摇芝) 『포박자(抱朴子)』, 정풍초(定风草) 『약성론(药性论)』, 합리(合离) 『유양잡조(酉阳杂俎)』, 합리초(合离草), 독요(独摇) 『본초도경(本草图经)』, 백룡피(白龙皮), 적전지(赤箭芝) 『본초강목(本草纲目)』, 자동초(自动草)『호남약물지(湖南药物志)』 등이다.

천마속은 난초과 천마아과 천마아족에 속하는 식물 분류 체계에 해당된다. 이 식물은 지상에서 자라는 진균(곰팡이, 효모, 버섯 등을 포함하는 생물군) 영양 초본 식물로 잎과 뿌리가 없고 스스로 광합성을 할 수 없으며, 영양물질을 섭취하기 위해 발달된 뿌리 유사기관도 없어서 영양 성분을 흡수하지 못하므로 오로지 진균인 생장균으로부터 수분과 영양분을 공급받아야만 괴경(덩이뿌리)이 성장할 수 있다. 천마는 다육질의 지하 괴경과 지상에 직립하여 꽃을 피울 수 있는 줄기로 이루어져 있고, 꽃은 단색에서 다색에 이르며 윤생한다. 꽃의 꽃받침과 꽃잎이 어우러져 종 모양 또는 불규칙한 관 모양의 꽃차례를 이루고, 꽃잎은 보통 꽃받침보다 훨씬 작은데 입술 모양의 꽃잎은 3개의 갈래로 나뉘며 완전히 관 속에 둘러싸여 있다. 자연 상태에서는 천마가 자가수분이 되지 않아 특수 곤충에 의해 수분이 이루어져야만 결실이 가능하며, 자연 상태에서 천마의 결실률은 일반적으로 1% 미만이다. 재배 조건에서는 인공적으로 수분을 해야만 유성 생식을 통하여 종자를 얻을 수 있다. 모든 난과 식물과 마찬가지로 천마 종자는 구조가 매우 간단하여 한 개의 종자가 약 100개 미만의 세포로 구성되어 있고, 배만 있고, 배유는 없다. 따라서 종자 내에 저장된 영양분의 양이 적어 작은 원구경으로는 발아할 수 없으므로 토양 내 공생 진균인 발아균이 영양분을 제공해 주어야 정상적으로 발아할 수 있다. 수분되지 않은 종자는 투명한 세포만 존재하고 배가 형성되지 않는다.

천마는 고지대에서 자생하는 식물로 야생 천마는 주로 해발이 높은 산간 지역에 많이 분포한다. 그 생장지 기후 환경의 특징은 여름철에는 시원하고 습도가 높으며 겨울철에는 적설량이 많고, 숲이 울창하여 낙엽층이 두껍게 형성되어 있고, 표토는 물이 잘 빠지면서도 수분을 유지하는 성질이 있다.

천마속은 1810년 Robert Brown에 의해 처음 공식적으로 기술되어 *Prodromus Florae Novae Hollandiae et Insulae Van Diemen*에 발표되었다. 기준이 되는 종은 *Gastrodia sesamoides*이다. 천마속의 라틴어 명칭 '*Gastrodia*'는 고대 그리스어로 '배가 볼록한', '팟 벨리(pot-bellied)' 또는 '큰 배'를 의미한다. 전 세계적으로 천마속 식물은 80여 종이 있으며, 그중에서도 중국에는 20개 이상의 종과 아종 또는 변종이 보고되어 있다. 중국에서 상업적 재배 및 약용으로 활용되고 있는 천마는 *Gastrodia elata* Blume이다.

천마는 열대, 아열대에서 남부 온대, 한대 지역의 산악 지대에 이르기까지 분포하며 아시아, 오세아니아, 아프리카가 원산지이다. 특히, 아시아의 중국, 러시아 극동, 일본, 한국, 북한, 베트남, 태국, 인도, 네팔, 부탄, 스리랑카, 인도네시아, 말레이시아, 필리핀 등과 인도양의 여러 섬, 예를 들어 일본의 오키나와 군도, 오가사와라 군도, 말레이시아의 보르네오섬, 말레이반도, 러시아 극동의 아무르주, 연해주, 쿠릴 열도 등에서 발견되었다. 이 외에도 오세아니아의 호주, 뉴질랜드, 뉴기니섬, 뉴칼레도니아섬 및 중앙아프리카, 마다가스카르 등에도 분포한다. 아프리카 대륙, 유럽, 아메리카에서는 아직 천마속 식물이 발견되지 않았다.

천마가 분포하고 있는 지역은 사천(四川) · 중경(重庆) · 운남(云南) · 귀주(贵州) · 티베트 자치구(西藏自治区) · 신강 위구르 자치구(新疆维吾尔自治区) · 감숙(甘肃) · 청해(青海) · 하남(河南) · 하북(河北) · 강서(江西) · 호북(湖北) · 호남(湖南) · 안휘(安徽) · 절강(浙江) · 복건(福建) · 섬서(陕西) · 산서(山西) · 료저(辽宁) · 길림(吉林) · 흑룡강(黑龙江) · 내몽고 자치구(内蒙古自治区) · 대만(台湾) · 해남(海南) · 광서(广西) 등의 성과 자치구에서로 해발 400~3,200m 산악 지대의 숲속 또는 숲 가장자리에서 자란다.

사천성에서는 주로 분지 주변의 산악 지대, 칭장고원의 산악 지대 및 계곡 지대에 분포하고 있으며, 평야 및 구릉 지역에서는 자연 분포가 비교적 적다.

중세 천마와 남천마는 주로 타이완성에 분포하고 유천마는 윈난성 중부 지역에서 자라며, 원천마는 윈난성의 여강(丽江), 석병(石屏) 및 사천성 아미산(峨眉山)의 고산 지역에 분포한다.

『중국약전(中国药典)』(2015년판)에 따르면, 천마 약재로 사용하는 건조품은 수분 함량이 15%, 총 회분 함량은 4.5% 이내, 이산화황 잔류량은 400mg/kg를 넘지 않아야 하고 침출물 함량은 15.0% 이상이어야 하며, 천마소($C_{13}H_{18}O_7$) 및 파라히드록시벤질알코올($C_7H_8O_2$)의 총 함량은 0.25% 이상이어야 한다.

제1절 고대 중국 의학서의 기록

천마는 전통적인 귀한 한약재로 맛이 달고 성질이 평온하며, 풍을 가라앉히고 경련을 멈추게 하며 간 양기(두통, 현기증, 불안, 고혈압 등의 증상을 유발)를 조절하여 안정시키고, 풍을 없애며 경락을 통하게 하는 효능이 있다. 어린이의 경련, 간질 경련, 파상풍, 두통, 현기증, 사지 마비, 손발 마비, 그리고 풍습으로 인한 통증 치료에 쓰인다.

천마는 2,000여 년 전부터 병을 고치는 신약으로 꼽혀 왔다. 중국에서 가장 오래된 한약학 저서인『신농본초경(神农本草经)』(일명『신농본초(神农本草)』)에는 천마의 효능에 대해 "귀신을 죽이고, 정령과 독, 악취를 없애며, 오랜 복용 시 기운을 북돋이 주고, 힘을 길러 주며, 체격을 좋게 하고 건강을 증진한다."라고 기록되어 있다. 이는 천마가 신경 통증을 치료하고 진정 및 수면 작용이 있다는 것을 의미한다. 당나라 시대의『신수본초(新修本草)』와 송나라 시대 소송의『본초도경(本草图经)』에도 천마의 신기한 효능이 기록되어 있다. 명나라 시대의 뛰어난 의약학자 이시진(李时珍)은『본초강목(本草纲目)』에 역대 서적에 기록된 천마의 효능에 대해 다음과 같이 요약 기술했다. "오랜 복용 시 기운을 북돋아 주고, 시력을 좋게 하며, 체격을 좋게 하고 건강을 증진하며, 종기를 없애고 부기를 가라앉힌다. 풍습으로 인한 사지 경련, 마비, 소아 경련, 놀라서 기운을 잃는 증상 등을 치료하고, 양기를 도와주며, 오로칠상(체력과 정신의 쇠약)을 보양하며, 풍으로 인한 현기증과 두통을 치료하고, 혈맥을 통하게 하고, 몸의 개운함을 돕는다. 상품의 오지(다섯 가지 뛰어난 약재) 외에 몸을 보호하고 기운을 돋우는 최고의 약으로 천마가 가장 첫 번째로 꼽힌다. 세상 사람들은 천마에 대해 오해하여 오직 풍을 치료하는 데만 사용하는 것으로 알고 있으니 매우 안타까운 일이다." 천마는 독이 없고, 성질이 따뜻하며, 두통, 현기증, 중풍, 마비 등의 증상 치료에 널리 사용되어 현저한 효과를 얻고 있다.

천마는 자주 사용되는 한약재로, 성질은 달고, 맛은 자극적이거나 강하지 않고 부드럽고 온화한 편이다.『신농본초경(神农本草经)』에는 "맛이 맵고 성질이 따뜻하다."라고 기록되어 있으며,『본초강목(本草纲目)』에는 "간경(간의 경락)에 들어가 기운을 돋운다."라고 기록되어 있다.『뇌공포제약성해(雷公炮制药性解)』에는 "간과 방광의 두 경락에 들어간다."라고 기록되었으며,『본초신편

(本草新编)』에는 "비장, 신장, 간, 담경, 심장에 들어간다."라고 기록되어 있다.

천마의 기능은 "풍을 가라앉히고, 경기를 멈추며, 현기증과 두통을 치료하고, 사지 마비와 반신불수, 언어 장애, 소아의 경련을 치료하는 것이다."라고 많은 중의약 고서에 이 내용이 기록되어 있다. 『신농본초경(神农本草经)』에는 "귀신을 죽이고, 정령과 독, 악취를 없애며, 오랜 복용 시 기운을 북돋아 주고, 힘을 길러 주며, 체격을 좋게 하고 건강을 증진한다."라고 기록되어 있으며, 『별록(别录)』에는 "종기를 없애고 부기를 가라앉히며, 서혜부 탈장과 혈변을 치료한다."라고 기록되어 있다. 『약성론(药性论)』에는 "차가운 풍습으로 인한 마비와 반신불수, 불안감을 치료한다."라고 기록되어 있고, 『일화자본초((日华子本草)』에는 "양기를 도와주며, 오로칠상을 보양하고, 혈맥을 통하게 하고, 몸의 개운함을 돕는다."라고 기록되어 있다.

제2절 현대 의약 연구

현대에 이르러 관련 의학 문헌에 기록된 천마의 효능은 매우 광범위하다. 천마는 기운을 보충하고, 경기를 진정시키며, 간을 보호하고, 어지럼증을 멈추고, 풍습을 제거하며, 근골을 강화하는 효능이 있다. 최근 연구 보고에 따르면, 천마는 진정, 진통, 항경련, 수면 유도, 불안 완화, 어지럼증 방지, 혈압 강하, 신경세포 보호, 항산화 및 항염, 면역력 강화, 기억력 개선, 노화 방지 등의 여러 가지 기능을 가지고 있다. 천마는 주로 류머티즘 요통, 얼굴 마비, 사지 경련, 사지 마비, 어지럼증, 두통, 소아 경련 등의 치료에 사용된다. 임상적으로도 천마 추출액은 혈관을 확장하고, 혈관의 탄력을 강화하는 데 효과적이며, 뇌기저동맥의 혈액 공급 부족으로 인한 어지럼증 및 신경 증상, 심혈관 질환 치료에 탁월한 효과가 있는 것으로 밝혀졌다. 또한 천마는 고공 비행사들의 뇌 건강 보조제로 사용되며, 시신경의 분별 능력을 향상시킬 수 있다고 평가되고 있다.

천마의 약용 부위는 지하 괴경으로, 주요 화학 성분은 식물 스테롤, 페놀류, 유기산 등이다. 현대 의학적 분석 결과를 보면 주요 약용 성분은 천마소(Gastrodin, 천마감), 천마감원, 바닐릴 알코올, 바닐린, 글루코피라노사이드, 천마에테르배당체, 파라-하이드록시벤즈알데하이드, 파라-하이드록시벤질알코올 숙신산, β-시토스테롤, 카로틴배당체, 구연산, 메틸 에스테르, 팔미트산, 자당 등이다. 천마에 가장 많이 함유된 활성 성분은 천마소로, 0.33%~0.67%를 차지한다. 천마소는 독성이 없으며, 복용 후 장에서 빠르게 흡수되고, 최종적으로 소변으로 배출되며, 주요 효능은 진정, 수면 유도, 항경련 효과이다.

천마소는 천마의 주요 유효 성분 중의 하나로, 분자식은 $C_{13}H_{18}O_7$, 분자량은 283.22, 화학명은 4-하이드록시메틸페닐-β-D-피라노글루코사이드이다. 백색 침상 결정으로, 녹는점은 154~155℃이며, 물, 메탄올, 에탄올에 잘 녹고, 클로로포름과 에테르에는 녹지 않는다. 주요 대사산물은 천마배당체인 천마감원(gastrodigenin, p-hydroxybenzyl alcohol, HBA로 약칭)이다.

천마는 다양한 약리 작용을 가지고 있으며, 다수의 연구에 따르면 중추 신경계 질환 치료에 효과적인 것으로 나타났다. 또한 심혈관계 질환, 면역력 증진, 항산화, 신경세포 보호, 이명 및 난청 치료 등에 탁월한 약리 작용이 있는 것으로 알려졌다.

등사현(邓士贤)과 막운강(莫云强)(1979)의 급성 독성 실험에 따르면, 소량의 천마소를 생쥐의 꼬리 정맥에 주사, 즉 500mg/kg(생약으로 환산하면 약 20kg)을 투여하여 3일간 관찰한 결과, 독성과 사망 사례가 나타나지 않았다. 생쥐에 천마 감원을 경구 복용시켰을때, 5,000mg/kg의 투여량에서도 독성과 사망 사례가 관찰되지 않았다. 이는 천마소와 천마감원의 독성이 매우 낮음을 의미하며, 『본초강목(本草纲目)』에 기록된 천마의 무독성을 입증한 것이다. 우빈(于滨) 등(2014)은 천마 미세 분말을 이용한 동물 실험에서 독성과 안전성에 대해 보고하였다. 급성 독성 시험은 각 20마리의 쿤밍종 생쥐와 SD 큰 쥐를 대상으로 하였으며, 암컷과 수컷이 각각 절반씩 구성되었다. 천마 미세 분말의 투여량을 체중 15.0g/kg으로 하여 14일간 관찰하면서 중독 증상을 기록했다. Ames 시험은 TA97, TA98, TA100, TA102 균주를 사용하여 S9을 추가하거나 추가하지 않은 조건에서 천마 미세 분말을 각각 8, 40, 200, 1,000, 5,000μg/접시의 용량으로 시험하였다. 생쥐 골수세포 미세핵 시험과 정자 변형 시험은 모두 쿤밍종 생쥐를 사용하였고, 천마 미세 분말의 투여량은 체중 1.25, 2.50, 5.00g/kg으로 하였으며, 양성 대조군으로는 체중 40mg/kg의 사이클로포스파마이드를 사용하였다. 30일간의 급식 시험은 SD 큰 쥐를 대상으로 했으며, 성별을 반씩 나누어 각각 40마리씩 구성하였나. 천마 미세 분말의 투여량은 체중 2.81, 5.62, 11.25g/kg으로 하였고, 30일간 연속 급식하면서 동물의 일반 상태와 체중, 혈액학 및 혈액 생화학 지표, 장기 계수 등을 측정하고 조직 병리학 검사를 실시하였다. 급성 독성 시험 결과, 천마 미세 분말의 최대 내성 용량(MTD)은 생쥐와 큰 쥐 모두에서 체중 15.0g/kg 이상으로, 무독성으로 분류되었다. 천마 미세 분말의 Ames 시험, 생쥐 골수세포 미세핵 시험 및 정자 변형 시험 결과는 모두 음성으로 나타났다. 30일간의 급식 시험에서도 동물의 일반 상태는 양호했고, 각 용량의 천마 미세 분말은 동물의 체중, 식사량, 식품 이용률, 장기 무게 및 장기 계수에 뚜렷한 영향을 미치지 않았으며, 동물의 혈액 검사 및 혈청 생화학 지표에도 뚜렷한 영향을 미치지 않았다. 병리학적 검사 결과, 고용량 천마 세립 분말이 동물의 간, 신장, 위장, 비장, 난소(고환) 등의 조직에 명확한 독성을 나타내지 않았다. 결과적으로, 각 실험 조건에서 천마 미세 분말은 명확한 독성이나 기형 유발 및 돌연변이 유발 작용을 나타내지 않았다.

전호량(田好亮) 등(2014)은 천마 미세 분말이 건강 보조 식품으로 개발될 수 있다는 안전성에 대해 보고하였다. 식품 안전성 독성 평가 절차와 방법에 따라 큰 쥐, 생쥐를 대상으로 급성 독성 시험과 생쥐 골수세포 미세핵 시험, 정자 변형 시험, Ames 시험 및 큰 쥐 30일간 급식 시험을 진행하였다. 결과적으로 큰 쥐, 생쥐에게 체중당 15g/kg의 MTD를 경구 투여했을 때 무독성으로 나타났고 골수세포 미세핵 시험, 정자 변형 시험, Ames 시험 모두에서도 음성 결과가 나타났다. 큰 쥐를 대상으로 한 30일간의 급식 시험에서도 체중, 체중 증가, 식사량, 식품 이용률, 장기 계수 및 혈액 검사, 혈청 생화학 등 각종 지표에서 부정적인 영향이 관찰되지 않았다. 병리 조직학적 관찰에서도 간, 비장, 신장, 위, 십이지장, 고환, 난소 등에서 샘플 섭취와 관련된 명확한 조직학적 병리 변화가 관찰되지 않았다. 이 실험 조건에서 천마 미세 분말은 식품 안전성 독성 평가 기준에 부합하여 건강 보조 식품으로 추가 개발 및 활용 가치가 있는 것으로 평가되었다.

1. 천마가 중추 신경계에 미치는 영향

1) 수면 유도 및 진정 작용

침도수(沈道修)와 장효문(张孝文)(1963)은 천마 추출액이 명확한 진통 효과가 없다고 보고하였다. 그러나 등사현(邓士贤)과 막운강(莫云强)(1979)은 천마소(天麻素, Gastrodin)와 천마배당체(天麻苷元)를 이용한 생쥐, 원숭이, 비둘기 및 인간 임상 실험에서 천마소가 안전한 진정제임을 발견하였고, 대뇌 피질의 흥분과 억제 과정 간의 불균형을 회복시킬 수 있음을 확인하였다. 이는 신경쇠약, 정신 긴장, 불안, 초조, 신경성 불면증 및 소아의 고열로 인한 경련 등의 증상 치료에 사용될 수 있음을 의미하며, 임상 경험에서 보고된 효과는 약리 연구에서 제공된 결과와도 일치하였다. 유금휘(游金辉) 등(1994)은 천마소가 혈액뇌장벽을 통과하여 뇌에 들어가며, 뇌, 혈액 및 간에서 신속하게 천마배당체로 분해되어 뇌 조직 내에 저장되며 중추 진정 작용을 발휘한다고 보고하였다. 천마배당체와 천마소는 모두 주로 신장을 통해 배설되며, 천마소는 생쥐 체내에서 장간순환을 통해 존재할 가능성이 있음을 보고하였다. 천마소의 진정 작용을 발휘하는 메커니즘은 천마소가 혈액뇌장벽을 통과하여 뇌 조직에서 빠르게 분해되고 뇌세포막의 벤조디아제핀 수용체(Bz 수용체)의 리간드인 천마배당체로 변환되어 γ-아미노부티르산/Bz 수용체에 작용하는 것이다. 추저(邹宁) 등

(2011)은 천마소를 생쥐에 투여하여 약물 사용 전후의 활동 시간, 수면 유도 시간, 수면 유도 수량을 관찰한 결과, 천마소를 투여한 후 생쥐의 수면 시간이 연장되고, 수면 유도 수량이 증가하여 천마소가 수면 유도 및 진정 약리 작용을 가지고 있으며, 생쥐의 자발적 활동을 억제할 수 있음을 발견하였다.

유국경(刘国卿) 등(1974)은 천마 성분 중 하나인 바닐릴 알코올을 이용하여 신경 약리 연구를 진행하였다. 생쥐 복강에 바닐릴 알코올을 200mg/kg 투여했을 때 생쥐의 자발적 활동이 현저하게 감소하고 헥사바르비탈 나트륨에 의해 수면 시간이 연장됨을 확인하였다. 복강에 300mg/kg을 투여하였을 때는 뇌전증을 유발하는 펜틸렌테트라졸의 경련을 뚜렷하게 억제하는 효과를 보였으나, 스트리크닌 질산염에 의한 경련 억제 작용은 뚜렷하게 나타나지 않았다. 바닐릴 알코올과 대조 약물인 바닐린은 15~30분 후 자발적 활동을 가장 크게 감소시켜 진정 작용의 정점을 보였다.

2) 항경련 작용

장소령(张素玲) 등(2012)은 생쥐를 대상으로 생쥐의 복강에 서로 다른 용량의 천마소 또는 천마소와 디아제팜 혼합액을 주사한 후 10분이 지나 경련 유발 용량의 리도카인을 복강 주사하고, 생쥐의 경련 잠복기, 지속 시간 및 경련 횟수를 관찰하였다. 그 결과, 천마소 100mg/kg, 200mg/kg, 400mg/kg이 경련 잠복기를 연장할 수 있었으며($P<0.05$, $P<0.05$, $P<0.01$), 천마소 50mg/kg 단독 사용에서도 경련 잠복기를 연장할 수 있었으나($P<0.05$), 경련 지속 시간과 경련 횟수에는 뚜렷한 영향을 미치지 않았다. 디아제팜 1.5mg/kg 단독 사용은 경련 잠복기, 지속 시간 및 경련 횟수에 뚜렷한 영향을 미치지 않았으나 두 약물을 혼합 사용하면 경련 잠복기가 유의하게 연장되었고($P<0.01$), 경련 지속 시간이 단축되었으며($P<0.01$), 경련 횟수는 감소하였다($P<0.01$). 이 실험 결과는 천마소 단독 사용으로도 리도카인에 의한 경련 유발 작용을 억제할 수 있으며, 저용량의 천마소와 디아제팜의 병용이 리도카인에 의한 경련 유발 작용을 시너지

효과로 억제할 수 있음을 보여 준 것이다. 천마소는 지방 친화성 물질로, 혈뇌 장벽을 통과하여 글루탐산(Glu, 흥분성 아미노산)의 생성 및 방출을 억제하고, NMDA 수용체의 활성을 감소시켜 Ca^{2+} 농도를 낮추며, 아스파르트산 NMDA-Ca^{2+}—NO 경로를 차단하여 항경련 효과를 나타낸다.

황준화(黄俊华)와 왕계련(王桂莲)(1989)은 천마 주사액, 탈천마배당체 및 천마배당체(Gastroside)가 생쥐의 자발적 활동에 미치는 영향에 대해서 연구하였다. 천마 주사액(천마 원료를 수추출 및 발효시킨 후 상등액을 2.5g/mL로 농축)의 용량은 10g/kg, 탈천마배당체(덱스트란겔법으로 제조한 천마 주사액)는 20g/kg, 천마배당체는 25, 50, 100mg/kg을 사용하였다. 그 결과, 천마 주사액 10g/kg과 탈천마배당체 20g/kg은 생쥐의 자발적 활동을 감소시켰으나 천마배당체의 세 가지 용량은 모두 효과가 없었다.

3) 항현훈 작용

제학군(齐学军)과 유금민(刘金敏)(2010)은 후순환 허혈성 현훈 치료를 위해 천마소 주사액의 임상 효과에 대하여 연구하였다. 현훈과 신체 평형 장애를 주요 증상으로 하는 후순환 허혈 환자 352명을 무작위로 치료군(172명)과 대조군(180명)으로 나누고 치료군은 천마소 주사액 0.2g, 덱사메타손 2mg, 리도카인 20mg을 주사관 내에서 혼합하여 천유혈에 주사하였으며, 격일로 1회, 5회를 1개 치료 과정으로 하였다. 대조군은 천마소 주사액 0.6g을 생리식염수 250mL에 혼합하여 정맥 주입하였으며, 1일 1회, 10일간 치료하였다. 그 결과, 치료군의 총 유효율은 95.35%, 대조군의 총 유효율은 93.89%로 두 군 간에 통계적으로 유의미한 차이는 없었다($P>0.05$). 두 군은 치료 전후 척추기저동맥 혈류 속도가 현저히 증가하였고($P<0.05$), 치료 후 두 군 간에 통계적으로 유의미한 차이는 없었다($P>0.05$). 실험 결과, 천마소 주사액은 후순환 허혈 환자의 현기증, 메스꺼움, 구토, 두통, 평형 장애 등의 증상과 징후를 현저히 완화시키는 것으로 나타났다. 혈관 확장을 촉진하고 뇌혈관 경련을 방지하며, 척추-기저동맥의 혈액 공급을 개선하고 뇌혈류량을 증가시키는 효과도 있었다. 또한 진정 작용을 통해 환자의 불안 증상을 완화하여 정신적 요인으로 인한 혈관 경련을 해소할 수도 있었다. 천마소는 또한 세포 영양과 혈류 역학을 개선하는 작용이 있어, 약물 투여 후 즉시 척추-기저동맥계 순환 불량, 메니에르병, 전정신경염 등으로 인한 현기증, 구토 등의 증상을 제거하는 효과를 발휘한다.

4) 진통 작용

정위홍(郑卫红) 등(2005)은 오홍천마 종마가 생쥐에 미치는 진통 작용과 그 용량 간의 관계를 보고하였고, 오홍천마 종마가 명확한 진통 작용을 가지고 있음을 발견하였다. 꼬리물기 실험(Writhing reflex)과 열판법(hotplate method)을 통해 생쥐의 통증 역치를 측정한 결과, 천마는 생쥐의 통증을 완화시킬 뿐만 아니라 꼬리물기 반응의 잠복기를 연장시켰으며, 이러한 약리 작용은 용량 의존적으로 증가하는 특성을 보였다. 만성 통증에서 통증 완화를 높이는 천마소의 효과를 연구하기 위해 통증 모델을 모방한 실험에서 생쥐를 사용하였고, 이 모델에서 생쥐의 피부 온도, 발목 관절 부종 정도, 통증 역치 및 통증 등급 변화를 관찰하였다. 그 결과, 모델하에서 생쥐의 기본 통증 역치가 증가하였고, 피부 온도가 감소하였으며, 발목 관절 부종이 완화되었고, 통증 등급이 하락하였다. 천마의 진통 약리 작용 메커니즘은 신경 자극의 전달을 줄이고, 통증 물질의 전달을 차단하며, 진통 시스템이 진통 물질을 방출하도록 촉진하는 것으로 여겨진다. 천마소는 또한 성상 교질 세포의 활성화를 억제하여 진통 효과를 발휘할 수 있다.

5) 두통 치료 작용

연구에서 천마소가 여러 가지 원발성, 계발성 두통 및 편두통 치료에 뛰어난 효과를 나타내며, 부작용이 적어 광범위한 임상적 적용 가능성이 있음을 보여 주었다. 곽학정(郭学廷)과 섭영하(聂永霞)(2011)는 무작위 대조 방법을 사용하여 편두통 환자 90명을 선정하고, 이들을 천마소 치료군과 대조군으로 무작위로 나누었다. 각 군은 45명으로 구성하였으며, 대조군은 플루나리진 5mg을 매일 저녁 취침 전에 1회 복용하였고, 치료군은 천마소 2정을 1회 복용, 하루 3회 복용하였다. 동시에 두 군 모두 신경 영양제를 정기적으로 사용하였다. 치료 6주 후, 천마소 치료군과 대조군의 편두통의 통증 강도, 두통 발작 빈도, 지속 시간, 치료 효과율 및 총 유효율을 관찰하였다. 그 결과, 천마소 치료군과 대조군 모두 치료 후 편두통이 개선되었으며, 천마소 치료군의 통증 강도 감소가 대조군보다 현저하였고, 효과율 및 총 유효율도 대조군보다 유의미하게 높아 천마소 치료군과 대조군 간의 차이가 통계적으로 유의미하였다($P<0.05$). 결론적으로, 천마소는 편두통 치료에 있어 병의 경과를 단축시키고, 두통 증상을 개선하며, 단기 효과가 만족스러웠고 명확한 부작용이 없었다. 또한 천마소는 당뇨병, 관상동맥질환 등으로 인한 다양한 병리적 통증 치료에서도 일정한 효과를 나타내는 것으로 보인다.

6) 항간질 작용

시혜하(柴慧霞) 등(1982)은 옻나무속 식물인 *Coeiaria lactone* 추출물로 유발된 토끼 간질에 합성 천마소가 미치는 영향에 대한 초기 관찰에서 천마소의 각 용량군이 간질 발병의 잠복기를 연장시키고, 간질 발작의 정도를 감소시키며, 발작 지속 시간을 단축시키고, 회복 과정을 촉진하며, 사망률을 낮추는 경향이 있음을 발견하였다. 오혜평(吴慧平) 등(1990)은 절단술과 기계적 자극 종합법을 사용하여 기니피그에 실험적 간질을 유발하고, 천마의 이 모델 치료 전후에 대한 중추 각 뇌 영역의 카테콜아민 함량 변화를 관찰하였다. 그 결과, 기니피그의 간질 발작 시 뇌와 뇌간 내 노르에피네프린과 꼬리핵 내 도파민 함량이 감소하였으며, 치료 후에는 이 부위의 노르에피네프린과 도파민 함량이 증가함을 확인하였다. 이는 천마를 이용한 기니피그의 실험적 간질 치료 기전이 중추 각 부위의 카테콜아민 대사 조절과 관련이 있음을 시사한다. 왕가강(王加强) 등(2005)은 합성 천마소가 만성 난치성 간질의 보조 치료에 미치는 영향에 대해 관찰하였다. 기존의 항간질 서양 약물을 복용 중이지만 여전히 간질 발작을 제어하지 못하는 환자 15명을 선정하여 기존 복용 약물의 용량을 늘리지 않은 상태에서 천마소 300mg을 하루에 추가 투여하였다. 그 결과, 15명의 환자 중 6명이 발작 빈도가 감소하거나 발작이 경감되었는데, 이는 전체의 40%에 해당하였고, 7명의 환자에서 부분적으로 효과가 있다고 평가되었으며, 6명은 효과가 나타나지 않았다. 천마소가 간질 치료의 보조 약물로서 어느 정도 발작 정도를 경감시키고, 임상 증상을 개선할 수 있음을 보여 주는 것이다. 또한 조아금(曹亚琴) 등(2008)은 천마소가 간질 생쥐의 경련 민감성을 낮추고, 생쥐의 측두엽과 해마 영역에서 Cx43의 발현을 억제하여 비정상적인 갭 연결 형성을 억제함으로써 항간질 효과를 나타낼 수 있음을 발견하였다.

2. 천마가 심혈관계에 미치는 영향

1) 심근 세포 보호 작용

황수봉(黄秀凤)과 당홍(唐红)(1990)은 MMC로 심근 손상을 유도한 세포병리 모델을 통해, 천마소가 MMC에 의한 심근 세포의 변성과 괴사를 감소시키고, SDH 및 LDH 활성도가 현저히 증가하는 것을 관찰하였다. 이는 천마소가 심근 세포의 에너지 대사를 촉진시키고, 세포의 손상에 대한 저항성을 강화하는 것과 밀접한 관련이 있을 수 있다. 임세란(任世兰)과 우룡순(于龙顺)(1992)은 천마 1g/kg을 정맥 주사한 결과, 토끼의 뒷다리 및 머리 부위의 혈관 저항을 감소시키고, 토끼 귀의 관류에서 관류량을 현저히 증가시키며, 아드레날린으로 인한 관류량 감소를 억제하고, 뇌 혈류량과 기니피그 심장의 관상 동맥 혈류량을 증가시킨다고 보고하였다. 생쥐에 10g/kg의 경구 투여 또는 5g/kg의 복강 주사로도 혈압 강하 및 심박수 감소 효과가 나타났다. 2g/kg 정맥 주사는 생쥐의 뇌

하수체 후엽 호르몬에 의한 심근 허혈을 확실히 방지할 수 있으며, 상압 또는 이소프로테레놀을 추가한 저산소 환경에서의 생존 시간을 현저히 연장시키고, 저압 저산소 환경에서의 사망률을 감소시킬 수 있었다. 이 결과들은 천마가 심장을 보호하는 데 좋은 효과가 있음을 시사한다.

주암(周岩) 등(2011)은 천마가 바이러스성 심근염(VMC) 생쥐의 심근 세포에 미치는 보호 작용에 대하여 연구하였다. Balb/c 생쥐를 정상 대조군, VMC 대조군, 천마 저, 중, 고 농도 개입군 총 5그룹으로 나누어 각 그룹의 생존율, 심근 병리 점수 및 BNP, 대동맥 혈류 최고 속도(Vp), 대동맥 혈류 속도 적분(Vi) 등 심장 기능 지표를 분석하였다. 결과적으로, 고용량 천마 개입군은 VMC 대조군에 비해 생존율이 현저히 증가하였고, 병리 점수, BNP, Vp, Vi 등의 지표에서도 통계적으로 유의미한 차이가 나타났다($P<0.05$). 반면, 중, 저용량군과 VMC 대조군 간의 차이는 통계적으로 유의미하지 않았다($P>0.05$). 이 결과는 천마가 VMC 생쥐의 심근 세포를 보호하는 작용을 가지고 있음을 나타낸다.

학수림(郝帅林) 등(2017)은 천마소가 생쥐의 심근 세포 산화 스트레스 손상 시 미토콘드리아 기전을 통해 심장 보호 작용 발휘 여부에 대해 연구하였다. 과산화수소(H_2O_2) 650μmol/L로 생쥐 심장 조직에서 유래한 H9c2 심근 세포를 처리하여 산화 스트레스 손상 모델을 복제하였다. 각각 50.0μmol/L, 10.0μmol/L, 1.0μmol/L, 0.1μmol/L의 천마소로 전처리하고, 공초점 현미경 이미징 기술을 이용하여 미토콘드리아 막 전위 변화를 측정하였으며, 사멸 세포염색 비색법으로 천마소가 세포 생존율에 미치는 영향을 측정하였다. 또한 웨스턴 블롯(Western blot)법으로 천마소가 글리코겐 합성 효소 키나제 3β(GSK 3β)와 단백질 키나제 B(Akt) 활성에 미치는 영향을 측정하였다. 실험 결과, 다양한 농도의 천마소 전처리가 H_2O_2로 인한 형광 강도 감소를 약화시켰으며, 10.0μmol/L 천마소 전처리군(0.79$\pm$0.08)이 모델군(0.30$\pm$0.25)에 비해 가장 현저한 효과를 나타내었다. 천마소(10.0μmol/L) 전처리는 H9c2 세포의 생존율을 높이고, p-GSK-3β(Ser^9), p-Akt(Ser^{473}) 단백질 수준을 증가시켰으며, 포스파티

딜이노시톨-3-키네이스(PI3K) 억제제인 워트만닌(wortmannin)의 작용을 차단할 수 있었다. 이는 천마소가 H_2O_2에 의해 유발된 H9c2 심근 세포 산화 스트레스 손상을 줄여 주며, PI3K/Akt 경로를 통해 GSK-3β 비활성화 및 mPTP 개방 억제로 심장 보호 작용을 발휘할 수 있음을 시사한다. 송양(宋阳) 등(2012)은 심장 관류 형태로 개구리 심장에 천마소를 적용하였을 때 개구리 심박수가 감소하는 것을 발견하였다. 천마소 용량이 40~100μg/mL일 때 개구리 심박수 감소 효과가 현저하였으며, 용량 의존성이 있음을 확인하였다. 또한 천마소가 일정 농도에 도달하면 심장의 수축 범위가 증가하고 심근 수축력이 강해지는 약리 효과도 나타났다.

2) 혈압 강하 작용

진운운(陈云云) 등(2002)은 천마 강압 캡슐이 원발성 고혈압 치료에 미치는 효과에 대해 연구하였다. 182명의 원발성 고혈압 환자를 무작위로 두 그룹으로 나누어, 치료군 81명은 천마 강압 캡슐을 사용하였고, 대조군 81명은 복합 라부마(중국 전통 약제) 정제를 사용하였다. 모든 환자는 4주를 1회 치료 과정으로 진행하였으며, 치료 전후에 정기적으로 혈압을 측정하였다. 결과적으로, 치료군의 현저한 효과율과 유효율이 대조군보다 유의미하게 높았으며($P<0.05$), 두통, 어지럼증 등의 증상 개선에서도 대조군보다 우수한 효과를 보였다. 치료 과정에서 뚜렷한 부작용은 발견되지 않았는데, 이는 천마 강압 캡슐이 원발성 고혈압 치료에 안전하고 효과적임을 보여 주는 것이다. 천마소는 내피세포 및 안지오텐신 II를 개선하여 혈압을 낮추는 데 도움을 줄 수 있다. 천마소와 천마감원은 천마의 주요 화학 성분으로 둘 다 중추 신경계에 작용하여 혈관 저항을 줄이고 소동맥과 미세혈관을 확장시키며, 혈압 강하 효과가 3시간 동안 지속되고 혈압 강하가 교감 신경의 활성화를 유발하지 않는다.

상희생(桑希生)(2004)은 천마 강압 캡슐이 원발성 고혈압 생쥐(SHR)에 미치는 혈압 강하 효과와 그 메커니즘에 대하여 연구하였다. SHR 생쥐의 혈압, 심근 및 혈관 리모델링, 레닌-안지오텐신 시스템, 혈청 내피세포 및 일산화질소 수치에 미치는 영향을 통해 이 약의 작용 메커니즘에 대해 탐구하였다. 실험 결과는 다음과 같다. (1) 천마 강압 캡슐의 혈압 강하 효과는 우황 강압 정제보다 우수하였다. (2) 천마 강압 캡슐은 SHR 생쥐의 심근 조직 및 혈관 재형성에 상당한 영향을 미쳤다. (3) 천마 강압 캡슐은 SHR 생쥐의 혈청 내 일산화질소 농도를 증가시켰다. (4) 천마 강압 캡슐은 SHR 생쥐의 혈청 내 안지오텐신 II 수치를 감소시켰다. (5) 천마 강압 캡슐은 SHR 생쥐의 부신 안지오텐시노겐 mRNA 발현을 감소시켰다. (6) 이 실험에서는 혈청 내피세포에 대한 영향은 나타나지 않았다.

진육(陈陆)(2008)은 정상 생쥐, 스트레스성 고혈압 생쥐, 간양상항형 고혈압 생쥐를 실험 대상으로 선택하여 세 그룹의 생쥐에 각각 천마 복합 강압 캡슐 용액을 투여하였다. 실험 결과, 정상 생쥐와 스트레스성 고혈압 생쥐의 혈압에는 뚜렷한 변화가 없었지만, 간양상항형 고혈압 생쥐의 혈압은 현저하게 감소하였는데, 이는 천마가 혈압 강하 약리 작용을 가지고 있음을 나타낸다.

3) 항혈소판 응집 및 항혈전 작용

임청(林青) 등(2006)은 각각 토끼의 체외, 생쥐의 반체외, 생쥐의 체내 실험을 통해 비탁법으로 생쥐 혈소판 응집률을 측정하였다. 그 결과 천마 추출물 G2가 ADP(아데노신 이인산)에 의해 유도된 혈소판 응집을 억제하는 작용을 가지고 있음을 확인하였다. 또한 토끼의 체외 실험에서 이 추출물은 혈소판 활성화 인자(PAF)에 의해 유도된 혈소판 응집도 억제하는 효과가 있음을 확인하여 천마 추출물 G2가 항혈소판 응집 작용이 뚜렷하다는 것을 증명하였다.

어택부(淤泽溥) 등(2007)은 천마의 초산에틸 추출 성분(주요 성분은 4, 4'-디페닐메탄, 트리메틸하이드록시벤질알콜 등의 페놀성 화합물)에서 강한 항혈소판 응집 작용이 있다는 것을 발견하였다.

이수방(李秀芳) 등(2013)은 천마 성분인 파라-하이드록시벤즈알데하이드

(p-Hydroxybenzaldehyde)의 항혈소판 응집 작용에 대해 연구하였다. ADP(아데노신 이인산), 아라키돈산(AA), 혈소판 활성화 인자(PAF)를 유도제로 사용하여 파라-하이드록시벤즈알데하이드의 체외 항혈소판 응집 활성에 대하여 연구하였다. ADP 정맥 주사로 유도한 생쥐 폐색전증 방법 및 하대정맥 결찰로 유도한 큰 쥐 정맥 혈전 방법을 이용하여 파라-하이드록시벤즈알데하이드의 체내 항혈소판 응집 활성을 관찰하였다. 또한 경구 투여된 파라-하이드록시벤즈알데하이드의 급성 독성을 검사하였다. 연구 결과, 천마 성분인 파라-하이드록시벤즈알데하이드가 ADP로 유도된 토끼의 체외 혈소판 응집에 대해 뚜렷한 억제 작용을 가지며, 그 반수 억제 농도(IC_{50})는 2mmol/L임을 발견하였다. PAF로 유도된 토끼 체외 혈소판 응집에서는 뚜렷한 영향이 없었다. 천마 성분인 파라-하이드록시벤즈알데하이드는 생쥐의 폐색전증 사망률을 현저히 낮추고, 큰쥐의 하대정맥 혈전 형성을 뚜렷하게 억제하였다. 이는 천마 성분인 파라-하이드록시벤즈알데하이드가 체외 및 체내에서 모두 뚜렷한 항혈소판 응집 활성을 가진다는 것을 보여 준다. 급성 독성 연구 결과, 천마 성분인 파라-하이드록시벤즈알데하이드의 경구 투여 시 생쥐의 반수 치사량(LD_{50})은 1.23g/kg으로 나타났다.

곽영영(郭营营) 등(2014)은 천마의 파라-하이드록시벤질알콜로 인한 항혈소판 응집 작용과 그 메커니즘을 연구하였다. ADP와 아라키돈산(AA)을 유도제로 사용하여 파라-하이드록시벤질알콜의 체외 항혈소판 응집 활성을 탐구하였고 하대정맥 결찰로 유도한 큰 쥐 정맥 혈전 방법을 이용하여 파라-하이드록시벤질알콜의 체내 항혈소판 응집 활성을 관찰하였다. 또한 이중파장 형광분광광도법을 이용하여 파라-하이드록시벤질알콜이 AA로 유도된 토끼 혈소판 응집 시 세포질 칼슘 이온 농도에 미치는 영향을 측정하였다. 연구 결과, 파라-하이드록시벤질알콜이 AA로 유도된 토끼의 체외 혈소판 응집에 대해 뚜렷한 억제 작용을 가지고 있으며, 그 IC_{50}는 0.107g/L임을 발견하였다. ADP로 유도된 토끼의 체외 혈소판 응집에 대해서도 억제 작용을 가지고 있으며, IC_{50}는

0.3g/L로 나타났다. 천마 성분인 파라-하이드록시벤질알콜은 큰 쥐의 하대정맥 혈전 형성을 현저히 억제할 수 있었고, AA로 유도된 토끼 혈소판의 세포 외부 칼슘 유입 및 내부 칼슘 방출에 대해 대조군과 비교하여 매우 유의미한 차이를 보였다(P>0.05). 이 결과는 천마 성분인 파라-하이드록시벤질알콜이 체외 및 체내에서 모두 뚜렷한 항혈소판 응집 활성을 가지고 있으며, 그 작용 메커니즘은 외부 칼슘 유입 및 내부 칼슘 방출을 억제하여 혈소판 응집을 억제하는 것으로 사료된다.

신정(申婷) 등(2017)은 천마 성분인 파라-하이드록시벤즈알데하이드의 항혈소판 응집 작용 메커니즘에 대하여 연구하였다. 다양한 농도(320μmol/L, 80μmol/L, 20μmol/L)의 ADP로 유도한 후 파라-하이드록시벤즈알데하이드가 큰 쥐의 체외 농축 혈소판 혈장 내 cAMP(사이클릭 AMP) 수준에 미치는 영향에 대하여 효소 결합 면역 흡착분석법(ELISA)을 이용하여 측정하였다. 그리고 ADP로 유도한 후 파라-하이드록시벤즈알데하이드가 토끼의 체외 혈소판 세포질 칼슘 이온 농도에 미치는 영향에 대해여 확인하고자 이중파장 Fura-2 형광 분광광도법을 사용하여 측정하였다. 또한 웨스턴 블롯(Western blot)법을 사용하여 다양한 용량(20mg/kg, 15mg/kg, 10mg/kg)의 파라-하이드록시벤즈알데하이드를 큰 쥐에게 연속적으로 5일간 경구 투여한 후, ADP로 유도된 혈소판 P2Y12 수용체 발현에 미치는 영향을 조사하였다. 실험 결과, 파라-하이드록시벤즈알데하이드는 고농도 및 중간 농도(320μmol/L, 80μmol/L)에서 큰 쥐의 농축 혈소판 혈장 내 cAMP 수준을 유의미하게 증가시켰으며, 이는 모델군과 비교했을 때 통계적으로 유의미한 차이를 보였다(P<0.01 또는 P<0.05). 그리고 다양한 농도(320μmol/L, 80μmol/L, 20μmol/L)의 파라-하이드록시벤즈알데하이드는 ADP로 유도된 토끼의 체외 혈소판 세포 내부 칼슘 방출 및 외부 칼슘 유입에 뚜렷한 영향을 미치지 않았으며, 음성 대조군과 비교했을 때 통계적으로 유의미한 차이가 없었다(P>0.05). 고용량(20mg/kg)의 파라-하이드록시벤즈알데하이드는 ADP로 유도된 혈소판 P2Y12 수용체의 발현을 현저히 억제하였다. 결론적으로, 천마 성분인 파라-하이드록시벤즈알데하이드는 혈소판 cAMP 수준을 높이고, 혈소판 P2Y12 수용체의 발현을 억제하여 항혈소판 응집 작용을 발휘하는 것으로 나타났다.

3. 면역력 증강 작용

왕서광(王曙光) 등(1997)은 신선한 천마고가 생쥐의 면역 기능에 미치는 영향에 대하여 연구하였다. 신선한 천마고는 생쥐 복강 대식세포의 식균 기능을 활성화시켰고, 고용량 그룹에서 생쥐의 흉선 무게를 증가시켰으며, 용량-효과가 정의 관계를 나타내었다. 그러나 각 용량 그룹 모두 생쥐 혈청 용혈소 항체 생성에는 뚜렷한 영향을 미치지 않았다. 실험 결과로 신선한 천마고는 어느 정도는 체내 세포의 면역 기능을 향상시킬 수 있음을 알 수 있었다. 복위(宓伟)(2010)는 천마의 면역력 증강 작용을 면역학적 관점에서 탐구하였다. 24마리의 생쥐를 대조군과 실험군으로 나누고, 각각 생리식염수와 100% 농도의 천마 추출액을 일정하게 투여하였다. 그 후, 항체 생성, 특이적 장미환 형성 세포(SRFC) 검출, 혈청 IgG 검출 및 생쥐 골수 세포 증식 여부를 측정하였다. 실험 결과, 천마 추출액을 투여한 실험군에서 항체 생성 능력이 현저하게 증가하였고, 특이적 장미환 형성 세포와 혈청 IgG 생성도 대조군에 비해 매우 유의미하게 증가하였다($P<0.01$). 골수 세포 증식도 대조군과 비교하였을 때 유의미한 차이가 있었으나($P<0.01$), 부작용은 발견되지 않았다. 이 실험의 결과는 천마 경구 투여가 체내 면역 기능을 현저히 향상시키고, 감염에 대한 저항력을 강화시킬 수 있음을 보여 준다.

왕식(汪植) 등(2007)은 천마의 다당류가 면역 기능에 미치는 영향을 연구하기 위해, 생쥐에게 천마 다당류와 천마 수용성 추출물을 투여하였다. 일정 기간 후, 생쥐 혈청 내 면역글로불린 함량을 측정하고, 생쥐의 흉선과 비장의 무게를 측정하여 흉선 지수와 비장 지수를 계산하였다. 그 결과, 천마 다당류와 수용성 추출물 모두 생쥐의 면역글로불린 수치를 증가시키고, 흉선 지수와 비장 지수를 높이는 효과가 있음을 확인하였다. 또한 천마 주사액은 생쥐의 식세포 기능과 혈청 리소자임 활성을 향상시키고, 생쥐 T 세포 면역 반응과 비특이적 면역 반응을 증강시켜 특이적 항체를 형성하게 하였는데, 이는 천마가 면역력을 증강시키는 작용을 하고 있음을 나타내는 것이다.

로염교(鲁艳娇) 등(2015)은 천마배당체가 생쥐의 면역 기능에 미치는 영향에 대하여 연구하였다. 실험에서 생쥐의 음수에 각각 다른 용량의 천마배당체(저용량은 10g/L, 고용량은 40g/L)를 첨가하여 투여하였다. 그 후, 비장의 무게와 성장 지수를 측정하고, 복강 대식세포의 식균 기능과 체외 항체 형성 세포를 조사하였다. 그 결과, 천마배당체를 투여한 그룹에서 중독 증상이 전혀 나타나지 않았고, 고용량 그룹에서는 생쥐의 비장 무게, 성장 지수, 항체 생성 및 대식세포 기능이 유의미하게 증가하였다(P<0.05). 이 연구는 천마배당체가 생쥐의 면역 기능을 명확하게 증강시키고, 감염에 대한 저항력을 높일 수 있음을 보여준다.

이봉(李峰) 등(2015)은 천마 다당류(PDG)가 BCG(결핵균 백신)와 LPS(지질다당류)에 의해 유도된 생쥐의 면역성 간 손상 회복에 미치는 효과에 대해 연구하였다. BCG와 LPS에 의해 유도된 생쥐 면역성 간 손상 모델을 구축하고, 양성 대조군으로 비펜데이트(Bifendate, BF)를 사용하였다. 실험을 통하여 혈청 내 아스파르트산 아미노전이효소(AST), 알라닌 아미노전이효소(ALT) 및 일산화질소(NO)를 측정하였고, 간에서 수퍼옥사이드 디스뮤타아제(SOD)와 말론디알데하이드(MDA)를 측정하였다. 또한 혈청 내 종양괴사인자-α(TNF-α)와 인터류킨-1(IL-1)의 함량을 측정하기 위해 효소결합면역흡착법(ELISA)을 사용하였고, 비장 T, B 림프구 증식 능력을 측정하기 위해 MTT법을 사용하였다. 실험 결과, 천마 다당류 그룹(25, 50, 100mg/kg)은 생쥐의 혈청 내 ALT, AST, NO의 활성을 현저히 낮추고, TNF-α와 IL-1의 함량을 감소시키며, 간 내 MDA 수치를 억제하고 SOD 활성을 증가시켰다. 또한 비장 T, B 림프구 증식 능력을 유의미하게 향상시키고, 생쥐의 비장, 흉선 지수를 증가시켰으며 간 지수를 낮추는 효과가 있었다. 이 결과는 천마 다당류가 BCG와 LPS에 의해 유도된 생쥐의 면역성 간 손상에 좋은 보호 작용을 하는 것을 의미한다.

4. 항염 및 항산화 작용

이미 많은 실험에서 천마의 항산화 및 노화 방지 효능이 입증되었지만, 그 효과를 야기하는 활성 성분에 대해서는 여전히 명확하지 않다. 공소위(孔小卫) 등(2005)은 천마 다당류가 노화된 생쥐의 활성산소 대사에 미치는 영향에 대하여 연구하였다. 노화된 생쥐에게 32일 동안 다당류를 투여한 결과, 생쥐의 간, 뇌, 혈청, 심장 조직에서 CAT와 SOD의 활성이 현저히 증가했으며, 천마 다당류가 생쥐 간, 뇌, 혈청, 심장 조직에서 과산화지질(MDA)의 형성을 억제시키고, 혈청에서 GSH-Px의 활성을 증가시키는 것을 확인하였다. 이는 천마 다당류가 활성산소를 제거하고, MDA의 함량을 감소시키며, 세포 노화를 지연시키는 효과가 있다는 것을 의미한다.

도문연(陶文娟) 등(2005)은 천마의 당 복합물이 항노화와 관련된 실험을 통해, 천마 당 복합물만이 생쥐 혈청에서 T-SOD 활성을 증진시키고, 혈청 내 MDA 함량을 감소시키는 효과를 가지고 있음을 밝혔다. 또한 천마 당 복합물이 초파리의 최대 수명과 평균 수명을 연장시켜 뚜렷한 항노화 작용이 있음을 확인하였다. 사학연(谢学渊) 등(2010)은 D-갈락토오스로 유도된 노화된 생쥐의 생리적 기능에 대한 천마 다당류의 영향에 대하여 연구하였다. D-갈락토오스로 유도된 노화된 생쥐에게 천마 다당류를 투여한 결과, 생쥐의 학습 및 기억 능력을 개선하고, 회복기 뇌 조직에서 신경 차단을 복원하며, 생쥐 혈액의 GSH-Px와 뇌의 SOD 활성을 증가시키고, 뇌 조직의 MAO 활성을 낮추며, MDA 수치를 감소시켜 뇌신경 조직의 회복을 돕고, 천마 다당류가 항산화 및 노화 지연 효과를 발휘하는 데 있어 용량 의존적이라는 것을 보여 주었다. 연구에 따르면, 천마 다당류가 D-갈락토오스로 유도된 노화된 생쥐의 학습 및 기억 능력을 개선하고, 뇌신경 회복을 촉진하며, 체내 산화 대사 관련 효소의 활성을 현저히 개선시켜 천마가 항산화 활성이 있음을 밝혔다. 초기 연구 결과로 천마 다당류는 항산화 및 노화 지연 효과를 유발하는 활성 성분임을 확인하였다.

천마 주사액은 항염 및 항산화 작용을 한다. 천마 주사액은 아세트산으로 유도된 생쥐 복강 모세혈관 투과성 증가를 억제하고, 자일렌(Xylene)으로 유도된 생쥐 귀 부위의 부종 및 투과성 증가를 억제하며, 5-HT 및 PGE2로 유도된 생쥐 피부 모세혈관 투과성 증가도 억제한다. 사운봉(谢云峰) 등(1999)은 비색법과 화학발광법을 이용하여 천마 주사액이 생쥐의 간 균질액에서 과산화지질(LPO)에 미치는 영향과 H_2O_2-루미놀 발광 시스템에서의 H_2O_2 제거 효과를 조사하였다. 연구 결과, 천마 주사액은 생쥐의 간 균질액이 37℃에서 진탕온탕 조건으로 인해 발생하는 말론디알데하이드(MDA) 상승을 억제하며, H_2O_2를 제거하는 데 다양한 효과가 있음을 보여 주었다. 이는 천마 주사액이 항산화 작용을 하는 것으로 항염 작용이 항산화 작용과 관련이 있을 수 있음을 시사하는 것이다. 천마 주사액에서 천마배당체 부분을 제외한 20g/kg 용량으로 크로톤 오일에 의해 유도된 생쥐의 귀 염증을 억제시킬 수 있었는데, 이는 천마소가 항염의 유효 성분이 아님을 의미한다.

5. 신경세포 보호 작용

두귀우(杜贵友)와 주신성(朱新成)(1998)은 천마 촉지 충제(TMC, 천마에서 추출한 성분을 기반으로 한 중국 전통 약제)가 노인 혈관성 치매(VaD, 간양상항형)에 미치는 임상 효과에 대하여 관찰하였다. 연구 방법으로는 30명의 VaD 환자에게 TMC를 경구 투여하였으며, 1회에 1포(5.0g/포)를 하루 3회 복용하도록 하고, 1개월을 1회 치료 과정으로 하여 연속 2회 치료를 진행하였다. 그 결과, TMC 복용 후 환자의 다양한 치매 척도 점수가 유의미하게 상승하였으며, 중의

학 임상 증상, 신경 기능 결손, 생활 능력이 현저히 개선되었다. 또한 비정상 혈점도 환자의 혈장 점도가 감소하고, 적혈구 변형성과 응집 지수의 비정상적인 부분도 현저히 개선되었다. 관찰 결과, TMC는 간양상항형 노인 혈관성 치매에 어느 정도 효과가 있는 것으로 나타났다.

한춘니(韩春妮) 등(2014)은 스코폴라민으로 유도된 기억 획득 장애 모델 생쥐에서 천마 추출물이 콜린성 시스템에 미치는 영향에 대하여 연구하였다. Morris 수중 미로 실험을 통해 학습 및 기억 능력과 아세틸콜린 함량을 조사한 결과, 천마 총 추출물과 아세트산 에틸 추출물은 모두 스코폴라민으로 유도된 기억 획득 장애 모델 생쥐의 도피 잠복기와 탐색 거리를 유의미하게 단축시키고(P<0.05), 원래 플랫폼이 있는 사분면에서의 시간과 거리를 유의미하게 증가시켰으며(P<0.01), 생쥐 뇌 조직 내 아세틸콜린 함량을 높였다(P<0.01). 결론적으로, 천마 추출물은 모델 생쥐의 기억 획득 능력을 현저히 개선하여 콜린성 신경 시스템 기능 강화와 관련이 있는 것으로 나타났다.

오상(吴霜) 등(2012)은 천마 아세트산 에틸(EtOAc) 추출물이 저산소 및 저당/재산소화(OGD/Rep) PC_{12} 세포 생존율과 세포 내 유리 칼슘 농도($[Ca^{2}+]i$)에 미치는 영향을 연구하였다. 실험 결과, 모델 그룹과 비교하여 천마 EtoAc 추출물은 세포 생존율을 현저히 높이고 LDH 유출률을 낮추며, 세포 내 칼슘 형광 강도도 현저히 감소시켰다(P<0.05). 또한 대부분의 세포가 여전히 부착되어 있었고, 세포의 굴절률이 높고 세포 밀도가 높게 나타났다. 결론적으로 천마 EtOAc 추출물은 OGD/Rep 손상 후 PC_{12} 세포의 완전성을 보호하고, 세포 생존율을 높이며, 세포 내 유리 칼슘 농도를 낮추어 칼슘 과부하를 줄일 수 있음이 밝혀졌다.

이수방(李秀芳) 등(2011)은 천마의 에스터 용해성 페놀 성분이 큰 쥐 뇌 허혈/재관류에 미치는 보호 효과에 대하여 연구하였다. 선천성 뇌허혈 재관류 손상 모델을 이용해 신경학적 평가, 뇌경색 부피, 뇌 조직 내 수분 함량, 뇌 조직 내 칼모듈린 의존성 단백질 키나제(CaMKⅡ) 발현을 평가 지표로 하여 천마의 에스터 용해성 페놀 성분의 영향을 조사하였다. 연구 결과, 천마의 에스터 용해성 페놀 성분이 모델 동물의 신경학적 증상을 현저히 개선하였고, 뇌경색 부피를 줄이며, 뇌부종을 완화시키고, CaMKⅡ의 발현 수준을 조절하는 데 유의미한 효과가 있음을 확인하였다. 이는 천마의 에스터 용해성 페놀 성분이 큰 쥐의 뇌 허혈/재관류 손상 예방 및 치료에 유의미한 역할을 하는 것을 의미한다. 단소화(段小花) 등(2011)은 혈관성 치매 쥐를 실험 대상으로 하여 천마 추출물을 주입한 결과, 쥐의 학습 및 기억 능력이 현저히 개선되었으며, 이러한 효과는 주로 해마 영역의 산화 손상을 줄이고, 활성산소를 제거하는 것과 관련이 있음을 밝혔다. 주저나(周宁娜) 등(2014)은 천마의 뇌혈관 손상 모델에서 혈액-뇌장벽 보호 작용 및 그 메커니즘에 대하여 연구하였다.

한춘니(韩春妮) 등(2013)은 운남 소통(昭通)의 천마 3종이 생쥐 뇌 허혈 재관류 손상에 미치는 보호 효과에 대해 연구하였다. 실험 결과, 세 가지 천마 모두 생쥐의 뇌경색률을 감소시키고, SOD 활성을 높이며 MDA 함량을 낮추는 데 효과가 있었다. 세 가지 천마 사이에 통계적으로 유의미한 차이는 없었으나, 모두가 생쥐의 뇌 손상 정도를 현저히 개선하는 데 효과가 있음을 확인하였다.

한춘니(韩春妮) 등(2014)은 천마 총추출물이 실험쥐의 학습 및 기억 능력의 획득, 강화, 재현 기능에 미치는 영향을 연구하였다. 쿤밍종 수컷 생쥐를 무작위로 정상군, 모델군, 대조군, 천마 총추출물군으로 나누고, 각 투여군에 해당 약물을 경구 투여하였다. 경구 투여 용적은 10g당 0.2mL였으며, 정상군과 모델군에는 동일한 용적의 증류수를 16일 연속 투여하였다.

약물을 11일간 투여한 후, 동강탕(스코폴라민), 클로람페니콜, 에탄올로 인해 유도된 기억 획득, 강화, 재현 장애 모델을 제작하였다. Morris 수중 미로를 이용하여 위치 탐색 실험 및 공간 탐색 실험을 수행하였고, 실험쥐의 회피 잠복기, 공간 탐색 거리, 원래 플랫폼 사분면에서의 시간 비율 및 거리 비율을 측정하였다.

그 결과, 천마 총추출물은 모델 생쥐의 회피 잠복기 및 탐색 거리를 유의하게 단축시켰으며(P<0.05, P<0.01), 원래 플랫폼 사분면에서의 시간 및 거리 비율을 유의하게 증가시켰다(P<0.01). 이는 천마 총추출물이 실험쥐의 기억 획득, 기억 강화 및 기억 재현 능력을 개선하는 효과가 있음을 나타낸다.

오길(吴洁)(2012)은 천마소가 단기적으로 중간 대뇌 동맥 폐쇄 모델 큰 쥐의 뇌경색 부피와 부종 부피를 현저히 줄이고, 신경 기능을 개선하는 효과가 있음을 발견하였는데, 연구 결과, 천마와 그 제제가 신경 보호 효과를 가지고 있으며, 천마소는 글루타메이트 및 저산소와 저당으로 인한 신경 세포의 사멸을 억제하고, 세포 외 글루타메이트의 산화 질소 및 칼슘 이온 수치를 감소시키는 효과가 있음이 밝혀졌다. 또한 왕소군(王昭君) 등(2007)은 천마소가 빠르게 노화하는 생쥐의 대뇌 조직에서 노화 관련 유전자 발현에 미치는 영향에 대해 분석한 결과, 천마소의 항노화 효과는 일부 노화 관련 유전자 발현 수준을 조절함으로써 나타난다는 것을 발견하였다. 천마소는 유효한 페놀 성분 중의 하나로, 전뇌 및 피질 내 경색 부위를 줄이고, 해마와 피질에서의 신경세포 분포를 개선하며, caspase-3의 활성을 줄이고 Bcl-2 발현을 증가시키는 등 신경 보호 작용을 하는 것으로 밝혀졌는데, 신경 보호 효과는 주로 아폽토시스 경로를 악화시키는 메커니즘과 연관되어 있다.

중의학에서는 노인성 치매가 장부의 쇠약(특히 신장의 허약), 기혈 부족, 담조혈어(痰阻血瘀), 독성 물질의 내부 생성 및 독성 피해로 인해 발생한다고 본다. 조춘우(曹春雨)(1999)는 천마 촉지 충제(TMC)가 평간잠양(平肝潜阳), 간신(肝肾)을 보익하고, 열을 내리며 혈액순환을 활발하게 하고, 지혜를 높이고 마음을 안정시키는 등의 효과가 있어 간신음허(肝肾阴虚), 간양상항형(肝阳上亢)의 노인 혈관성 치매 예방에 적합하다고 밝혔다. 노인 혈관성 치매의 발병 기전에서 흥분성 아미노산 독성, 콜린성 신경 기능 저하, 산화 스트레스 등이 중요한 역할을 한다. 천마 제제 4.8g/kg을 경구 투여하면 D-갈락토오스로 노화된 생쥐의 짧은 기억 능력을 개선할 수 있다. 생쥐의 점프 테스트 실험으로 천마 에탄올 추출물이 스코폴라민, 아질산나트륨, 에탄올로 유도된 기억 손상 병리 모델에 미치는 영향을 관찰한 결과, 천마 에탄올 추출물은 생쥐의 학습 및 기억 능력을 유의미하게 개선시키는 것으로 나타났다.

6. 난청 및 이명 치료

천마는 말초 혈관 저항과 혈압을 낮추어 뇌혈관의 순응성을 높이고, 뇌와 척추 기저동맥의 혈류량을 증가시킴으로써 미로 동맥을 개선하고, 귀 내부의 혈액 공급을 증가시켜 환자의 난청과 이명 증상을 완화시킬 수 있다.

탕릉호(汤凌浩) 등(2007)은 천마소의 돌발성 난청 치료에 미치는 임상 효과를 관찰하였다. 63명의 돌발성 난청 환자를 무작위로 천마소 치료군(33명)과 대조군(30명)으로 나누고, 두 그룹 모두에게 일반적인 치료(스테로이드, 에너지 제제 및 고압 산소 치료)를 진행하였다. 치료군은 천마소로 치료하고, 대조군은 단삼으로 치료하였다. 15일간 치료 후, 치료군과 대조군의 청력은 각각 (31.35±16.45) dB와 (20.38±14.41) dB로 개선되었으며($P<0.05$), 두 그룹의 총 유효율은 각각 84.85%와 63.33%($P<0.05$)이었다. 결과적으로, 천마소가 돌발성 난청에 현저한 치료 효과가 있음을 알 수 있었다. 천마소와 이롱 캡슐(耳聋胶囊, 중의학에서 이명이나 돌발성 난청에 사용되는 약), 혈전통(血塞通, 은행잎 추출물이나 삼칠근이 들어 있는 중국 전통 의학제), 로스보구복액(洛斯宝口服液, 중국의 고혈압 및 심혈관계 질환의 치료제) 등의 약물을 함께 사용한 돌발성 난청 치료도 효과가 매우 좋게 나타났다. 봉옥동(封玉东) 등(2007)은 144명의 난청 환자를 대상으로 연구를 진행하였고, 환자를 72명의 치료군과 72명의 대조군으로 무작위로 나누어 진행하였다. 대조군은 저분자 덱스트란 주사액 500mL, 단삼 주사액 16mL, 세포 인산 콜린 주사액 0.75g, ATP 주사액 40mg, 보조 효소 Q 주사액 200U를 매일 1회 정맥 투여하는 일반적인 치료 방법을 사용하였다. 반면 치료군은 대조군의 치료법에 천마소 주사액을 추가로 사용하였다. 두 그룹 모두 15일 동안 치료를 받았고, 15일 후에 총 유효율을 평가하였다. 치료군

의 총 유효율은 82.1%로, 대조군의 총 유효율 65.3%보다 현저히 높았다. 이는 천마소가 미세 순환을 개선하고 돌발성 난청 치료에 효과적임을 나타내는 결과이다.

장굉걸(张宏杰)(2008)은 천마소와 메코발라민을 함께 사용하여 58명의 난치성 이명 환자를 치료하였다. 2003년 3월부터 2007년 3월까지 치료된 난치성 이명 환자 116명(144귀)을 무작위로 두 그룹으로 나누어 치료군 58명은 천마소 0.6g을 5% 포도당 500mL에 혼합하여 매일 1회 정맥 투여하고, 동시에 메코발라민 1.0g을 매일 3회 경구 투여하였다. 대조군 58명은 파파베린 60mg을 5% 포도당 500mL에 혼합하여 매일 1회 정맥 투여하였다. 두 그룹 모두 7~12일 동안 1회 치료를 진행하였으며, 치료 효과를 관찰했다. 결과적으로 치료군의 유효율은 92%, 대조군의 유효율은 79%로 나타났으며, 두 그룹의 치료 효과는 유의미한 차이가 있었다($P<0.05$). 이는 천마소와 메코발라민을 함께 사용한 난치성 이명 치료가 현저한 임상 효과와 경제적 효율성을 가지고 있음을 시사한다.

제3절 중국의 천마 생산 현황

천마는 중국에서 약용으로 사용된 지 2000년 이상의 역사를 가지고 있으며, 과거에는 귀하고 드문 한약재였다. 주로 야생 천마 채취에 의존하여 약용으로 사용했기 때문이다. 야생 천마는 주로 해발이 높은 산악 지역에 분포하며, 독특한 기후 조건과 지리적 환경이 필요하므로 생장 지역과 생산량이 크게 제한되었다. 천마의 재배 경로를 모색하고 생산을 확대하기 위해 수년간 과학자와 약초 재배자들은 약용 식물 재배학과 약용 균류 배양의 기본 원리에 따라 천마 인공 재배의 여러 주요 측면을 과감하게 탐구하고 시도하여 성공을 거두었으며, 이 기술이 보급되면서 천마 재배가 야생에서 인공 재배로 전환되었다. 산비탈, 실내, 정원, 임야, 땅굴 등 다양한 장소에서 천마 재배가 가능해졌으며, 시설 재배에서도 플라스틱 상자, 스티로폼 상자, 벽돌 수조, 나무 상자, 대나무 바구니, 도자기 화분 등 다양한 대체 도구로 확장되었다. 재배 재료도 밤나무만 사용하던 것이 다양한 활엽수의 나무줄기, 나뭇가지, 장작 등으로 다양화되었고, 배양 재료로는 사질토, 활엽수잎, 미강, 짚, 톱밥 등 다양한 원료가 사용되었다.

그 결과, 인공 재배된 천마는 병해충이 적고, 생산량이 안정적이며, 규모를 통제할 수 있고, 투자 비용이 적으며 수익이 높고, 관리가 편리하며, 재료 확보가 용이해져 농촌 지역에서 부를 창출하는 좋은 경로가 되었다.

전국의 전통적인 천마 생산 지역은 주로 4개 지역으로 나뉜다:

장강(长江)삼협(三峡)신농가(神农架) **천마 원산지**: 호북성 이창 삼협, 은시, 신농가 산림 지대, 스옌, 섬서 남부 한중, 충칭 동부를 포함하고, 전국에서 가장 큰 홍천마와 오홍 교잡천마의 생산지이다.

운귀고원(云贵高原) **천마 생산지**: 운귀천(云贵川) 천마 생산지로도 불리며, 윈난 북부 자오퉁, 사천 남부의 난충, 귀주성 북서부의 비제 다팡 지역 등을 포함하고, 전국 최대의 오천마 생산지이다.

대별산(大别山) **천마 생산지**: 주로 호북성 황강의 나전, 안후이 류안의 진자이, 허난 남부 일부 지역을 포함한다.

장백산(长白山) **천마 원산지**: 길림의 푸송과 북한 인근 일부 지역을 포함한다.

기타 산발적인 천마 생산지: 절강성의 판안 일부 산간 지역, 강서성의 장수 일부 지역, 티베트 린즈의 보미 지역 등이 있는데, 이 지역들의 천마 재배 면적과 생산량은 그다지 많지 않다.

구체적으로는 다음과 같다. 안휘성(安徽省)의 곽산, 영산, 금채, 나전, 악서; 호북성(湖北省)의 마성, 의창, 당양, 은시; 산서성(陕西省)의 탁양, 성고, 서향, 면현, 양현, 저강, 진안, 상주; 운남성(云南省) 소통(昭通)의 진웅, 이량; 저장성(浙江省)의 반안, 선거; 사천성(四川省)의 통강, 남강, 청천, 왕창, 평무, 북천, 귀주(贵州)의 필절시 대방현과 납옹, 동인시 덕강, 하남성(河南省) 복우산구(伏牛

山区) 서협, 남소, 로씨. 그 외에 감숙, 동북 일부 지역에서도 재배되고 있다.

20세기 들어, 천마의 약리 작용에 대한 연구와 이해가 깊어지면서 천마 수요량이 지속적으로 증가하고 있다. 20세기 50년대 중반의 천마 연간 수요량은 약 110t이었고, 60년대 중반에는 연간 수요량이 150t 정도로 증가하였다. 70년대 중반에는 수요가 250~350t으로 증가했으며, 80년대에는 연간 수요량이 600~900t, 90년대에는 1,000t 이상에 달했다. 현재 중국의 천마 연간 생산량은 4,500~5,000t이며, 재고는 1,500~2,000t, 시장 규모는 4억~5억 위안에 달한다. 2015년 생산량은 약 7,000t이었으며, 2014년부터 2016년까지 천마 산업의 시장 규모는 연간 4.4~4.6억 위안이었다.

천마가 건강식품과 한약 추출물로 광범위하게 사용됨에 따라 수요량도 매년 증가하고 있으며, 전국적으로 200개 이상의 제조업체가 천마 제제를 생산하고 있다. 천마를 주원료로 한 중성약(中成药) 종류는 100개 이상이며, 국내 약용 원료는 약 3,500t에 달한다.『중화인민공화국 약전(中华人民共和国药典)』(2015)에 수록된 1,493개 성방 제제와 단미 제제 가운데, 천마를 주성분으로 한 것은 14개로 천단통락편, 천단통락캡슐, 천국뇌안캡슐, 천마환, 천마두통편, 천마갈구과립, 천마수오편, 천마거풍보편, 천마성뇌캡슐, 천서편, 천서캡슐, 반하천마환 및 천마캡슐 등이 있다.

천마는 높은 약용 가치 외에도 약선, 건강 보조, 보양 가치도 높다. 수백 년간 민간에서는 천마를 재료로 사용하여 다양한 요리를 만들어 왔는데, 예를 들어 천마 돼지뇌탕은 난치성 두통, 노인성 치매 등의 증상에 사용되며, 천마 잡곡밥은 현기증, 불면증, 건망증 등의 증상을 조절하는 데 사용된다. 천마를 넣은 검은 닭찜은 기혈 부족이나 출산 후 체력 저하로 인한 현기증, 빈혈, 저혈압 등의 증상에 사용되며, 천마 진피죽은 간질병 등을 조절하는 데 사용된다. 이 외에도 순수 천마 가루는 사탕, 과자, 케이크, 면류 등의 주재료 및 보조 재료로 사용할 수 있으며, 천마 면, 천마 우유, 천마 절임 등을 만들기도 한다. 그러나 천마 요리의 다양한 효능이 모든 사람에게 적용되는 것은 아니다. 천마는 고혈압, 심장 문제로 인한 현기증을 완화시킬 수는 있지만, 저혈압으로 인한 현기증에는 천마나 천마 요리를 복용할 경우 혈압이 더 낮아져 증상이 악화될 수 있다. 또한 천마배당체는 열에 약해 쉽게 휘발되어 진정 진통 효과를 잃기 때문에 오랫동안 끓이는 것은 좋지 않다. 최근에 이르러 사람들의 건강 의식이 강화되면서 천마 소비 시장도 확대되고 있고, 국가에서 천마를 식 · 약용 두 가지 용도로 사용할 수 있는 식물로 지정함에 따라 신선한 천마의 연중 공급 및 판매가 가능해져, 매년 신선한 천마의 소비량이 1만t 이상에 이를 것으로 예상된다.

제 4 절 천마의 시장 현황

산업 발전과 국민 생활 수준의 향상에 따라 천마에 대한 수요가 갈수록 커지고 있다. 천마는 단순 약용에서 건강기능식품과 식품의 반열에 올랐으며, 건강기능식품은 시장이 거대하여 무한한 잠재력을 가진다. 천마차, 천마음료 시장의 높은 매출은 천마의 심층 가공 경로 개척과 다량의 상품 마 소화를 위한 길을 열었다. 아울러 국가의 과학 기술 발전을 위한 노력과 천마 응용 연구 심화로 중국이 세계무역기구(WTO)에 가입하게 되어 관세 및 비관세 장벽이 사라지면서 천마 수출이 더욱 편리해졌다. 현재, 시장 수요가 매우 뜨겁다. 건천마는 200~500위안/kg, 생천마는 30~50위안/kg으로, 1무[1)]당 10만 위안을 투입하면 생산액은 15만 위안 이상이므로 1무당 순수 경제성이 5만 위안 이상이다.

국민 경제의 급속한 발전으로 주민들의 소득 수준이 갈수록 높아짐에 따라 건강식품에 대한 수요는 날로 높아지고 있다. 저당, 저지방, 고단백 식품과 건강기능식품에 대한 소비가 날로 왕성해지고 있다. 천마는 식품이자 귀한 중약재로 영양이 풍부하고 맛이 뛰어나며 신체를 튼튼하게 하는 이상적인 식품이

1) 무(亩)는 법정 계량 단위가 아니며, 1무는 약 666.7m^{2}이다. --- 원서 편집자 주

다. 천마 산업의 발전은 폐기물을 보물로 변화시키는 일일 뿐만 아니라 매우 큰 경제적·사회적 이익을 야기시킬 수 있다.

천마의 발전 전망은 매우 밝다. 최근 중국의 천마 약리 작용에 대한 연구 결과를 보면 천마는 관상동맥과 뇌동맥 혈류량 증가에 탁월한 효과가 있을 뿐만 아니라 뇌신경 질환 및 고혈압 등에도 좋은 효능이 있는 것으로 밝혀졌다. 천마 응용 분야가 확대되면서 수요도 꾸준히 증가할 것으로 전망된다.

최근 몇 년 동안 국내외에서 천마 식품, 천마 음료, 천마 건강식품과 천마 약선 및 천마 약제를 개발하는 업체가 많아져서 많은 물량이 필요하게 되었다. 전 세계적으로 대부분의 국가에서 천마가 생산되지 않아 중국에서만 수입하기 때문에 천마 재배는 큰 상업적 기회를 가져왔으며, 향후 10년간 천마는 판로를 걱정하지 않아도 판매 가격이 안정적으로 상승할 것으로 예상된다.

1990년부터 현재까지 천마 시장은 4차례에 걸쳐 가격 최고점과 최저점을 경험하였다. 단가가 20위안대로 떨어지는 침체기와 쇠퇴기가 있었고, '파백충이(破百沖二)'의 흥성기도 있었다. 4차례의 최고 가격은 1992년, 2000년, 2010년, 2014년이며, 4차례의 저가 시세는 1996년, 2003년, 2011년, 2015년이었다.

중국 천마의 주요 판매 경로는 안후이(安徽) 보저우(亳州) 한약재 시장, 곤명(昆明) 국화원 한약재 전문 시장, 청두시(成都市) 허화츠(荷花池) 약재 전문 시장 등 전국 17개 한약재 전문 시장을 통해 진행 판매되고 있다. 특히, 2012년 이래 전국 17개 한약재 전문 시장의 천마 판매량은 대부분 연간 3,000t 이상이었다. 전국 17개 약재 전문 시장을 통해 수출된 천마는 2014년 143.20t이고 2015년 185.40t이었다.

현재 중국에서는 인공적으로 천마를 재배하는 기술이 나날이 성숙되고 있다. 최근 몇 년간 천마 수출량이 크게 증가하였고 국내 의약품, 건강기능식품에도 천마가 많이 사용되고 있는데, 천마 전체 생산량은 아직 시장 수요량의 50%에도 미치지 못하고 있다. 시장 수요량이 커지면서 가치가 상승한 것이다. 따라서 천마 재배는 수익성이 높고 전망이 밝다.

제 5 절 천마 재배의 경제적 효과 분석

천마는 햇빛이 필요하지 않으며, 단지 적절한 온도와 습도 등의 환경만 갖추면 된다. 또한, 농업 생산과 관련하여 토지나 노동력을 두고 경쟁하지 않기 때문에 황무지, 정원, 실내, 지하 공간 등과 같은 곳에서도 재배가 가능하다. 인공적으로 생산 시설을 설치하면 온도, 광량(조도), 수분과 습도, 공기 상태, 잡초, 해충, 병균 등을 철저하게 통제할 수 있으므로 재배 효율과 수익이 더 높다.

재배 비용 분석:

- 종자 비용: m^2당 필요한 천마 종마는 300~500g, 가격은 50~80위안/kg, 또는 천마 삭과 2~5개, 가격은 3~4위안이다. 그리고 생장균 종균 2~3병, 발아균 종균 2~3병/봉지가 필요하며, 비용은 약 20위안이다. 소계로 $1m^2$당 60~70위안의 비용이 든다.
- 균재 비용: 참나무 줄기와 가지가 필요하고, 직경 10cm, 길이 100cm 기준으로 10개가 필요하며, 이때의 무게는 100~130kg이다. 그중에서도 직경 4~8cm의 굵은 나무줄기가 90~115kg, 직경 2~3cm의 가는 나뭇가지가 10~15kg 필요하다. 소계로 60~80위안의 비용이 소요된다.
- 인건비: 30~50위안
- 토지 비용: 1무(약 $666.7m^2$)당 500위안, 실제 재배 면적은 $500m^2$이며, $1m^2$당 1위안이다.
- 총 투자 비용: 160~240위안/$500m^2$

생산 수익 분석:

- 수확량: m^2당 천마 생산량은 10kg이고, 천마가 작은 경우에는 2~5kg이다. 생천마 수매 가격은 30~50위안/kg이며, 생산 가치는 300~500위안/m^2이다. 생천마를 건조시킨 경우, 건조율이 4.0~4.5:1이므로 건조된 천마 2.0~2.5kg을 수확할 수 있다. 현재, 건천마의 시장 가격은 200~250위안/kg이며, 생산 가치는 480~600위안/m^2이다.

- 순수익: m^2 당 생산 가치는 300~600위안이므로 비용을 제외한 순수익은 m^2 당 100위안 이상이다. 1무의 천마를 재배할 경우, 배수로와 통로를 제외한 실제 재배 면적은 400~500m^2이며, 순수익은 5만 위안 이상이 될 수 있다.

천마 재배의 특징은 첫해에는 비용이 많이 들지만, 두 번째 해부터는 그 이익이 극대화된다는 것이다. 두 번째 해에 생산을 계속할 경우, 천마 종자를 다시 구입할 필요가 없으며, 일부 생장균 종균이 이전의 균재를 대체할 수 있기 때문에 비용이 크게 감소하고, 이익은 10배 이상 증가할 수 있다.

만약 자가 번식을 통해 천마를 재배하고자 한다면, 천마의 꽃대를 종자로 사용하여 실내에서 개화시킨 후 인공 수분을 통해 유성 번식 종자를 얻을 수 있다. 발아균과 생장균 종균을 구매하여 종자를 발아균 종균에 파종하고 생장균을 접종하여 균상에서 재배할 수 있는데, 첫해의 봄과 여름에 생산을 시작하여 두 번째 해 겨울에 수확할 수 있고, 재배 주기는 1.5~1.8년이다. 이 방법을 통해 m^2 당 30~50위안의 종자 비용을 절감할 수 있으며, 재배 효율을 더욱 높일 수 있다.

제1장 천마의 생물학적 기초

천마의 생물학적 특성은 천마 재배 기술의 이론적 근거로서, 천마 연구에 매우 중요한 의미를 지닌다. 천마의 모든 생리 활동은 외부 환경 조건과 밀접하게 연관되어 있고, 외부 조건의 변화와 재배 기술의 우수성은 천마의 생리적 기능에 영향을 미칠 수 있으며, 이러한 변화는 천마 괴경(덩이줄기)의 형태적 특성에 반영된다. 또한 천마의 성장 형태를 통해 내부 기능의 변화를 판단할 수 있다. 이를 바탕으로 재배 기술이 적절한지 여부를 검증하고, 천마 생장에 필요한 조건을 충족시키기 위한 적절한 기술적 조치를 취함으로써 고수확, 안정된 생산, 고품질이라는 목표를 달성할 수 있다.

제1절 천마의 종류와 분포

천마속(*Gastrodia*)의 분류학적 위치는 식물계(Plantae), 속씨식물문(Angiospermae), 외떡잎식물강(Monocotyledoneae), 백합아강(Lilidae), 난목(Asparagales), 난초과(Orchidaceae), 수난아과(Epidendroideae), 천마족(Gastrodieae), 천마아족

(S Gastrodiinae Lindl)에 속한다. 전 세계적으로 천마속은 80여 종이 있으며, 주로 아시아의 열대, 아열대에서 남온대, 한온대 산지에 분포한다. 서쪽으로는 마다가스카르에서부터 스리랑카, 인도, 히말라야 남부 국가들 및 동남아시아 여러 나라, 동쪽으로는 뉴기니, 호주, 뉴질랜드, 뉴칼레도니아, 일본, 한국, 중국 및 러시아 극동 지역에 이르기까지 분포한다(부록 참조). 아프리카 대륙, 유럽 및 아메리카 대륙에서는 아직 발견되지 않았다.

중국에서는 천마속 식물이 23종으로 분류되는데, 16개의 종과 7개의 변종이 있다. 그 종의 이름은 다음과 같다.

- 원천마(原天麻) *Gastrodia angusta* S. Chow & S. C. Chen in Acta Bot. Yunnan. 5(4): 363. fig. 1. 1983; 중국 식물지 18: 31. 1999. 운남(云南) 동남부 석평(石屏)에서 발견됨
- 무훼천마(无喙天麻) *Gastrodia appendiculata* C. S. Leou & N. J. Chung in Quart. J. Expt. For. Nat. Taiwan Univ. 5(4): 138. fig. 2. 1991; 중국 식물지 18: 39. 1999. 대만에서 발견됨
- 추천마(秋天麻) *Gastrodia autumnalis* T. P. Lin, Nat. Orch. Taiwan 3: 122-123. 1987; 중국 식물지 18: 36. 1999. 대만 북부에서 발견됨
- 팔대천마(八代天麻) *Gastrodia confusa* Honda & Tuyama in J. Jap. Bot. 15: 659. 1939; 중국 식물지 18: 38-39. 1999. 대만 중부에서 발견됨
- 천마(天麻) *Gastrodia ealata* BI., Mus. Bot. Ludg. Bat. 2: 174. 1856; 중국 식물지 18: 31, 도판 5: 7-9. 1999. 전국 대부분의 지역에 분포. 괴경은 약재로 사용되며, 간을 진정시키고 경련을 멈추는 효능이 있음
- 송천마(松天麻)(변종) *Gastrodia elata* Bl. f. *alba* S. Chow in Acta Bot. Yunnan. 5(4): 366. 1983; 중국 식물지 18: 33. 1999. 운남(云南) 북서부에서 발견됨
- 천마(天麻)(원 변종) *Gastrodia elata* Bl. f. *elata* 중국 식물지 18: 32. 1999. 황하 유역과 장강 유역의 여러 성에서 발견됨

- 황천마(黄天麻)(변종) *Gastrodia elata* Bl. f. *favida* S. Chow in Acta Bot. Yunnan. 5(4): 366. 1983; 중국 식물지 18: 33. 1999. 하남(河南), 호북(湖北), 귀주(贵州) 서부와 운남(云南) 동북부에서 발견됨
- 오천마(乌天麻)(변종) *Gastrodia elata* Bl. f. *glauca* S. Chow in Acta Bot. Yunnan. 5(4): 365. 1983; 중국 식물지 18: 32-33. 1999. 사천(四川) 북서부, 귀주(贵州) 서부, 운남(云南) 동북부에서 북서부에 이르는 지역에서 발견됨
- 난과천마(卵果天麻)(변종) *Gastrodia elata* var. *obovate* Y. J. Zhang
- 모천마(毛天麻)(변종) *Gastrodia elata* Bl. f. *pilifera* Tuyama
- 녹천마(绿天麻)(변종) *Gastrodia elata* Bl. f. *viridis* (Makino) Makino in Illustr. Fl. Nippon 692. 1940; 중국 식물지 18: 32. 1999. 중국 동북 지방에서 서남 지방까지 분포
- 하천마(夏天麻) *Gastrodia flabilabela* S. S. Ying in Quart. J. Chin. For. 17(4): 83. fig. 1-3. 1984; 중국 식물지 18: 35. 1999. 대만 중부에서 발견됨
- 춘천마(春天麻) *Gastrodia fontinalis* T. P. Lin, Nat. Orch. Taiwan 3: 129-130. 1987; 중국 식물지 18: 36, 38. 1999. 대만에서 발견됨
- 세천마(细天麻) *Gastrodia gracilis* Bl., Mus. Bot. Lugd. Bat. 2: 174. 1856; 중국 식물지 18: 34. 1999. 대만 북부에서 발견됨
- 남천마(南天麻) *Gastrodia javanica* (Bl.) Lindl., Gen. Sp. Orch. Pl. 384. 1840; 중국 식물지 18: 34. 1999. 대만 남부에서 발견됨
- 동천마(冬天麻) *Gastrodia hiemalis* T. P. Lin, Nat. Orch. Taiwan 3: 131-133. 1987; 중국 식물지 18: 38. 1999. 대만에서 발견됨
- 장통천마(长筒天麻)(신종) *Gastrodia longitubularis* Q. W. Meng, X. Q. Song &Y. B. Luo. Nordic J. of Bot., 2007, 25(1-2): 23-26. 해남성(海南省) 바왕링 자연보호구역에서 발견됨. 이 종은 식물 개체 수가 매우 적어 극도의 멸종 위기종으로 분류됨
- 맹해천마(勐海天麻) *Gastrodia menghaiensis* Z. H. Tsi & S. C. Chen in Acta Phytotax. Sin. 32(6): 559. fig. 1(1-4). 1994; 중국 식물지 18: 36. 1999. 운남

(云南) 남부 맹해(勐海)에서 발견됨

- 북삽천대마(北插天大麻) *Gastrodia peichatieniana* S. S. Ying, Col. IIIustr FI. Taiwan 2: 690. fig. 404. 1987; 중국 식물지 18: 35. 1999. 중국 대만 북부에서 생산됨
- 무이산천마(武夷山天麻) *Gastrodia wuyishanensis* D. M. Li & C. D. Liu in Novon 17: 354-356. 2006. 복건(福建) 무이산에서 발견됨
- 청수씨적전(清水氏赤箭) *Gastrodia shmiuzuana* Tuyama in Acta Phytotax. Geobot. 33: 380-382. 1982; S. W. Chung & T. C. Hsu in Taiwania. 51(1): 50-52. 2006. 대만 북부에서 발견됨
- 유천마(疣天麻) *Gastrodia tuberculata* F. Y. Liu & S. C. Chen in Acta Bot. Yunnan. 5(1): 75. 1983; 중국 식물지 18: 33, 1999. 운남(云南) 중부에 분포함

좁은 의미의 천마는 *Gastrodia elata* Blume을 가리키며, 이 종의 이명(異名)은 다음과 같다: *Gastrodia viridis* Makino(1902); *Gastrodia mairei* Schltr.(1913); *Gastrodia elata* var. *gracilis* Pamp.(1915); *Gastrodia elata* f. *pilifera* Tuyama(1941).

현재, 천마(*G. elata*)는 중국 전역에서 널리 재배되고 있으며, 분포 범위가 넓고, 종 내에서도 다양한 변이가 발생하여 꽃의 색깔, 꽃대의 색깔, 괴경의 형태, 괴경의 수분 함량 등이 다른 천마를 자주 볼 수 있다. 주현(周铉)과 진심계(陈心启)(1983)는 이러한 특징에 따라 천마를 여섯 가지 변종으로 분류하였다. 즉, 원변종인 송천마(*G. elata* Bl. f. *alba* S. Chow), 홍천마(*G. elata* Bl. f. *elata*), 오천마(*G. elata* Bl. f. *glauca* S. Chow), 황천마(*G. elata* Bl. f. *flavida* S. Chow), 모천마(*G. elata* Bl. f. *pilifera* Tuyama), 녹천마(*G. elata* Bl. f. *viridis* Makino)로 나누었는데 실제로는 주로 홍천마와 오천마가 재배되고 있다.

홍천마는 홍간천마(红秆天麻)라고도 불리며, 중국의 장강 유역 여러 성과 동북 지역, 서남 지역뿐만 아니라 일본, 한국, 러시아 극동 지역에도 분포한다. 중국 산서성(陕西省) 한중 지역의 각 현을 비롯하여 섬남(陕南), 예서(豫西), 천북(川北) 등지에서 주로 야생 홍천마가 많이 발견되고 주로 재배되고 있으며, 해

발 800~1,500m의 산악 지대에 주로 분포한다. 홍천마는 꽃대가 주황색을 띠는데, 어린 상태에서는 연한 녹색을 띠며, 꽃은 주황색이다. 식물체는 약 1.5m 정도로 자라며, 성체 괴경은 타원형, 장방형, 또는 장타원형으로 자라는데, 큰 것은 길이 20cm, 굵기 5~6cm에 이르며, 수분 함량이 약 85%, 최대 무게는 1kg에 달한다. 상품 천마의 경우 마디가 많고, 뚜렷한 세로 주름이 많다. 일반적으로 4.5~5.5kg의 생천마에서 1kg의 건천마를 가공할 수 있다. 홍천마가 분포하는 지역에서 종종 소수의 녹간천마(绿秆天麻)가 혼생하기도 한다.

오천마는 오간천마(乌秆天麻) 또는 철천마(铁天麻)라고도 한다. 중국 동북 장백산 지역에서 오천마가 자라며, 남쪽에서는 해발 1,400~2,800m의 고산 지대에 주로 분포한다. 오천마는 숲 아래 그늘지고 습한 곳, 유기물이 많고, 생장균이 풍부한 곳에서 자라며, 서늘하고 습한 기후를 좋아하고, 토양이 단단하지 않아 배수가 잘되며 비옥한 약산성(pH 4.0~6.5) 사질 토양이나 유기물 토양에서 잘 자란다. 오천마는 식물체가 커서 최고 200cm까지 자라며, 꽃대는 회갈색을 띠고, 뚜렷한 흰색 세로줄무늬가 있다. 꽃은 황록색이고, 연한 노란색과 갈색 줄무늬가 교차된 상단이 굵고 하단이 가는 역원추형이다. 개화기는 6~7월, 열매는 마름모꼴 또는 역쐐기형이다. 괴경은 짧은 기둥 모양으로 앞쪽에 뚜렷한 어깨가 있으며, 연한 노란색을 띤다. 큰 괴경은 800g까지 자라고, 모양은 타원형에서 난타원형까지 다양하며, 마디가 촘촘하고, 길이가 최대 15cm 이상이며, 최대 개별 중량이 1kg에 달하기도 한다. 수분 함량은 일반적으로 70% 이하인데 간혹 60%에 불과한 것도 있다. 고산 지대에서 주로 재배되는 천마는 오천마로 가장 큰 것은 1kg에 달하며, 일반적으로 3.5~4.5kg에서 1kg의 건천마를 가공할 수 있다. 상품 천마는 단단하고 외관 품질이 좋으며, 마디와 주름이 적고 분명하지 않다.

녹천마는 꽃과 꽃대가 연한 청록색을 띠고, 식물체는 1.0~1.5m까지 자란다. 성체 괴경은 장타원형 또는 역원추형으로 마디가 촘촘하고, 비늘이 잘 발달되어 있으며, 수분 함량은 약 70%이다. 녹천마는 꽃대가 황록색에서 청록색을 띠며, 꽃은 노란색, 열매는 난형 · 녹색이며, 괴경은 원추형이다. 일반적으로 4~5kg의 생천마에서 1kg의 건조 천마를 가공할 수 있으며, 종자의 발아율과 번식률이 높은 비교적 희귀한 재배 천마이다.

송천마는 꽃이 흰색 또는 연한 노란색이며, 꽃대는 황백색이다. 식물체는 약 1m 정도 자라며, 성체 괴경은 방추형 또는 원통형이고, 수분 함량이 약 90%이다. 건조율이 낮아 재배되지 않으며, 주로 운남성(云南省) 북서부에서 자라고, 소나무와 상수리나무 아래에서 자란다.

황천마는 꽃과 꽃대가 연한 노란색이며, 어릴 때는 연한 황녹색을 띤다. 식물체는 약 1.2m 정도 자라고, 성체 괴경은 난상장타원형이며, 수분 함량이 약 80%이다. 황천마는 중국 남서부 지역에서 재배되고 있는 한 품종으로, 괴경 한 개의 최대 무게가 500g에 달하기도 한다. 주로 운남성(云南省) 동북부에서 자라며, 드문드문한 숲 아래에서 자란다.

천마의 품종과 특성은 지역에 따라 큰 차이가 있으며, 각 지역에서 품종을 구분하는 기준도 다르다. 남천천마 품종은 수홍간천마(즉, 홍천마), 오천마, 녹천마, 황천마 이렇게 4가지 유형으로 나뉜다. 수홍간천마는 식물체가 비교적 약하고, 줄기가 토양을 뚫고 출현할 때 싹의 비늘이 주황색을 띠고, 꽃대도 주황색을 띠며, 괴경이 크고 수확률이 높지만, 분열 능력이 떨어져 번식 개체수가 적다. 오천마는 식물체가 크고 튼튼하며, 토양에서 나올 때 싹의 비늘이 검은 갈색, 꽃대는 회갈색과 녹갈색, 꽃부리는 청록색을 띤다. 괴경이 크고, 분열 능력이 떨어지며, 꽃대가 나온 후 개화가 늦은 특징이 있고 이 종은 사천(四川) 및 중경(重庆) 지역의 주요 재배 품종이다. 녹천마는 식물체가 크고 튼튼하며, 토양에서 나올 때 싹의 비늘이 청록색, 꽃대도 청록색 또는 연한 녹색을 띠며, 꽃부리도 청록색을 띤다. 괴경이 크고 분열 능력도 좋으나 수량이 많지 않아 주로 종자로 사용된다. 황천마는 초천마라고도 불리며, 식물체가 작고 약하며, 출토가 빠르다. 출토 시 싹의 비늘이 주황색을 띠고, 꽃대는 주황색 또는 갈색이며, 꽃부리는 크림색이다. 주로 토양이 척박한 황폐한 언덕에서 자라며, 괴경이 작고, 분열 능력 약하여 대부분 단독으로 생장하는 경우가 많아 재배에 적합하지 않다.

산서성(陕西省) 한중(汉中) 지역에는 녹간천마(绿秆天麻), 철간천마(铁杆天麻), 홍간천마(红秆天麻), 백화천마(白花天麻) 4가지의 품종이 있다. 녹간천마와 철간천마의 꽃대에는 소량의 엽록소가 포함되어 있다. 홍간천마는 이 지역의 주요 재배 품종으로 이 품종의 특징은 분열 능력이 강하고, 번식계수와 중량면에서 뛰어나다. 백화천마는 줄기가 낮고 가늘며, 꽃의 수가 적고, 꽃부리는 흰색이며, 괴경은 작고 분열 능력이 약하다.

동북 지역의 길림(吉林)과 료저(辽宁) 등지에는 수홍간천마(水红秆天麻), 오천마, 녹간천마, 황천마, 백화천마 등이 분포되어 있다. 이 지역의 주요 재배 품종은 수홍간천마와 오천마로, 수홍간천마는 남쪽에서는 잘 자라지 않지만, 동북 지역에서는 잘 자란다. 식물체는 높이 40~60cm, 줄기 굵기 1.3cm, 무게 200~250g이며, 주황색을 띠고 줄기에는 드문드문 흰색 줄무늬가 있다. 출토 시 싹의 비늘이 주황색을 띠며, 꽃부리는 연한 붉은색이다. 출토와 개화가 비교적 빠르고, 괴경이 크며, 분열 능력이 강하고, 번식이 잘된다.

중국은 세계에서 야생 천마가 가장 많이 분포하고 있는 주요 국가 중의 하나이다. 남쪽으로는 윈난 중부 산악지대로부터 북쪽으로는 헤이룽장성의 상즈와 린커우 등지까지 동쪽으로는 대만성의 란위섬과 흑룡강의 동녕현까지, 서쪽으로는 티베트 자치구의 초나에 이르기까지 광범위하게 분포한다. 장강 중류 양안의 산악 지대에는 야생 천마가 많이 자생한다. 야생 천마는 주로 중경(重庆), 운남(云南), 산서(陕西), 안휘(安徽), 하남(河南), 료저(辽宁), 길림(吉林), 호북(湖北), 호남(湖南), 귀주(贵州), 감숙(甘肃), 티베트(西藏) 및 대만(台湾) 등의 성에서 발견되고 있다.

제2절 천마의 형태적 특징

1. 식물체의 일반적인 형태

천마는 식물 분류학상 난초과 천마속에 속하는 다년생 초본 식물이다. 천마의 식물체는 지상부의 꽃대와 지하부의 괴경으로 이루어져 있고, 뿌리와 녹색 잎이 없으며, 높이는 30~150cm로, 큰 것은 200cm에 달한다(그림 1-1).

[그림 1-1] 백마와 전마

천마의 꽃대는 단생하고 원통형이며, 지름은 0.5~2.5cm, 높이는 30~150cm이다. 일반적으로 7개 또는 그 이상의 마디를 가지며, 대부분 흰색 줄무늬가 있고 녹색 잎은 없으며 퇴화된 작은 비늘잎만이 존재한다. 비늘잎은 막질이고, 호생하며, 연한 갈색으로 윗부분은 펼쳐져 둘로 갈라지고 아랫부분은 초(鞘) 모양으로 줄기를 감싸고 있다.

지하에서 자라는 괴경은 육질이 크고 비대한 장타원형 및 장편형으로, 주름지고 굽어 있으며 크기는 일정하지 않다. 한 개의 생체중은 1~1,000g 또는 그 이상에 달하기도 한다(그림 1-2). 일반적으로 양 끝이 둥글고, 상단에는 마른 줄기 잔해가 있을 수 있으며, 하단에는 오목한 원반 모양의 뿌리 자국이 있고, 여러 개의 막질 초가 붙어 있다. 외관은 황백색, 황갈색을 띠며, 몸 전체에 세로 주름이 많고, 가로 고리 모양으로 잔털이 점처럼 분포한 흔적이 있다(그림 1-3). 질감은 단단하고 치밀하여 쉽게 부러지지 않는다. 절단면은 흰색, 상아색 또는 황갈색으로 반투명이며, 맛은 약간 달콤하고 매운맛이 난다.

[그림 1-2] 천마의 꽃대와 괴경

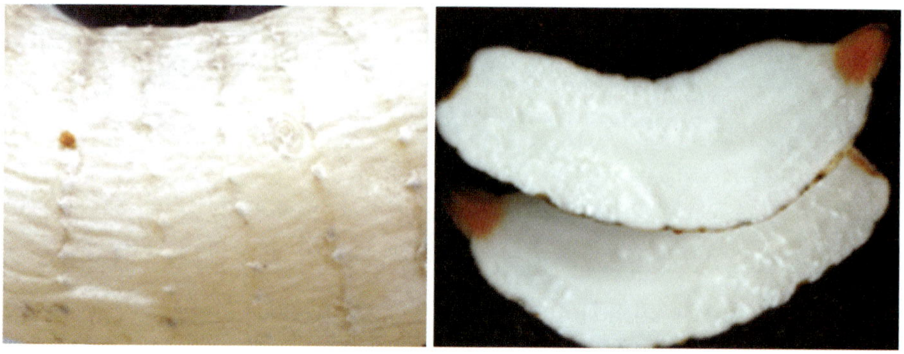

[그림 1-3] 천마 괴경 표면의 고리 무늬와 종단면

천마의 괴경은 발달 단계에 따라 다음과 같이 나뉜다:

원구경(原球莖): 천마의 종자에서 발달한 가장 작은 구경으로 종자와 비슷한 형태를 가지며, 구형에 가까운 타원형이다. 길이는 0.4~0.7mm, 지름은 0.3~0.5mm로 종단면에서 기관의 분화는 뚜렷하지 않지만 조직의 분화는 존재한다.

미마(米麻): 콩알 크기의 작은 괴경으로 재배 시 종마로 사용된다.

백마(白麻): 꽃대가 없는 미마보다 조금 더 큰 괴경으로, 주로 종마로 사용되며, 큰 것은 상품으로도 사용된다.

전마(箭麻): 상부에 꽃대가 형성되어 있는 괴경으로, 화살 모양을 닮아 이 이름이 붙여졌다. 전마는 가공하여 약재로 사용되거나, 줄기를 키우고 꽃을 피워 결과(結果)를 유도하여 유성 번식을 수행할 수 있다.

꽃(花): 천마의 꽃은 총상화서로 포엽은 막질이고, 화서(花序, 꽃차례) 5~50cm 길이에 30~60송이의 꽃이 달린다. 꽃은 연한 황록색 또는 노란색이며, 화관이 비틀어진 통 모양을 이룬다(그림 1-4). 꽃포엽은 장원형 선형으로 길이 1.0~1.5mm이며, 얇고 투명한 막처럼 생겼다. 꽃자루와 자방은 7~12mm로, 꽃포엽보다 약간 짧다. 꽃은 꼬여 있으며, 오렌지색, 연황색, 청록색 또는 황백색으로 거의 직립 상태를 이룬다. 화관(꽃받침과 꽃잎이 같이 붙어 있는 화피통)은 길이 약 1cm, 지름은 5~7mm이며 비스듬한 난형 원통형이고, 상부에는 5개의 열편이 있다. 두 개의 측악편이 합쳐진 꽃받침 부분은 깊이 5mm로 갈라져 있고, 통의 기부는 앞쪽으로 돌출되어 있다. 외륜 열편(꽃받침의 이탈 부분)은 난상삼각형으로 끝이 둔하다. 내륜 열편(꽃잎의 이탈 부분)은 거의 장원형으로 크기가 작다. 입술 꽃잎은 장원형 난형이고 길이 6~7mm, 폭 3~4mm로 세 갈래로 나뉘며, 기부는 수술대의 끝부분과 화피 통 내부 벽에 붙어 있고, 한 쌍의 육질 돌기가 있으며, 상부는 이탈되어 있고, 윗면에 유두 모양 돌기가 있으며, 가장자리에 불규칙한 짧은 술이 있다. 수술대는 길이 5~7mm로 비교적 짧다. 꽃가루 덩어리는 노란색이고, 미숙할 때는 끈적거려 쉽게 떼어낼 수 있지만, 오래되면 가루 상태가 되어 떼어내기 어렵다(그림 1-4).

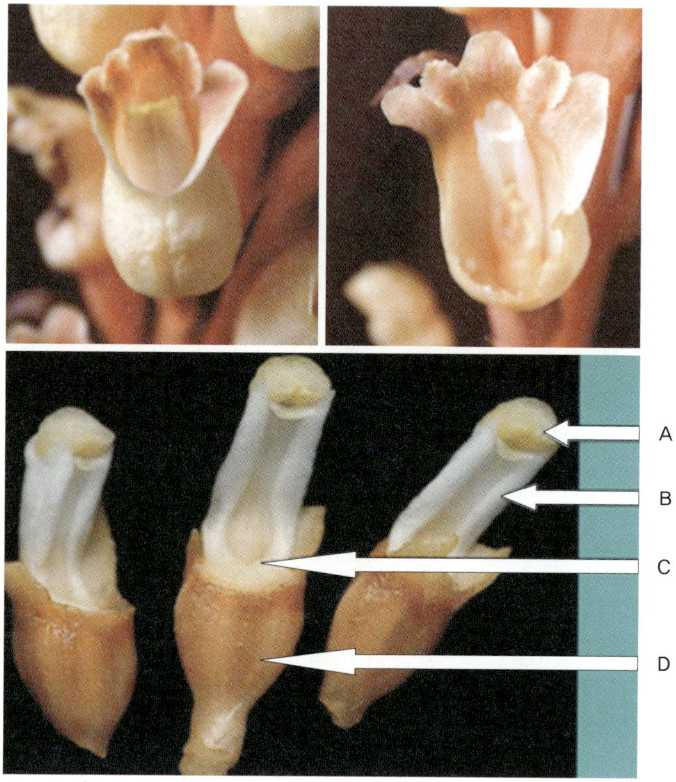

[그림 1-4] 천마 꽃의 구조

a. 꽃가루 덩이 b. 수술대 c. 주두 d. 자방

삭과(蒴果): 천마의 삭과는 원형에서 장타원형으로 짧은 자루가 있다. 길이는 1.4~1.8cm, 폭은 8~9mm이다. 개화 및 결실 시기는 5~7월이며, 표면은 갈색 또는 연갈색이고, 갈색 반점과 6개의 세로줄이 있다. 꼭대기에는 흔히 화피 잔재가 남아 있고, 각 삭과 안에는 20,000~30,000개의 종자가 들어 있다(그림 1-5, 그림 1-6).

[그림 1-5] 꽃차례와 삭과

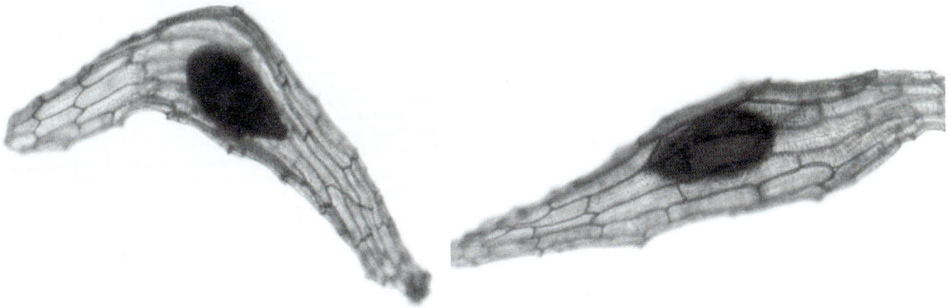

[그림 1-6] 천마 종자

종자(种子): 천마의 종자는 매우 작고, 길쭉한 방추형의 먼지 같은 형태를 띠며, 표면은 연한 회황색이고, 수십 개의 세포로 이루어져 있다(그림 1-6). 종자의 평균 길이는 670μm이며, 중앙에서 가장 넓은 부위의 직경은 12μm이다. 종자는 배와 단층 세포의 종피로 구성되어 있으며, 배젖이 없다. 종피는 막질로 얇고 투명하며, 한 개의 무색투명한 장방형의 얇은 세포층으로 이루어져 있고, 날개 모양으로 뻗어 있다. 끝부분에 구멍이 있고, 배는 종자의 중간 부분에 위치한다. 배는 타원형으로 미분화 상태이고, 배병이 검고 뚜렷하며 종피에 붙어 있다. 배의 평균 길이는 180μm, 지름은 100μm이고, 수십 개의 배아세포와 분열세포로 구성되어 있으며, 약 5~7층으로 나뉘어져 있다. 배의 앞쪽 분열세포는 크기가 작고, 다른 배아세포의 약 1/4 크기이다. 세포질은 비교적 진하고, 세포핵은 크며, 다당류 입자는 작다. 분열세포의 뒷부분은 배아세포로 다당류 입자가 크고 많으며, 세포질과 세포핵이 있다. 천립중은 0.0014g이다. 수정되지 않은 종자(그림 1-7)는 배가 없고, 투명한 종피 세포만 존재한다.

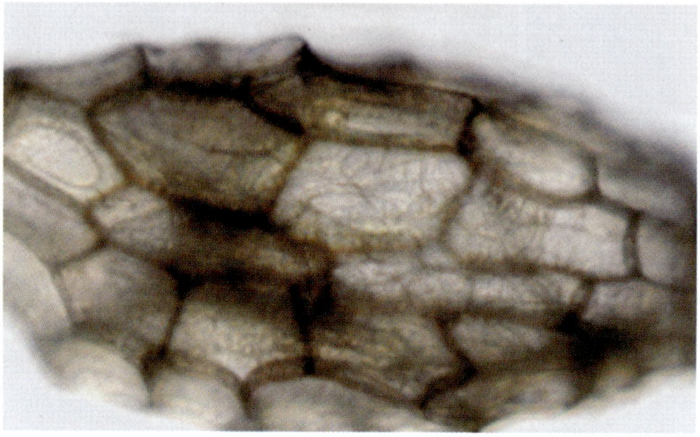

[그림 1-7] 미수정된 천마 종자

2. 천마 괴경의 형태

1) 원구경(原球茎)

천마 종자가 발아하여 형성된 난형의 미분화 조직을 원구경이라고 하며, 원구경(圆球茎) 또는 원구체(圆球体)라고도 한다. 천마의 원구경은 풍선 모양의 타원형으로, 길이는 0.4~0.7mm, 지름은 0.3~0.5mm이며, 원구체와 원구병(原球柄)의 두 부분으로 나누어진다(그림 1-8).

[그림 1-8] 천마 괴경의 생장 과정

2) 미마(米麻)

적절한 온도가 주어지면 생장균(蜜環菌)이 원구경의 세포 분열과 조직 분화를 위해 영양분을 제공한다. 이때 원구경의 끝에서 긴 싹이 자라나며, 일부 싹에서 가지를 뻗기도 한다. 이 싹과 가지 끝의 분열 조직이 빠르게 자라나면서 팽창하여 쌀알 크기의 작은 괴경을 형성하는데, 이를 미마라고 한다. 미마의 길이는 2cm 이하, 무게는 2.5g 이하이다. 겨울이 되면 성장이 멈추고 휴면 상태에 들어간다(그림 1-9).

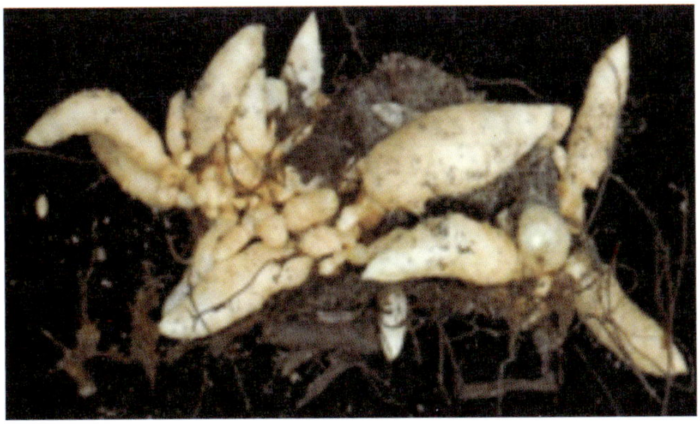

[그림 1-9] 미마와 백마

3) 백마(白麻)

천마 종자를 파종한 이듬해 봄, 기온이 계속해서 상승함에 따라 미마의 끝에서 먼저 싹이 트고, 이어서 곁눈도 발아하여 세포 분열과 조직 분화를 빠르게 진행하면서, 새로운 천마 지하 괴경을 형성하게 되는데, 이 괴경을 백마라고 부른다(그림 1-10). 백마는 보통 5~11개의 뚜렷한 마디가 있으며, 각 마디에는 얇은 막질의 비늘이 있고, 비늘의 겨드랑이에는 잠복 눈(가지나 줄기를 자르면 비로소 성장하기 시작하는 눈)이 있다. 끝부분에는 눈처럼 하얀 둥근 형태의 생장점이 있지만, 혼합 눈은 없어 싹을 틔울 수 없다. 기저부에는 영양 번식 줄기와 분리될 때 남는 배꼽 모양의 흔적이 있다. 백마의 길이는 2~10cm, 무게는 2.5~100.0g이다. 일반적으로 무게에 따라 대백마(20g 이상), 중백마(10~20g), 소백마(2.5~10.0g)로 나뉘며, 겨울이 되면 백마는 성장을 멈추고 휴면에 들어간다.

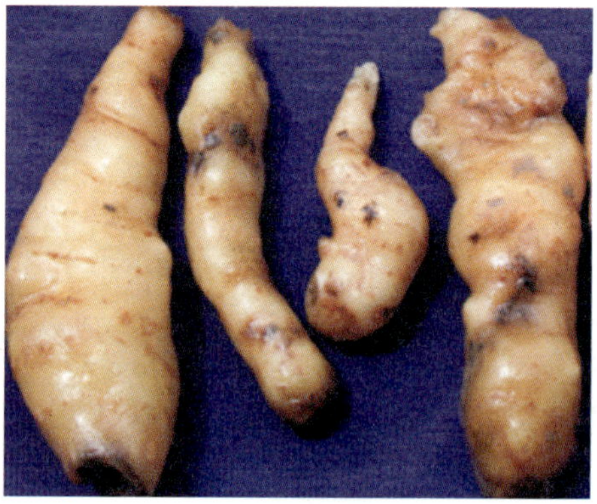

[그림 1-10] 백마

4) 전마(箭麻)

전마는 상품마라고도 불린다. 천마 종자를 파종한 지 2년째 가을, 3년째 봄에 백마의 끝이 먼저 발아하여 자라나면서 선단이 팽대하여 전마가 형성되고, 곁눈 선단이 팽대하여 백마 또는 미마가 형성된다(그림 1-11). 겨울에는 성장을 멈추고 휴면 상태에 들어간다. 전마의 특징은 괴경의 육질이 두껍고 길쭉한 타원형이며, 길이는 8~20cm, 무게는 100~150g(가장 무거운 것은 0.9kg에 달함)이다. 외피는 황백색이며, 말 오줌처럼 비린 냄새가 나고, 괴경에는 7~30개의 뚜렷한 마디가 있으며, 마디에는 얇은 막질의 비늘 모양 잎이 있다. 비늘의 겨드랑이에는 뚜렷한 잠복 눈이 있다. 괴경의 끝부분에는 썩은 배꼽 모양의 흔적이 있고 앞부분에는 적갈색, 청백색 또는 암적색의 혼합 눈이 길고 뾰족하게 돌출되어 있어 '앵무새 부리'라고도 한다. 이 눈은 7~8개의 비늘로 덮여 있으며, 비늘을 벗겨내면 수원체(穗原体)와 엽원기(叶原基)가 드러난다. 전마는 싹이 터서 땅 위로 줄기가 자라며, 꽃을 피우고 열매를 맺을 수 있다. 생장 초기의 꽃대가 화살대 모양이고, 꽃이삭이 화살촉처럼 생겨서 전마라는 이름이 붙여졌다(그림 1-12).

[그림 1-11] 미마-백마-전마

[그림 1-12] 전마

5) 화마(禾麻)

천마를 파종한 지 4년째 봄에 겨울을 난 전마의 혼합 눈이 싹이 터서 땅 위로 나와 자라난 식물을 화마(花麻)라고 한다. 화마는 꽃을 피우고 열매를 맺으며, 다음 세대의 종자를 형성한다. 전마의 괴경은 꽃을 피우고 열매를 맺은 후 노쇠하여 속이 비게 되는데 이를 '노모마(老母麻)'라고 부르며, 그 위에 많은 노화된 생장균 균사가 얽혀 있다(그림 1-13). 화마와 노모마는 천마의 함량이 매우 낮아 상품마로 사용할 수 없다.

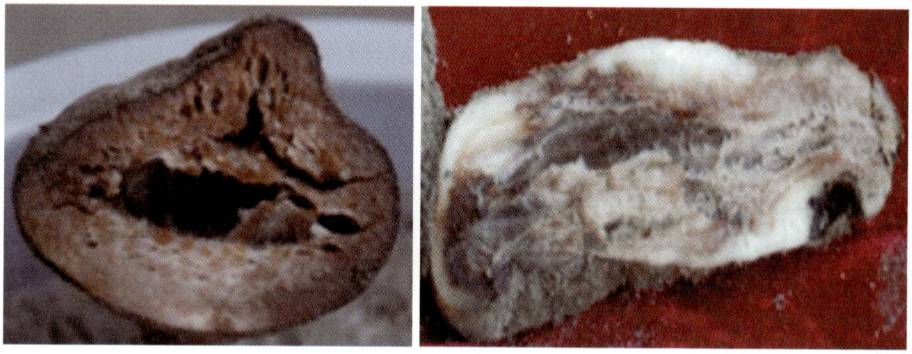

[그림 1-13] 화마

6) 모마(母麻)

천마 괴경에서 새로운 괴경이 자라나면 원래의 괴경은 노쇠하여 표피가 검갈색으로 변하고, 내부는 비어 있거나 썩게 되며, 그 위에 많은 노화된 검은 생장균의 균사가 부착된다. 이러한 노화된 천마 괴경을 '모마'라고 부르며, 모마는 일반적으로 약재로 사용할 수 없다.

제3절 천마의 생장과 발달

천마가 종자로부터 발아하여 성숙한 종자가 될 때까지의 과정을 천마의 생장사(生長史) 또는 생장 주기라고 한다.

1. 종자 발아

천마의 배는 배병세포, 원배세포, 분생세포로 구성되어 있다. 수분 후 15일부터 열매가 건조되어 갈라질 때까지(수분 후 20~21일) 대부분의 종자는 적절한 수분 조건에서 발아할 수 있다. 천마의 발아를 돕는 공생균과 함께 접종하여 파종하면 종자의 발아율을 높일 수 있다. 6월 중순에 종자를 파종하면, 공생 발아균이 배병세포를 통해 원배 세포로 침입한다. 발아균이 배로 침입하면 분생세포가 빠르게 분열을 시작하여 배의 크기가 빠르게 커지고 직경이 현저하게 증가하여 약 10일 후에는 종자의 껍질과 같은 너비만큼 커진다. 배는 계속 팽창하여 20일 후에는 양 끝이 뾰족하고 가운데가 굵은 대추 씨 모양이 되며, 배가 서서히 종자 껍질을 뚫고 발아하게 된다. 파종 후 25~30일이면 길이 약 0.8mm, 직경 약 0.49mm의 원구경을 관찰할 수 있다. 7월에는 천마 종자가 가장 잘 발아한다.

2. 지하 괴경의 형성과 생장

발아한 원구경은 원래의 공생 발아균이 제공하는 영양분에 의존하여 생장균과 연결되었든 그렇지 않든 그해에는 영양 번식 줄기를 분화시켜 첫 번째 무성 생식을 시작하여 원생소구경을 형성한다. 천마 종자가 발아하여 형성된 원생소구경은 생장균과 영양 관계를 형성해야만 정상적으로 성장하고 발육하여 건전한 새로운 천마로 자랄 수 있으며, 그렇지 않으면 스스로 소멸한다. 종자 파종 후 30~40일, 7월 중순에 원구경에서 뚜렷한 돌출이 관찰되는데, 영양 번식 줄기가 돌출되어 자라난다. 이것이 만약 생장균과 연결되지 않으면, 새로 자란 영양 번식 줄기는 길쭉한 콩나물 모양으로 자라나며, 끝에 작은 미마를 형성한 후 소멸한다. 이때 극히 일부의 원생 구경만이 8월 전후에 생장균과 영양 관계를 형성하게 된다. 이러한 원생 구경을 접종된 원생 구경이라고 한다. 이 구경에서 분열된 영양 번식 줄기는 짧고 굵어, 길이가 약 0.5cm이며, 끝부분의 한 마디가 빠르게 팽창하여 11월에는 길이 약 2.6cm, 너비 약 1.4cm의 작은 미마를 관찰할 수 있으며, 가장 큰 것은 새끼손가락 크기만 하게 자란다(그림 1-14).

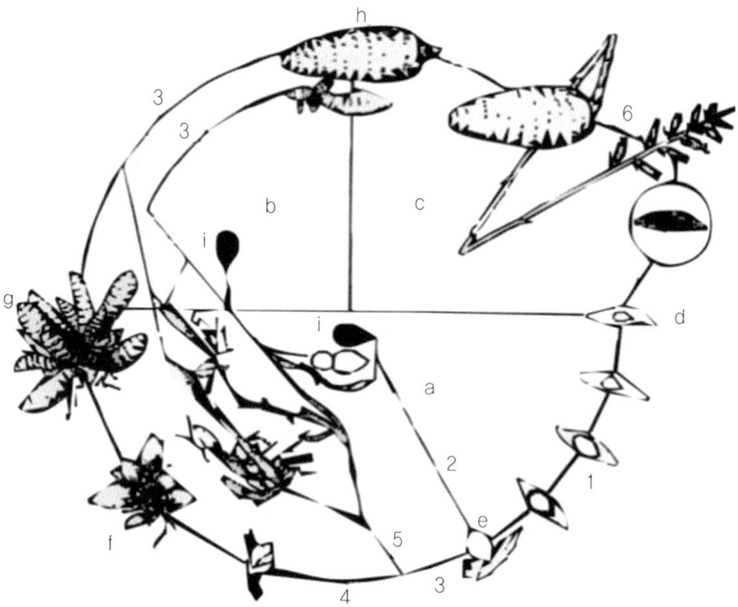

[그림 1-14] 천마의 생활사

a. 파종 당해년도 b. 2년차 c. 3년차 d. 종자 e. 원구경
f. 미마 g. 백마 h.전마 I. 죽은 원구경
1. 종자가 발아균과 접균 2. 생장균과 접균하지 못함 3 생장균과 접균
4. 조기접균 5. 말기접균 6. 전마에서 꽃대 출현 후 개화 및 결실

생장균은 균삭 형태로 영양 번식 줄기에 침입하는데 일부는 원구경으로도 침입한다. 이때 발아균과 함께 영양 번식 줄기와 원구경의 다양한 세포에 존재

한다. 원구경은 건강한 백두마(白頭麻)를 형성한 후 점차 소멸하는데, 발아균도 함께 소멸한다(그림 1-15). 동시에 영양 번식 줄기에서는 7~8개의 옆눈이 자라나며, 이들 옆눈은 서로 교차하여 여러 마디로 구성된다. 옆눈의 끝마디는 팽창하여 작은 백마를 형성하게 되고, 온도가 낮아지면 휴면기에 들어가는데, 이로써 천마의 첫해 성장기가 완료된다.

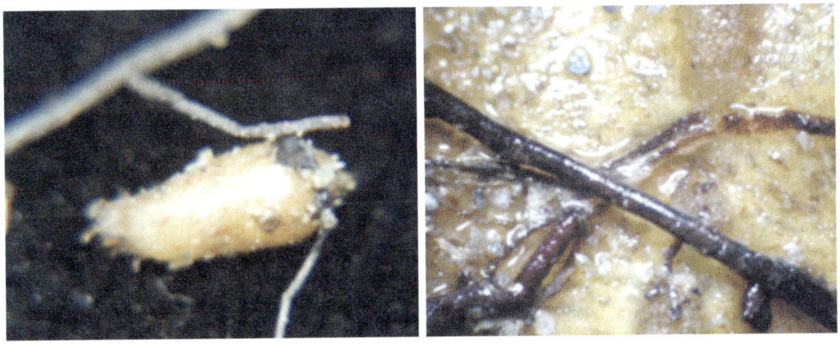

[그림 1-15] 천마 괴경에서 용해되는 생장균 균삭

이듬해 4월 초 기온이 상승하면(월 평균 기온 12~15℃) 종자에서 형성된 작은 백두마와 미마가 휴면을 끝내고 생장을 시작한다. 이후, 천마는 유성 생식 후 두 번째 무성 생식을 진행하게 된다. 천마의 크고 작은 괴경은 끝부분의 생장점에서 분열하여 자마를 형성할 수 있으며, 나머지 마디의 옆눈도 차례로 짧은 가지 모양의 줄기를 형성하여 그 끝부분이 팽창하여 새로운 괴경을 형성한다. 이러한 가지를 1차 가지라고 부른다. 1차 가지에서 다시 2차 가지와 3차 가지가 생겨난다(그림 1-16). 2년 차는 천마 상품 생산을 위한 가장 중요한 시기로 높은 수확량을 올릴 수 있을지의 여부에 직접적인 영향을 미친다. 5월이 되면 천마는 본격적인 생장기에 접어들며, 영양이 충분한 조건에서 일부 작은 백마가 빠르게 팽창하여 상품 천마가 되며, 나머지 괴경은 가지를 통해 다음 해의 종자로 활용된다. 11월에 접어들면 천마는 휴면 상태에 들어가게 되는데, 이 시기는 천마의 수확기이다.

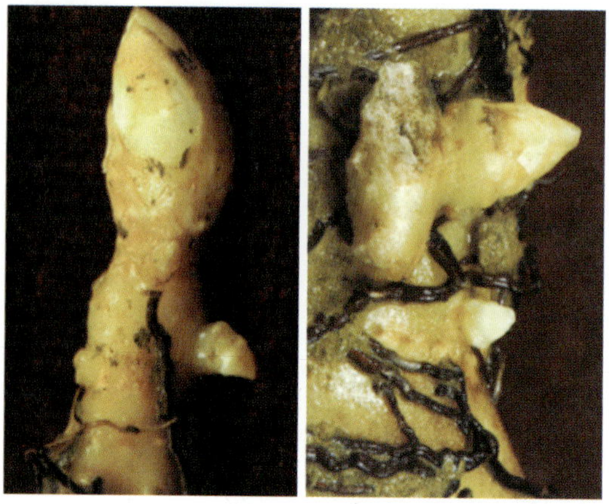

[그림 1-16] 천마 괴경에서 정아 생장과 측아 발생

야생 상태에서 천마의 괴경은 대개 약 10cm 두께의 토양층에 분포하며, 생육 형태에 따라 이 10cm 정도의 토양층에서 층별로 분포한다. 작은 백마는 가장 아래층에 위치하며, 지표면에서 8~10cm 깊이에 있고, 큰 백마는 중간층에 위치하여 지표면에서 5~8cm 깊이에 있다. 전마는 가장 위층에 위치하며, 지표면에서 약 1~5cm 깊이에 있다. 대부분 전마의 혼합 눈은 지표면에서 1cm 정도 깊이에 위치하며, 천마가 성장하는 과정에서 괴경은 역지성(負向地性) 때문에 항상 직립하여 위로 자라게 되고, 이로 인해 괴경의 직경과 길이의 비율이 정상적인 비율보다 작아져 천마 괴경이 길쭉한 형태가 된다. 따라서 천마의 역지성을 줄이고 길쭉한 천마의 형성을 방지하기 위해서는 얕은 구덩이를 파거나 얕게 덮는 재배 방법을 사용하는 것이 좋다.

3. 천마 꽃차례의 발생과 개화 및 결실

천마 종자를 파종한 후 3년째 봄이 오고 기온과 지온이 상승하면, 꼭대기에 싹이 있는 천마 괴경(전마)의 끝눈이 빠르게 직립 상태가 된다. 전년도 겨울에 형성된 꽃 원기가 움이 터서 신장하고, 일련의 생육 활동이 시작되면서 꽃대가 형성된다.

천마 꽃대의 신장 시간과 속도는 생산지의 유형과 해발 고도에 따라 다르다. 일반적으로 5월 하순에 평균 기온이 15℃가 되면 천마의 지상부 줄기가 출토되기 시작하며, 6월 평균 기온이 20℃에 도달하면 줄기가 빠르게 신장하여 하루에 5~10cm씩 자랄 수 있다. 7월 중순에 기온이 25℃로 상승하면 줄기의 신장이 멈추고, 7월 하순에는 대부분의 줄기가 쓰러진다. 천마는 출토 후부터 쓰러지기까지 약 50~70일의 기간이 소요된다.

천마는 양성화(兩性花, 암수 동체)로, 꽃밥은 합수주(합쳐진 암술대와 수술대)의 꼭대기에 있으며, 수술머리는 합수주의 아래쪽에 위치한다. 꽃가루 입자 사이에 세포 간 연결사가 연결되어 있어 꽃가루가 덩어리 모양으로 쉽게 잘 떨어지지 않는다. 자연 상태에서 천마는 땅벌(滑胸泥蜂)류에 의해 수분이 이루어지며, 자가 수분과 타가 수분 모두 결실이 가능하지만, 야생 상태에서 꽃의 결실률은 20%에 불과하다. 인공 재배 시에는 더 많은 양질의 종자를 얻을 수 있으므로 반드시 인공 수분을 해야 하며, 이를 통해 결실률을 98% 이상으로 높일 수 있다. 인공 수분으로 천마 열매가 충실해지고, 종자의 품질이 향상되며 수확량이 크게 증가한다. 하루 동안의 천마 꽃 개화 시간은 기후에 따라 다소 차이가 있다. 예를 들어, 호북(湖北) 리천(利川)의 경우 여름철 온도가 낮고 습도가 높은데, 정오 12시에 기온이 25℃로 상승하고 상대 습도가 약 50%일 때 꽃이 가장 많이 핀다. 반면, 북경(北京)에서는 여름철 온도가 높고 습도가 낮아, 오전 10시에서 12시, 밤 2시에서 4시 사이에 상대 습도가 높고 기온이 20~30℃일 때 개화가 집중적으로 이루어져 두 번의 개화 절정을 보인다.

일반적으로 개화 1일 전에서 개화 후 3일 이내에 인공 수분을 하면 결실률이 매우 높으며, 개화 후 4일이 지나면 결실률이 낮아진다. 천마의 수분이 완료되면 꽃은 점차 시들고 열매는 점차 팽창하기 시작한다. 수분 후 15~20일이 지나면 열매 속의 종자가 완전히 성숙하게 된다. 열매가 갈라지기 직전이 종자를 수확하기 가장 좋은 시기이다. 종자의 성숙은 3단계로 나눌 수 있는데, 각 단계마다 종자는 발아할 수 있으나 발아율은 크게 달라진다.

1) 미숙 열매의 종자

열매 표면에 광택이 있으며, 세로줄이 뚜렷하지 않고, 열매를 손으로 눌렀을 때 비교적 부드럽다. 껍질을 벗기면 일부 종자는 가루 형태로 흩어지며, 일부는 덩어리로 뭉쳐져 쉽게 떨어지지 않는다. 종자는 흰색으로 최종 발아율이 70%까지 도달할 수 있지만, 초기 발아율이 낮고 발아가 고르지 않다.

2) 갈라지기 직전의 종자

열매 표면의 색이 어두워지고 광택을 잃으며 세로로 된 홈이 뚜렷하게 보인다. 열매가 갈라지지 않은 상태에서 과실을 손으로 누르면 부드럽고, 껍질을 벗기면 종자가 쉽게 흩어진다(그림 1-17). 종자는 연한 노란색을 띠고 발아율은 65%에 달한다. 이 시기가 수확의 최적기이다.

[그림 1-17] 천마 열매와 흩어진 종자

3) 터진 열매의 종자

열매의 세로 홈이 갈라지면 약간 흔들기만 해도 종자가 흩어진다. 종자는 꿀빛 노란색을 띠며 발아율은 약 10%로 떨어진다.

종자를 수확한 후 즉시 발아균 균사체 배양물과 혼합하여 균일하게 배양해야 천마 종자가 발아하여 원구경이 될 수 있다. 수확한 천마 종자를 건조시켜 보관하거나 냉장고에 보관하지 말아야 한다. 종자의 발아율이 급격히 감소하여 발아하지 않을 수 있다.

천마는 종자 파종 후 다시 종자를 맺기까지 3년(정확히는 2년)이 걸리며 천마의 생명 주기가 완성된다.

제4절 천마 생장을 위한 환경 조건

천마는 특별한 종으로서 오랜 자연 선택 과정을 통해 생태 환경에 적응하는 특성을 갖게 되었다. 천마를 인공적으로 재배하려면 천마의 생장에 필요한 환경 조건을 이해해야 한다. 지역 여건에 맞는 적합한 미세기후 환경을 선택하거나 조성하고, 농업적 조치를 통해 천마의 성장 요구를 충분히 충족시켜야만 좋은 수확이 가능하다.

1. 지형 및 지세

천마의 해발 고도는 기후 조건과 밀접한 관련이 있다. 동북 지역은 위도가 높고 기온이 낮아, 천마는 해발 300~700m의 낮은 산지나 구릉지대에 분포한다. 천마가 많이 나는 남서 지역은 위도가 낮고 기온이 높아, 해발 1,300~1,900m의 고산 지대에서 주로 자란다. 해발 고도가 너무 낮으면 여름철 더위가 천마와 생장균의 성장을 현저히 억제하고, 해발 고도가 낮을수록 천마의 병충해 발생률도 높아진다. 지세가 너무 높으면 온도가 낮고 습도가 높아 천마의 생장 발육이 느려진다. 인공 재배 시 천마와 생장균의 성장에 필요한 조건을 고려하여 여름철 고온과 겨울철 저온을 조절하고, 적절한 파종 시기를 선택한다면, 해발 고도와 지세에 구애받지 않고 평야, 고산지, 남쪽의 더운 지역 또는 동북의 저온 지역에서도 천마를 재배할 수 있다. 자연조건에서 천마는 산의 그늘진 면과 양지쪽 모두에 분포한다. 인공 재배 시에는 현지의 기후 조건에 따라 산 방향을 선택해야 한다. 그늘과 양지의 기온 차이는 양지가 그늘보다 높으며, 산자락에서의 차이가 산허리에서보다 더 크다. 그러나 산꼭대기에 이르면 차이가 사라진다. 그늘과 양지의 온도 차이를 이용해 천마를 재배할 때, 같은 지역 내에서도 고산 지대(예: 남쪽 해발 1,500m 이상 지역)는 기온이 낮고 생장 기간이 짧아 양지를 선택하여 천마를 재배해야 한다. 중산 지대(예: 남쪽 해발 1,000~1,500m 지역)는 현지 기후 조건에 따라 그늘이 없는 양지 산비탈이나 드문드문한 숲 사이에 천마를 재배해야 한다. 저산지대(예: 남쪽 해발 1,000m 이하 지역)는 여름철 기온이 높고 강수량이 적으므로 기온이 낮고 습도가 높은 그늘진 비탈을 선택하여 천마를 재배해야 한다.

천마는 산등성이와 큰 숲의 깊은 곳에서는 분포가 적고, 경사도가 5~10°인 완만한 비탈이나 계곡에 야생 천마가 많이 분포한다. 이러한 장소의 기후 조건과 비옥하고 깊은 유기물층이 천마의 성장에 유리하다. 두꺼운 낙엽층과 습한 토양은 천마균의 포자와 천마 종자가 머물고 발아하는 데 더욱 유리하다. 인공 재배 시에도 일정한 경사도가 있는 장소를 선택해야 하며, 특히 비가 많은 지역에서는 배수 불량으로 인한 피해를 고려해야 한다. 토양의 배수성이 좋고 침투성이 강한 경우에는 완만한 경사지에서 천마를 재배할 수 있지만, 토양 침투성이 좋지 않은 곳에서는 경사도가 더 큰 장소를 선택하여 재배해야 한다. 일반적으로 평탄한 장소는 천마 재배에 적합하지 않다.

2. 기후 조건

1) 온도

온도는 천마 성장에 가장 중요한 영향을 미치는 요소이다. 온도는 계절의 영향을 받을 뿐만 아니라 위도와 해발 고도의 영향도 받는다. 천마는 여름이 시원하고 겨울이 너무 춥지 않은 환경에서 잘 자라며, 온도에 민감하게 반응한다. 온도의 높낮이는 천마의 성장, 수확량 및 품질에 직접적인 영향을 미친다. 천마의 성장 발육에 대한 온도 요구 사항은 생산지의 자연 온도와 계절 변화에 따라 달라진다. 봄철 온도가 상승하고 토양 온도가 10~12℃에 도달하면 겨울 동안 휴면 상태였던 천마가 다시 생장을 시작한다. 토양 온도가 15℃ 이상이 되면 성장이 활발해지며, 천마의 끝부분 분열 조직 세포가 빠르게 분열, 신장, 비대하여 다양한 크기의 새로운 괴경을 형성한다. 일반적으로 5월 하순부터 9월 초까지 토양 온도가 20~25℃일 때 천마의 성장이 가장 왕성하다. 그러나 여름철 토양 온도가 30℃를 지속적으로 초과하면, 생장균과 천마의 성장이 억제되어 '오두상(乌头状, 새머리형)'의 천마가 형성된다. 따라서 고온기에는 냉방 및 온도 조절이 필요하다. 가을 말이나 겨울 초에 기온이 15℃ 이하로 내려가면 새로운 천마(괴경)의 성장 속도가 느려지고 점차 멈추며, 월동 휴면기에 들어간다.

천마는 추위에 비교적 강하다. 자연조건에서 겨울이 다가오면서 온도가 점차 하강하면, 새로운 천마 조직이 점차 노화되고 괴경의 세포 내 수분이 감소하며 세포액 농도가 증가한다. 이는 식물의 어는점을 낮추고 천마의 내한성을 증가시키는 것이다. 추운 동북 지역에서 자라는 천마는 저온에 강한 저항력을 가지며, 예를 들어 길림(吉林) 용무(容扶) 송현(松县)의 해발 774.2m 지역에서는 1월 평균 기온이 -15.7℃, 최저 기온이 -34.7℃에 달하지만, 여전히 천마가 분포한다. 그러나 이러한 얼음같이 차가운 환경 조건에서는 두꺼운 눈이 장기간 덮여 있어야 하고, 눈층 아래 천마가 분포하는 토양 온도가 -5℃ 이하로 내려가지 않아야 천마가 정상적으로 월동할 수 있다. 만약 눈을 치우면 천마는 동해를 입어 썩을 수 있다. 천마의 내한성은 또한 토양층 내 저온의 안정성과 관련이 있다. 만약 지온 변화의 폭이 커서, 오랫동안 따뜻하다가 갑자기 추워지거나, 오랫동안 추웠다가 갑자기 더워지면 천마 괴경의 월동 안전성이 저하되어 썩는 현상이 발생할 수 있다.

천마는 휴면과 월동이라는 생리적 특성이 있다. 천마 괴경이 휴면기에 들어간 후, 일정한 저온 강도와 시간이 충족되지 않으면, 조건이 적절해도 괴경이 발아하지 않는다. 또한 저온 요구만 충족하고 적절한 온도 조건이 없어도 괴경은 발아하지 않는다. 즉, 저온 요구와 적절한 발아 조건을 모두 충족해야 천마 괴경이 정상적으로 발아할 수 있다. 연구에 따르면, 백마와 미마는 1~10℃의 저온에서 30~60일 동안 휴면기를 거쳐야 휴면이 타파된다. 크기가 다른 종마는 저온 휴면을 해제하는 데 필요한 저온 강도와 시간이 다르다. 대·중 백마는 휴면을 타파하고 영양 생장 단계로 들어가려면 15℃의 저온에서 50~60일이 필요하고, 소백마와 미마는 6~10℃의 저온에서 30~40일이 필요하다. 천마 괴경이 작을수록 휴면을 타파하고 영양 생장으로 들어가는 데 필요한 저온 강도가 낮아지고, 필요한 시간도 짧아진다. 천마 휴면이 타파된 후 발아 속도는 휴면 중 받은 저온 조건과도 관련이 있다. 괴경이 저온에서 처리된 시간이 길수록 발아 속도는 빨라지며, 저온 처리 시간이 짧을수록 발아 속도는 느려진다. 따라서 종자용 천마 괴경은 겨울철에 2~5℃의 저온 조건에서 보관하여 저온 휴면기를 거쳐야 발아 단계로 넘어갈 수 있다.

춘화작용은 천마가 정상적으로 꽃을 피우고 결실하는 데 필요한 조건이다. 춘화작용이란 성숙한 식물이 일정 강도와 시간의 저온 처리를 거쳐야 정상적으로 꽃을 피우고 결실하는 현상을 말한다. 연구에 따르면, 천마는 일반적으로 3~5℃의 저온 조건에서 2.5개월간 저장해야 춘화작용이 완료되며, 순조롭게 꽃대를 내고 꽃을 피워 종자를 맺을 수 있다. 만약 천마가 요구하는 저온 조건이 충족되지 않으면, 천마는 재배 후 꽃대를 내지 못하며, 간혹 꽃대가 자라더라도 식물의 성장이 정상적이지 않고 꽃을 피우고 결실할 수 없다.

일반적으로 봄철에 지온이 12℃ 이상으로 안정되면 천마의 혼합 눈이 발아하기 시작하고 토양 온도가 15℃ 이상으로 안정되면 천마가 싹이 튼다. 기온이 18~20℃ 이상이 되면 천마가 꽃을 피우고 결실하기 시작한다. 다양한 온도가 천마 종자의 발아에 큰 영향을 미친다(표 1-1). 천마 종자 발아의 최적 온도는 25℃이며, 30℃ 이상의 고온은 종자 발아에 좋지 않은 영향을 미친다. 그러나 자연 상태에서는 5~6월에 천마 종자가 성숙하여 저절로 뿌려지게 되는데, 그 후 고온기에 접어들게 되어 천마 종자의 발아에 매우 불리해진다. 따라서 천마의 유성 번식에 온실을 이용한 조기 생장, 조기 파종 방법은 종자 발아율을 높이고 천마의 생장 기간을 연장시킬 수 있어 백마의 생산량 향상을 가능하게 한다.

〈표 1-1〉 천마 종자의 발아율에 미치는 온도의 영향

온도(℃)	발아율(%)				
	30d	60d	90d	120d	150d
22~33	0	0.5	7	25	25
25	0	1	32	36	30
30	0	0	0	0	0

천마는 고온에 비교적 강한 저항력을 가지고 있다. 낮은 해발의 구릉지대에서 일일 최고 기온이 32~34℃인 날씨가 10일(240시간) 동안 지속되어도 천마의 수확량에는 큰 영향이 없지만, 15일(360시간) 동안 지속되면 천마 수확량에 심각한 영향을 미친다. 이는 천마가 여름을 나기 위해서는 온도뿐만 아니라 고온이 지속되는 시간도 중요한 요소임을 보여 주는 것이다. 그러나 고온의 날씨에 습도가 높고 토양의 통기성이 나쁘면 천마에 병충해가 많이 발생하여 수확량이 크게 줄어들고, 심지어 수확에 실패할 수도 있다. 따라서 천마를 인공 재배할 때는 여름철 기온이 30℃에 도달하면 반드시 철저하게 방열, 온도 조절 및 병충해 방제 작업을 수행해야 한다.

2) 습도

비가 많고 습한 기후 조건은 천마가 자라기에 가장 적합한 조건이다. 특히, 6~8월의 천마 성장기에는 많은 수분이 필요하다. 천마가 자라는 지역의 토양 수분 함량은 토양의 종류와 질에 따라 큰 차이가 있다. 일반적으로 천마 재배를

위한 토양의 상대적 수분 함량은 성장기에는 55%, 월동기에는 30~40%를 유지하는 것이 좋다. 수분 함량이 너무 적으면 생장균의 성장이 심하게 억제되며, 천마의 성장도 영양 공급 부족으로 제한된다. 반대로 수분 함량이 너무 많으면 과도한 습도로 인해 통기성이 나빠져 천마의 호흡이 억제되고, 장기간 무산소 상태에 놓이게 되어 천마의 생명 활동이 약해지고, 성장 속도가 느려지며, 심지어 썩어버릴 수도 있다. 따라서 천마를 인공 재배할 때는 토양의 습도와 통기성에 특히 주의해야 하고, 토양이 물을 잘 보유하면서도 통기성을 유지하도록 관리해야 한다(실제로 보습과 통기성은 종종 상충되는 요소이다). 또한 토양에 물을 줄 때는 자주 조금씩 뿌려 주고, 대량으로 물을 주거나 장기간 물이 고여 있는 상태를 방지해야 한다.

수분은 천마 괴경의 성장에 직접적인 영향을 미친다. 3월에서 4월 사이 천마 괴경이 발아를 시작할 때, 생장균이 활발하게 자라야만 발아한 괴경이 생장균과 연결될 수 있다. 생장균이 왕성하게 자라기 위해서는 충분한 수분이 필요하다. 이 시기에 봄 가뭄이 발생하면 즉시 물을 공급해야 한다. 6월에서 9월 사이 천마 괴경이 왕성하게 자라며, 이 시기에 충분한 수분 공급이 천마의 풍작을 이루는 열쇠이다. 숲속에서 재배된 천마는 여름철에 약간의 가뭄이 있더라도 숲이 좋은 그늘과 보습 효과를 제공해 주며, 파종 후 나뭇잎을 덮으면 보습 효과가 더욱 좋아진다. 하지만 여름철 심각한 가뭄이 발생한 해에는 나무의 증발 작용으로 인해 숲속의 토양이 숲 바깥의 토양보다 더 건조해져 천마 괴경이 수분 부족으로 죽기 쉬워진다. 여름철에 비가 너무 많이 내려 토양의 배수와 통기성이 좋지 않으면 천마가 심각하게 썩을 수 있다. 10월 이후에는 천마 괴경의 성장이 점차 약해지는데, 이때 토양 내 수분 함량이 높으면 생장균이 왕성하게 자라면서 천마를 해치고 천마가 썩는 현상이 발생할 수 있다. 따라서 천마의 성장 후반기에는 배수로를 잘 설치하여 생장균과 천마의 수분 공급을 줄여 주어야 한다.

수분은 천마가 꽃대를 내고 꽃을 피우게 하는 데에도 중요한 영향을 미친다.

토양에 수분이 부족하면 천마가 꽃대를 내지 못하고, 개화 후 공기 습도가 너무 낮으면 꽃가루가 마르면서 수분이 되지 않아 결실하지 못하게 된다. 또한 수분은 천마 종자의 발아에도 중요한 영향을 미친다. 발아균의 균사에 수분이 부족하면 천마 종자는 발아하지 못하게 되고, 반대로 수분이 너무 많으면 균사가 썩고 병충해가 발생할 수 있다.

공기 중 상대 습도 역시 천마의 성장에 중요한 영향을 미친다. 생장균과 천마를 배양할 때의 공기 중 습도는 70~80%를 유지하는 것이 좋다. 공기 중 습도가 너무 낮으면 토양 내 수분이 너무 빨리 손실되어 생장균과 천마의 성장에 영향을 받는다. 공기 중 습도가 너무 높으면 통기성이 나빠져 천마의 성장이 저해될 뿐만 아니라 병충해가 발생하기 쉽다.

3) 일조량

천마는 재배에서 수확까지 무성 번식 과정이 모두 지하에서 발생하기 때문에, 햇빛이 크게 영향을 미치지 않으므로 실외, 실내, 방공호, 지하도, 빛이 있는 곳 또는 없는 곳에서도 재배할 수 있다. 하지만 천마의 꽃대는 명확한 굴광성을 가지며, 정상적으로 자라려면 일정한 산란광이 필요하다. 강한 직사광선은 천마의 줄기에 해를 입혀 천마 줄기의 기부가 검게 변하고 말라 죽을 수 있다. 따라서 천마 재배지에서는 그늘막을 설치해야 한다. 또한 토양과 재배 환경의 온도, 수분 등 환경 요인의 변화를 유발하여 간접적으로 천마의 성장과 발육에 영향을 미친다.

4) 공기

천마 괴경의 성장에는 향기성(向氣性)이 뚜렷하게 작용한다. 실제로 재배지 가장자리에서 천마가 특히 잘 자라고, 중앙에서는 천마가 잘 자라지 않거나 아예 자라지 않는 경우가 있다. 그 주요 원인은 재배지 가장자리가 통기 조건이 좋고, 산소가 충분하기 때문이며, 반면 재배지 중앙은 통기 조건이 나빠 천마 성장에 불리하기 때문이다. 천마의 호흡 작용과 생장균의 정상적인 성장 모두 산소가 필요하므로 천마 재배 토양은 반드시 통기성이 좋아야 한다. 모래를 재배 토양으로 사용하는 경우, 자주 물을 주므로 표층의 덮개 토양이 단단해져 통기성이 나빠질 수 있다. 이런 경우에는 적절한 토양 이완 조치를 취해야 한다.

5) 바람

강한 바람은 꽃대를 꺾이게 하여 종자 수확에 영향을 미치므로 지상으로 나온 꽃대가 넘어지지 않도록 주의해야 한다.

3. 토양

천마는 유기물이 풍부하고 습한 사질 양토에서 잘 자란다. 이러한 토양은 질감이 부드럽고, 보습, 보온, 통기성이 뛰어나며, pH는 5.0~6.5 범위이다. 일반적으로 점질 토양은 배수성과 통기성이 좋지 않아, 비가 많이 올 때 토양이 단단해져 천마의 호흡 대사와 생장균의 성장을 방해할 수 있다. 실내나 지하, 방공호 등에서 천마를 재배할 때 자연 토양이 없으면, 모래와 미강 등을 혼합하여 토양 대체 물질로 사용하는 것이 효과적이다. 그러나 한 번 사용한 천마 재배 토양이나 충진 물질은 반복해서 사용하는 것은 좋지 않다. 천마와 생장균의 대사산물이 토양이나 충진 물질에 흡착되어 천마와 생장균의 성장을 억제하고, 심지어 천마가 썩게 되어 수확량과 품질에 악영향을 미칠 수 있기 때문이다.

4. 식생

식생은 야생 천마가 생존하는 데 중요한 환경 조건이다. 천마는 일반적으로 산악 지역의 잡목림이나 침엽수와 활엽수가 혼합된 숲에서 잘 자란다. 숲이 벌채된 후 이차적으로 형성된 대나무 숲과 관목 지대에서도 천마가 잘 자란다. 천마와 함께 자라는 동반 식물의 종류는 다양한데, 주요 식물로는 여러 종류의 대나무, 진달래, 청강, 밤나무, 수박나무, 야생 앵두나무, 자작나무, 우엉, 오배자나무, 볏과 초본 식물, 양치식물, 이끼 등이 있다. 이 중 일부 식물의 뿌리나 반쯤 썩은 뿌리, 낙엽과 나무껍질 부스러기 등이 생장균을 증식시키는 데 기여하여 천마의 영양원이 된다. 동시에 이러한 식생은 천마와 생장균이 공생할 수 있는 좋은 토양 조건과 그늘, 습한 생태 환경을 제공한다. 따라서 일부 지역에서는 숲속에 천마를 재배하는 것을 선택하기도 하는데, 약한 가뭄이 있을 때 숲속에 천마를 재배하는 것이 천마 성장에 유리하다. 그러나 심한 가뭄이 오랫동안 지속되면, 나무뿌리가 토양의 수분을 흡수하고 증발시키기 때문에 숲속의 토양 습도가 오히려 그늘진 곳보다 낮아져 천마의 수확량이 감소하거나 심지어 전멸할 수도 있다.

제2장 생장균의 생물학적 기초

제1절 생장균의 형태적 특징

생장균(*Armillaria mellea*)은 자실체 표면에서 꿀 같은 점액을 분비하고, 표면이 꿀색이며, 균병(菌柄)에 고리가 있어 밀환균(蜜环菌)이라고 부르기도 한다. 생장균은 중국의 귀한 한약재인 천마와 복령의 공생균으로, 그 균사체와 자실체 자체도 상당한 약용 가치를 지니고 있으며, 경제적 가치가 높은 대형 약용 버섯의 일종이다. 임상적으로 생장균 발효물은 천마와 마찬가지로 진정, 항경련, 면역 기능 강화, 심뇌혈류량 증가 등의 효능이 있는 것으로 밝혀졌다. 또한 고혈압, 추골기저동맥 혈류 부족, 메니에르병, 자율신경 기능 장애 등으로 인한 어지럼증 및 혈관성 두통에 탁월한 치료 효과가 있으며, 파킨슨병과 중풍 후유증 치료에도 효과가 있다.

생장균의 자실체에는 만니톨, 레시틴, 에르고스테롤, 비타민 A(고함량), 비타민 B_1, 비타민 B_2, 비타민 C, 비타민 PP, 그리고 여러 아미노산이 포함되어 있으며, 그중에서도 아스파라긴산, 글루탐산, 류신의 함량이 가장 높다. 균사, 발효균사체 및 천마도 이러한 아미노산을 다량으로 포함하고 있다. 자실체는 풍을 없애고 경락을 활성화하며, 근육과 뼈를 강화하는 기능을 가지고 있다. 허리와 다리 통증, 간질 등의 치료에 사용된다. 생장균 자실체는 식용 가능하며, 영양이 풍부하고 맛이 좋으며, 자주 섭취하면 시력 저하, 야맹증, 피부 건조 등의 증상을 예방하고, 특정 호흡기 및 소화기 감염병에 대한 저항력을 높일 수 있다.

생장균 발효물은 천마와 동일한 생물학적 활성을 가지며, 중추 신경계에 진정 및 항경련 효과가 있고, 혈액 순환을 개선하여 뇌 및 관상동맥의 혈류량을 증가시킨다. 임상 관찰 결과에 따르면, 생장균은 고혈압, 메니에르병, 추골기저동맥 혈류 부족, 자율신경 기능 장애 및 음허양항형 등으로 인한 어지럼증에 대해 천마와 유사한 효과를 보이며, 신경쇠약, 불면증, 이명, 사지 마비 및 간질, 뇌동맥경화 등의 질병에도 일정한 치료 효과가 있다. 그 발효물로부터 추출 및 분리된 주요 성분에는 만니톨, 생장균 B소, 생장균 A소, 우라실, 유리딘, 에르고스테롤, 아라비니톨 그리고 천마와 동일한 성분인 아데닌, 아데노신, 자당, 하이드록시메틸퓨르푸랄, 스테아르산 메틸 에스테르 등이 포함되어 있다.

생장균속과 유사 생장균속(假蜜环菌属)의 생물학적 형태에는 균사, 균사체, 균삭, 자실체 및 포자 등이 있다.

1. 균사와 균사체

현미경으로 관찰한 결과, 생장균 균사는 관 모양으로 무색투명하고, 분지가 발달해 있으며, 노화되면 연한 적갈색으로 변하고, 격벽은 있지만 결합 구조는 없으며, 직경은 2~5μm이다. 또한 균사는 무한히 성장할 수 있다(그림 2-1).

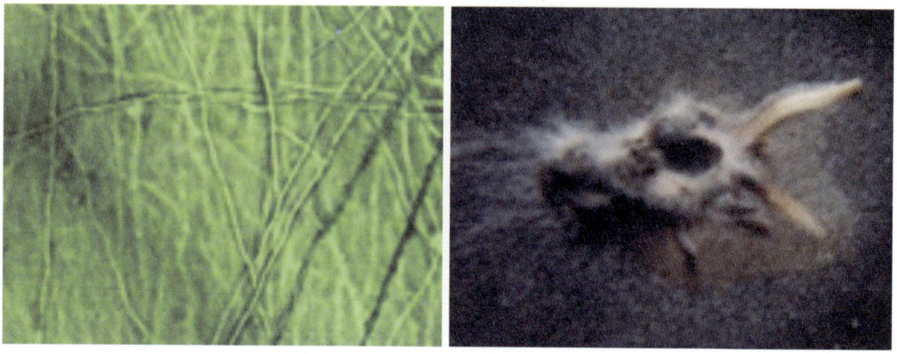

[그림 2-1] 생장균 균사와 균사체

균사체는 균사의 집합체로, 생장균의 영양체이다. 균사체는 썩거나 반쯤 썩고 있는 나무 그루터기, 나뭇가지, 나무뿌리 또는 기타 식물 위에서 자라고, 생장균 균사체는 흰색 다발 또는 덩어리 형태로 나타나며, 균사는 가늘어서 육안으로는 그 개체를 볼 수 없다. 인공 배지에서의 생장균 균사 군락은 처음에는 유백색 솜털 모양으로 나타나지만, 곧 연한 갈색으로 변한다. 성장 시간이 길어짐에 따라 균사는 점점 외부로 퍼지며, 서로 얽히고, 색상도 점차 짙어진다.

2. 균삭

생장균의 균삭은 이 균류의 중요한 특징 중 하나이다. 균삭은 균사체가 오랜 진화 과정에서 점차 변형되어 불리한 환경에 적응하기 위해 형성된 특별한 구조이다. 균삭은 많은 균사가 평행하게 배열된 집합체이다. 뿌리 모양을 하고 있으며, 이는 단일 균사가 각자의 독립성을 잃고 복잡한 균사군을 형성한 것으로, 또 다른 이름으로 '균근'이라고도 한다(그림 2-2). 균사는 원형, 타원형 또는 평평하며, 보통 직경이 1~3mm이고, 평평한 균삭의 최대 폭은 20mm에 이르기도 한다(그림 2-3). 어린 균삭은 흰색을 띠다가 점차 붉은 갈색, 갈색으로 변하고 표면에는 광택이 있다. 그러나 노화되면 갈색 또는 검은 갈색으로 변하고 표면의 광택이 사라진다. 젊고 건강한 균삭은 유연성이 좋으나, 노화되면 부서지기 쉬워지며, 부러졌을 때 내부의 균사가 마르고 쪼그라든 것을 볼 수 있다. 균삭은 길이가 수 미터에 달하기도 하며, 또한 분지하여 여러 개의 균삭을 형성하여 마치 작은 나무뿌리가 땅을 가득 채우는 것처럼 보이기도 한다.

[그림 2-2] 야생의 생장균 균삭

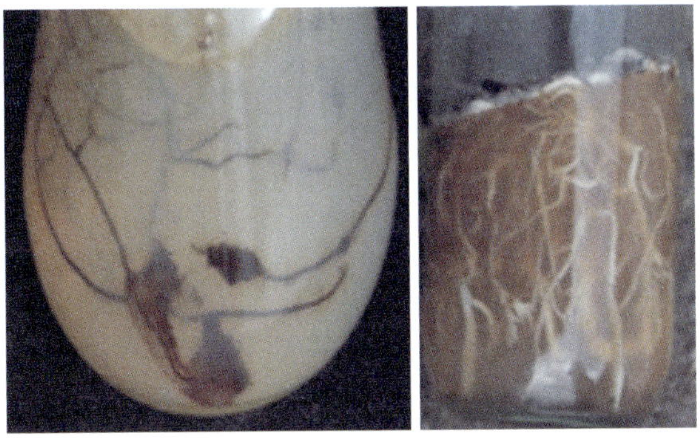

[그림 2-3] 한천 배지 내의 생장균 균삭

균삭의 재생 능력은 매우 강력하여 절단되더라도 적절한 환경 조건이 주어지면 계속해서 균사가 자라나 새로운 균삭을 형성할 수 있다(그림 2-4).

[그림 2-4] 절단목 표면의 생장균 균삭

일반적으로 균삭은 외부에서 내부까지 3개의 층으로 나뉘어 표피, 피층, 수부로 구분된다. 균삭의 표피 세포는 세포벽이 두꺼워지고 점차 목질화되어 단단한 외피를 형성하며, 2~3개의 세포층이 있다. 수부(균사 내부에 위치한 세포로 영양분과 수분을 저장하는 역할)의 세포는 팽창하여 원형을 이루고 있다. 균삭의 표면에는 목질화된 표피층이 있어 내부의 팽창된 균사가 일정 기간 동안 신선한 상태로 생존할 수 있도록 보호하여 벌채된 숲이나 파괴된 산림 지역에서 빠르게 확산하여 해당 지역의 우세종이 될 수 있도록 한다. 균삭은 보통 천마의 표피, 균봉(菌棒)의 표면, 빠르게 부패하는 균봉에 부착되어 있는데, 주로 나무 껍질과 목질부 사이에 분포한다.

현재에는 분화된 균삭의 기본 구조가 이미 확인되었다. 맨 바깥층은 점액과 느슨한 균사망으로 둘러싸인 검은색의 조밀한 피층으로 구성되어 있는데, 이는 토양 속에서 균사를 다른 균류와 박테리아의 침입으로부터 보호하는 주요 구조이다. 피층 외부에 있는 세포벽의 멜라닌도 주로 보호 역할을 한다. 하피층은 피층 바로 아래에 있으며, 수부로의 이행층 역할을 한다. 수부의 균사는 느슨하게 얽혀 있으며, 직경이 크고, 주로 수분과 영양분을 운반한다. 균사 세포벽의 생화학적 성분은 Sanchez-Hernandez에 의해 규명되었다. 균삭의 중심에 가까워질수록 수부의 균사는 점점 더 느슨해지고, 마지막에는 중앙 관로를 형성하는데 이는 산소를 운반하는 통로 역할을 한다. 균삭은 또한 일부 물질을 분비하기도 한다.

균삭 외피의 불침투성은 생장균이 불리한 환경에서도 성장할 수 있게 하며, 균삭이 토양과 공기의 경계면에서 성장할 때 호흡공(breathing pores)을 형성하기도 한다. 이 호흡공은 서로 얽혀 있는 균사층의 외피가 갈라지면서 형성되며, 이를 통해 산소가 균사의 중앙 통로로 들어간다. 또한 호흡공은 느슨하게 얽혀 있고 생장점이 없는 균삭의 측지에서 형성될 수도 있다.

균삭의 구조와 기능은 복잡성 면에서 식물의 뿌리에 비견될 수 있다. Garaway에 따르면, 균삭은 다음과 같은 구조로 이루어져 있다:

A. **정단부의 점질층과 점액층**은 균삭이 토양에서 자랄 때 이를 보호하는 역할을 한다.
B. **점액을 생성하는 정단의 중앙 구역**은 균삭의 생장을 담당하는 분열 조직을 둘러싸고 점액을 분비한다.
C. **정단부의 환형 수세포**는 정단부의 아치형 구역에 생장 물질을 공급한다.
D. **측생 분열 조직**은 정아가 성장한 후에 측면 성장을 촉진한다.
E. **검은색 표피**는 균삭의 외피로, 균삭은 진균과 세균으로부터 보호한다.
F. **하피층**은 이차 분열 조직으로, 측면 생장이 가능하다.
G. **수부**는 크기가 큰 세포로 이루어져 있어, 가용성 영양물질의 운반을 담당한다.
H. **호흡공**은 균삭에 산소 공급을 하는 영역이다.
I. **중앙 도관**은 균삭 내에서 기체를 운반하는 통로 역할을 한다.

3. 자실체

생장균의 자실체는 개암버섯, 뽕나무버섯, 참나무버섯 등으로도 불리며, 생장 과정에서 유성 생식을 완료하고 유성 포자를 생성하는 대형 균사체 구조이다. 생장균의 자실체는 주로 늦여름에서 초가을에 습도가 높은 숲에서 발생한다. 주로 오래된 나무뿌리 근처나 그 주변에 군생하며, 때로는 살아 있는 나무 그루터기에서 기생하기도 한다. 자실체의 기저부는 뿌리 모양의 균삭과 연결되어 있으며, 자실체의 높이는 일반적으로 4~18cm, 갓의 직경은 4~8cm이다. 표면은 황색 또는 황토색이며, 반구형 또는 중앙이 약간 튀어나온 모양의 우산형이다. 갓의 중앙에는 어두운 갈색의 비늘이 많이 분포해 있고, 가장자리에는 방사형의 줄무늬가 있다. 자루는 긴 원기둥 모양으로 섬유질이며 스펀지처럼 속이 비어 있고, 자루의 중상부에는 이중 고리 또는 고리 자국이 있으며, 자루의 기부는 약간 부풀어 있다. 버섯주름이 대부분 있고, 너비는 5~15mm이며, 가장자리가 매끄럽고, 방사형으로 배열되어 있다. 균주름은 백색이지만 늙고 성숙하면 어두워진다(그림 2-5).

[그림 2-5] 생장균의 자실체

4. 포자

생장균의 포자는 백색으로 각 담자기에는 4개의 담자포자가 있다. 담자 포자는 무색이며, 대부분 원형 또는 타원형으로 표면이 매끄럽고 벽이 얇으며, 크기는 (7~8)μm × (4.0~5.5)μm이다.

5. 생활사

생장균은 기생, 부생, 공생의 생활 습성을 가지고 있다. 살아 있는 나무에 기생할 수 있으며, 나무가 죽은 후에는 부생 생활을 하면서 독립적으로 생존할 수 있다. 생장균의 균삭이 천마의 괴경과 접촉하면, 원래는 천마의 원구경과 괴경을 영양원으로 사용하려는 것이지만, 천마의 괴경에 있는 용해 세포 조직에 의해 분해되어 오히려 천마에게 영양분을 공급하여 천마의 공생 생물이 된다. 천마가 줄기가 자라고 꽃을 피운 후 노화되면, 그 식물 잔해가 생장균의 영양원이 된다(그림 2-6).

생장균의 유전형은 전형적인 사극성(四极性) 이성 교배형에 속하며, 4개의 담자포자는 4가지 성별로 나뉜다. 그 유형은 A1B1, A2B2, A1B2, A2B1이다. 단포자 A1B1이 단포자 A2B2와 결합하거나 단포자 A1B2가 단포자 A2B1과 결합해야만 다음 세대에 자실체를 생성할 수 있는 이핵 균사체를 형성할 수 있다. 다른 어떠한 조합도 자실체와 담자포자를 생성하지 못한다.

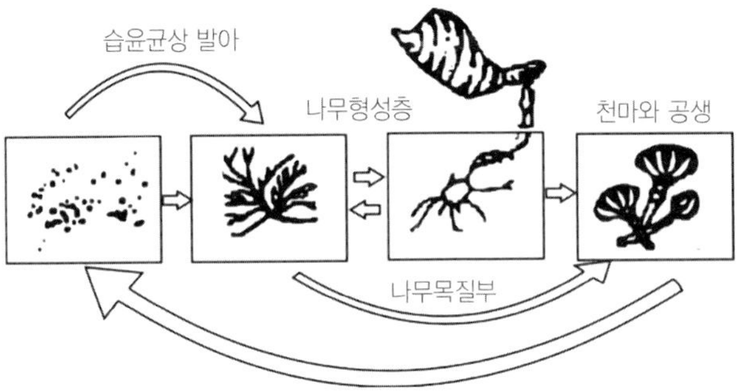

[그림 2-6] 생장균의 생활사

후대가 생길 수 있는 조합: A1B1×A2B2, A1B2×A2B1

후대가 생길 수 없는 조합: A1B1×A1B1, A1B1×A1B2, A1B1×A2B1,
A2B2×A2B2, A2B2×A1B2, A2B2×A2B1.

단포자 간 친화율(亲和率)은 25%이다.

제2절 생장균의 종류 및 분포

1. 분류학적 위치

생장균의 새로운 분류 체계에서의 위치는 다음과 같다: 균계(Fungi), 담자균문(Basidiomycota), 주름버섯아문(Agaricomycotina), 주름버섯강(Agaricomycetes), 주름버섯아강(Agaricomycetidae), 주름버섯목(Agaricales), 뽕나무버섯과(Physalacriaceae), 뽕나무버섯속(*Armillaria*).

구 버전의 분류 체계에서의 분류학적 위치는 다음과 같다: 진균계(Fungi), 진균문(Eumycota), 담자균아문(Basidiomycotina), 균심강(Hymenomycetes), 주름버섯목(Agaricales), 송이과(Tricholomataceae).

2. 종 다양성

전 세계적으로 발표된 생장균의 생물종은 40여 종 이상이다. 문헌에 기록된 중국 내 생장균 및 유사 생장균의 종은 다음과 같다:

- *Armillaria borealis* Marxm & Korhonen, in Marxmüller, Bull. trimest. Soc. mycol. Fr. 98 (1): 122 (1982) 북방생장균(北方蜜环菌)
- *Armillaria cepistipes* Velen. [as 'cepaestipes'], ČeskéHouby 2: 283 (1920) 두병생장균(头柄蜜环菌)
- *Armillaria gallica* Marxm & Romagn, in Boidin, Gilles & Lanquetin, Bull. trimest. Soc. mycol. Fr. 103 (2): 152 (1987) 고로생장균(高卢蜜环菌)
- *Armillaria korhonenii* G. F. Qin & Y. C. Dai 과혁저생장균(科赫宁蜜环菌), Index Fungorum에 기재되어 있지 않음
- *Armillaria luteopileata* G. F. Qin & J. Zhao 황개생장균(黄盖蜜环菌), Index-Fungorum에 기재되어 있지 않음

- *Armillaria mellea* (Vahl) P. Kumm, Führ. Pilzk. (Zerbst): 134 (1871) 생장균
- *Armillaria nabsnona* T. J. Volk & Burds, in Volk, Burdsall & Banik, Mycologia88 (3): 487 (1996) 제9생장균(第九蜜环菌)
- *Armillaria ostoyae* (Romagn.) Herink, Sympozium o Václavce obecné. 오씨생장균(奥氏蜜环菌)
- *Armillaria mellea* (Vahl ex Fr.) Kumm. (Brno): 42 (1973) 생장균
- *Armillaria sina pina* Bérubé & Dessur, Can. J. Bot. 66 (10): 2030 (1988) 개황생장균(芥黄蜜环菌)
- *Desarmillaria tabescens* (Scop.) R. A. Koch & Aime, in Koch, Wilson , Séné , Henkel & Aime, BMC Evol. Biol. 17 (no. 33): 12 (2017) 유사 생장균

문헌에는 몇몇 번호가 지정되어 있으나 라틴어로 명명되지 않은 여러 생물학적 종도 기록되어 있다: CBS J, CBS K, CBS L, CBS M, CBS N, CBS O.

천마 재배에 흔히 사용되는 종은 생장균 *Armilaria mellea*이다.

속명 *Armillaria*는 라틴어에서 유래했으며, 'armilla'라는 단어는 '고리, 팔찌'를 의미하는 것으로, 균자루에 고리가 있는 것에서 비롯된 이름이다. 접미사 '-aria'는 '유사한'이라는 뜻을 의미하며, 색상이 꿀색과 비슷하기 때문에 중국에서는 '밀환균(蜜环菌)'이라고 부른다. 종명 '*mellea*'는 '꿀색의, 꿀 모양의, 황갈색의'라는 뜻이다. 이 균의 학명은 우리나라에서 '생장균'으로 번역된다.

이 종의 이명은 다음과 같다: *Agaricites melleus* (Vahl) Mesch., (1891); *Agaricus melleus* Vahl, Fl. Danic. 6 (17): tab. 1013 (1790); *Agaricus versicolor* With., Arr. Brit. pl., Edn3 (London) 4: 166 (1796); *Armillaria mellea* f. *rosea* Calonge & M. Seq., Boln Soc. Micol. Madrid 27: 283 (2003); *Armillaria mellea* f. *sabulicola* A. Ortega & G. Moreno, in Ortega Díaz, Moreno, Manjón & Alvarado, Boln Soc. Micol. Madrid 34: 88 (2010); *Armillaria mellea* subsp. *nipponica*. J. Y. Cha & Igarashi, Mycoscience 36 (2): 143 (1995); *Armillaria mellea* var. *exannulata* Peck, Ann. Rep. Reg. N. Y. St. Mus. 46: 134 (1894) [1893]; *Armillaria mellea* var. *flava* Gillet , Hyménomycètes

(Alençon): 84 (1874) [1878]; *Armillaria mellea* var. *glabra* Gillet, Hyménomycètes (Alençon): 84 (1874) [1878]; *Armillaria mellea* var. *javanica* Henn. , in Warburg, Monsunia1: 20 (1899) [1900]; *Armillaria mellea* var. *maxima* Barla , Bull. Soc. mycol. Fr. 3 (2): 143 (1887); *Armillaria mellea* var. *minor* Barla , Bull. Soc. mycol. Fr. 3 (2): 143 (1887); *Armillaria mellea* var. *nipponica* (J. Y. Cha & Igarashi) Blanco-Dios, Tarrelos 19: 19 (2017); *Armillaria mellea* var. *radicata* Peck, Ann. Rep. Reg. N. Y. St. Mus. 44 : 150 (1891); *Armillaria mellea* var. *sulfurea* Weinm. ex P. Karst., Bidr. Känn. Finl. Nat. Folk 32: 22 (1879); *Armillaria mellea* var. *versicolor* (With.) W. G. Sm. , Syn. Brit. Basidiomyc.: 30 (1908); *Armillaria mellea* var. *viridiflava* Barla, Bull. Soc. mycol. Fr. 3 (2): 143 (1887); *Armillariella mellea* (Vahl) P. Karst., Acta Soc. Fauna Flora fenn. 2 (no.1): 4 (1881) [1881 ~ 1885]; *Armillariella mellea* f. gigantea Wichanský, C. C. H. 40: 71 (1963); *Armillariella mellea* var. *olivacea* Rick; *Armillariella olivacea* (Rick) Singer, Lloydia 19: 180 (1956); *Armillariella puiggarii* f. *olivacea* (Rick) Singer, Lilloa 26 : 132 (1954) [1953]; *Clitocybe mellea* (Vahl) Ricken, Die Blätterpilze1: 362 (1915); *Fungus versicolor* (With.) Kuntze, Revis. gen. pl. (Leipzig) 3 (3): 480 (1898); *Geophila versicolor* (With.) Quél., C. r .Assoc. Franç. Avancem. Sci. 16 (2): 588 (1888); *Lepiota mellea* (Vahl) J. E. Lange, Danskbot.Ark. 2 (no. 3): 31 (1915); *Mastoleucomyces melleus* (Vahl) Kuntze, Revis. gen. pl. (Leipzig) 2: 861 (1891); *Omphalia mellea* (Vahl) Quél., Enchir. fung. (Paris): 20 (1886); *Stropharia versicolor* (With.) Fr., in Saccardo, Syll. fung. (Abellini) 5: 1013 (1887).

초기 중국 문헌에서 흔히 사용된 학명 *Armilariela melea*는 실제로는 생장균(Armillaria)의 이명이며, 정확하지 않은 명칭이다.

생장균과 형태가 유사한 종으로는 '가짜 생장균(Desarmillaria)'이 있다. 이 유사 생장균의 라틴 학명은 개정되었으며, 분류학적으로도 조정되어 2017년에 생장균과 동일한 과에 속하는 새로운 속(屬, genus)인 *Desarmillaria*(유사 생장균속)으로 편입되었다(*Desarmillaria* (Hérink) R. A. Koch & Aime, in Koch, Wilson,

Séné, Henkel & Aime, BMC Evolutionary BiologyVol.17, No.33: 11~12 (2017)). 해당 속(Desarmillaria)에는 2종의 종류가 있는데, 그중 하나가 다음과 같은 라틴 학명을 가지고 있다(*Desarmillaria tabescens* (Scop.) R. A. Koch & Aime(BMC Evol. Biol. 17(33): 12, 2017)).

속명 *Desarmillaria*에서 접두사 'Des-'는 '부족한, 없는, 제거된'을 의미하는 부정적인 뜻을 내포하고 있기 때문에 이를 '유사 생장균'으로 번역하였다. 종명 '*tabescens*'는 '퇴화된, 시든'이라는 의미로, 이 균의 무고리 상태를 나타낸다. 이 균의 중문학적 이름은 '무환유사 생장균(无环假蜜环菌)'으로, 이 종의 동의이명은 다음과 같다: *Agaricus monadelphus* Morgan, J. Cincinnati Soc. Nat. Hist. 6: 69 (1883); *Agaricus tabescens* Scop., Fl. carniol., Edn 2 (Wien) 2: 446 (1772); *Armillaria mellea* var. *tabescens* (Scop.) Rea & Ramsb., Trans. Br. mycol. Soc. 5 (3): 352 (1917) [1916]; *Armillaria tabescens* (Scop.) Emel, Le Genre Armillaria (Strasbourg): 50 (1921); *Armillariella tabescens* (Scop.) Singer , Annls mycol. 41 (1 /3): 19 (1943); *Clitocybe monadelpha* (Morgan) Sacc., Syll. fung. (Abellini) 5: 164 (1887); *Clitocybe tabescens* (Scop.) Bres., Fung. trident. 2 (14): 85 (1900); *Collybia tabescens* (Scop.) Sacc., Syll. fung. (Abellini) 5: 206 (1887); *Fungus tabescens* (Scop.) Kuntze, Revis. gen. pl. (Leipzig) 3 (3): 480 (1898).

3. 생장 시기

생장균 균사체와 균삭은 연중 숲의 낙엽층, 부식층, 살아 있는 나무의 내부, 죽은 나무줄기, 가지, 그루터기 등의 기질 내에서 생장한다. 균사체나 균삭은 불리한 환경 조건이나 성장 후기에 적응성 변형을 일으키기도 한다.

생장균의 자실체는 보통 늦봄, 여름, 가을에 발생하며, 북방과 남방의 고지대에서는 7~8월에 집중적으로 발생한다. 이른 봄과 겨울에는 온도가 너무 낮아 자실체가 자연적으로는 발생하지 않는다. 자실체는 침엽수나 활엽수의 나무줄기 밑동, 뿌리 또는 쓰러진 나무 위에서 군생한다. 종종 나무의 뿌리썩음병을 일으킨다.

4. 분포 상황

생장균은 전 세계에 널리 분포하고 있으며, 중국에는 8종이 기록되어 있다. 그중 4종이 서남부 지역에 분포한다. 중국에서 생장균은 주로 헤이룽장, 지린, 네이멍구, 랴오닝, 허난, 허베이, 산둥, 산시(山西), 산시(陝西), 간쑤, 칭하이, 신장, 쓰촨, 충칭, 안후이, 푸젠, 저장, 장시, 후난, 후베이, 윈난, 구이저우, 광시, 하이난, 티베트 및 타이완 등지에 분포한다. 천마가 분포하는 지역에는 거의 항상 생장균이 존재하지만, 생장균이 있는 곳에 반드시 천마가 자라는 것은 아니다.

사천성(四川省)에서 생장균은 주로 사천분지(四川盆地)의 주변 산지와 사천 서부 고원 지역에 분포하며, 다저우시, 바중시, 멘양시, 더양시, 청두시, 야안시, 러산시, 이빈시, 루저우시, 아바 티베트족 창족 자치주, 간쯔 티베트족 자치주, 량산 이족 자치주, 판즈화시 등지에서 발견된다.

제3절 생장균의 생리적 특성

1. 영양 조건

자연조건에서 생장균의 영양 유형은 넓은 범위에서 목재부생 유형에 속하며, 기생과 부생이 가능하다. 이는 살아 있는 나무나 죽은 나무줄기, 그루터기, 낙엽층, 유기물이 풍부한 토양 기질에서 자랄 수 있다. 천마와 함께 자라는 시기에는 공생 관계를 형성하지만, 천마가 노화한 후에는 생장균이 이를 분해하여 부생 생활을 이어간다. 생장균은 나무, 부식층, 토양으로부터 수분과 다양한 탄소원, 질소원, 무기질 및 비타민 등의 영양소를 흡수하여 균사체와 자실체의 성장을 돕는다. 생장균이 천마와 접촉하는 공생 단계에서는 천마에게 수분과 무기 영양소, 유기 영양소를 제공하여 천마 괴경의 성장을 촉진시킨다.

1) 수분

생장균은 성장을 위해 많은 수분을 필요로 하지만, 장기간 물에 잠겨 있는 것을 싫어하므로 재배지는 물 근처에 위치하면서도 장마철에 물에 잠기지 않는 곳이 적합하다.

생장균의 균삭은 수분에 대한 내성이 매우 강하여 액체 배지, 한천 배지, 물에 잠긴 톱밥 배지에서도 성장할 수 있다. 따라서 생장균 모균을 배양할 때는 한천 배지를 사용하여 기둥 모양의 시험관이나 수액 병에 넣어 배양할 수 있으며, 원종과 재배종은 물에 잠긴 상태의 톱밥이나 한천으로 만든 고형 배지에서 배양할 수 있다(그림 2-7). 배양재의 수분 함량이 높을수록 균사체와 균삭이 더 건실하고 밀집되어 자라며, 균사와 균삭의 활력이 더 강해진다.

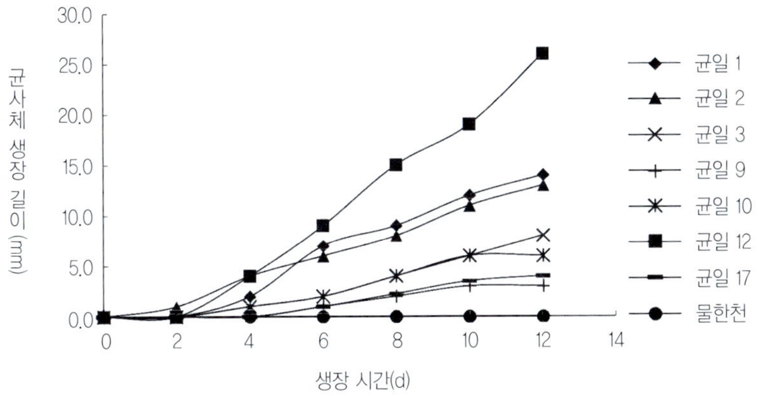

[그림 2-7] 고체 배지에서 생장균 균사체의 생장 곡선

한천을 사용하여 젤리 형태의 고체 배지를 만들 때, 한천의 사용량이 다르면 배지 내 수분과 통기 상태도 달라지며, 이에 따라 균사의 생장 속도에도 큰 차

이가 발생한다(구체적인 조성은 표 2-2 참조). 조성 1, 2, 3, 9, 10, 12, 17의 한천 사용량은 각각 1,000mL 배지당 16g, 12g, 8g, 18g, 14g, 5g, 20g이다(그림 2-8).

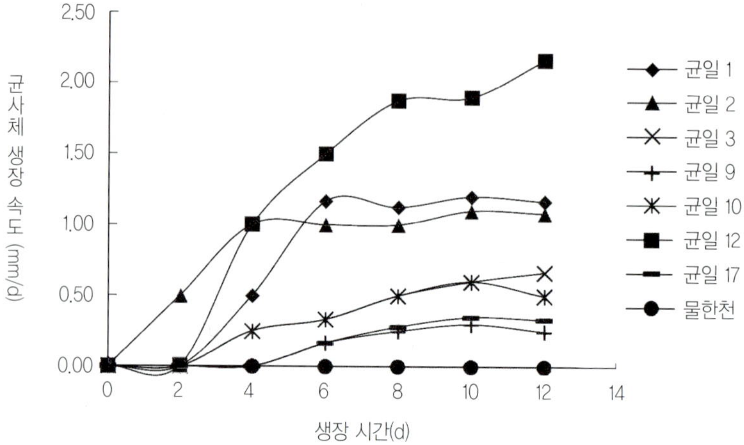

[그림 2-8] 고체 배지에서 생장균 균사체의 생장 속도 곡선

고체 배지에서 균일 설계 방법을 사용하여 한천 사용량이 균사 생장에 미치는 영향에 대하여 조사한 실험 결과, 12번 배지 조성이 가장 우수한 것으로 나타났다. 12번 배지에서 생장균 균사체의 생장 곡선과 생장 속도 곡선 모두 다른 그룹에 비해 가장 우수하게 나타났으며, 그다음으로는 1번, 2번, 3번, 10번, 17번, 9번 순이었다. 균일 설계 방법으로 비교했을 때, 한천 사용량이 증가함에 따라 생장균 균사체의 생장에 미치는 영향은 점차 감소했다. 다중 요인 복합 배지에서 일정 범위 내의 한천은 생장균 균사 생장에 어느 정도의 영향을 미친다.

따라서 12번 배지 조성을 다음과 같이 확정하였다: 밀기울 120g/L, 미강 140g/L, 솔잎 2g/L, 콩가루 0.1g/L, 옥수숫가루 160g/L, 한천 5g/L, 설탕 20g/L. 이 배지에서 생장균 균사가 가장 빠르고 튼튼하게 자랐다.

2) 탄소원

탄소원은 생장균 유기체의 가장 중요한 구조 물질이자 에너지원이다. 생장균은 셀룰로스, 리그닌, 헤미셀룰로스, 전분 등 복잡한 고분자 유기물을 이용할 수 있을 뿐만 아니라, 포도당, 만노스, 덱스트린, 과당, 자일로스, 자일리톨, 설탕, 맥아당, 만니톨, 아라비노스, 락토스, 소르비톨, 글리세롤, 에탄올, 전분, 맥아당 알코올, 갈락토스 등 간단한 저분자 유기물도 탄소원 및 에너지원으로 직접 이용할 수 있다.

자연 상태의 나무에서 자라는 생장균은 수백여 종의 나무에서 성장할 수 있는데, 여기에는 다양한 일반적인 참나무류[사천성(四川省) 일대에서는 청강나무라고 부름]인 굴참나무, 몽골참나무, 일본참나무, 상수리나무, 백참나무, 밤나무, 떡갈나무뿐만 아니라 호두나무, 개암나무, 꾸지나무, 옻나무, 대나무, 복숭아나무, 때죽나무, 산벚나무, 버드나무, 포플러, 자작나무, 소나무, 삼나무, 회화나무, 자귀나무, 오동나무, 바니안나무 등이 포함된다. 사이프러스나무에서는 생장균 생장이 거의 일어나지 않는다.

연구에 따르면, 서로 다른 목재를 원료로 한 톱밥은 생장균 균삭 및 균사체의 생장에 매우 큰 영향을 미친다. 생장균의 품질은 직접적으로는 천마의 품질과 수확량에 영향을 미치는데, 균사체가 굵고, 균사가 희고, 성장 속도가 빠를수록 생장균의 활력이 강하다는 것을 의미한다. 천마와 공생하는 생장균을 선택할 때는 균사체의 활력을 주로 고려해야 하며, 생장균의 생장에 적합한 배지를 선택하는 것으로 생장 시간을 단축하고, 균주의 퇴화를 억제하며, 생장균의 재생 능력을 유지시킬 수 있다.

상수리나무, 오동나무, 삼각단풍나무, 벚나무 등 4종의 활엽수 톱밥을 밀기울, 설탕 또는 흑설탕과 함께 조합하여 실험을 진행하였다(그림 2-9 ~ 그림 2-12). 실험은 다음과 같이 설정하여 추진하였다:

① 톱밥 130g, 밀기울 0g, 설탕 또는 흑설탕 16g, 물 1,000mL

② 톱밥 110g, 밀기울 30g, 설탕 또는 흑설탕 16g, 물 1,000mL

③ 톱밥 90g, 밀기울 50g, 설탕 또는 흑설탕 16g, 물 1,000mL

④ 톱밥 70g, 밀기울 70g, 설탕 또는 흑설탕 16g, 물 1,000mL

⑤ 톱밥 50g, 밀기울 90g, 설탕 또는 흑설탕 16g, 물 1,000mL

⑥ 톱밥 30g, 밀기울 110g, 설탕 또는 흑설탕 16g, 물 1,000mL

⑦ 톱밥 0g, 밀기울 130g, 설탕 또는 흑설탕 16g, 물 1,000mL

[그림 2-9] 상수리나무 톱밥·밀기울·흑설탕 조성 배지에서 균사체와 균식 생장 양상

[그림 2-10] 오동나무 톱밥·밀기울·흑설탕 조성 배지에서 생장균 균사체와 균식 생장 양상

[그림 2-11] 벚나무 톱밥·밀기울·흑설탕 조성 배지에서 생장균 균사체와 균식 생장 양상

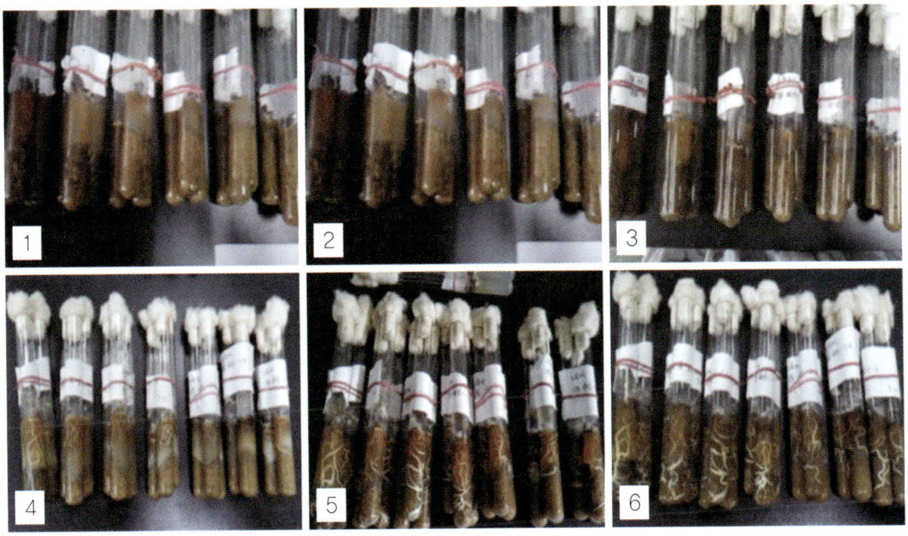

[그림 2-12] 삼각단풍나무 톱밥·밀기울 배지에서 생장균 균사체와 균삭 생장 양상
(비고: 윗줄은 설탕, 아랫줄은 흑설탕)

실험 결과, 생장균은 삼각단풍나무(톱밥) 배지에서 균사체 생장이 빠르고, 균사체 줄기가 굵고, 노화가 더디게 나타났으며, 상수리나무(톱밥), 벚나무(톱밥), 오동나무(톱밥) 배지보다 성장 상태가 월등히 우수했다. 또한 흑설탕이 설탕보다 더 효과적이었다.

삼각단풍나무(톱밥)·밀기울·흑설탕 배지 실험에서 3번, 4번, 6번 배지가 가장 좋았으며, 생장 속도가 빠르고, 균사체 줄기가 굵고, 균사가 희고, 가지가 풍성하고 촘촘했다. 또한 균사체 회복 시간과 균사체 줄기가 배지를 완전히 채우는 시간이 모두 짧았다. 이는 삼각단풍나무(톱밥)와 밀기울 배지가 생장균 생장에 가장 적합한 배지임을 나타낸 것이고, 그다음으로는 상수리나무(톱밥)와 밀기울 배지, 오동나무(톱밥)와 밀기울 배지가 적합했다.

실험에서는 삼각단풍나무(톱밥) 100g, 밀기울 40g, 흑설탕 16g, 물 1,000mL를 사용했을 때 생장균의 균사체 회복 시간이 단 2일에 불과했고, 완전히 배지를 채우는 데 37일이 걸렸으며, 14일 만에 배지의 4/5 지점에 도달했다. 이 조성은 생산 속도 면에서 확실한 장점이 있을 뿐만 아니라 제조 비용도 크게 절감하고 제조하기도 쉽다. 삼각단풍나무(톱밥)와 밀기울 · 흑설탕 배지를 사용한 생장균 균사체 배양은 회복 시간이 짧고, 균삭이 굵고, 균사가 희며, 갈변이 더디고, 가지가 많이 자라며, 굵고 촘촘하여 천마 재배를 위한 생장균 모균, 원균, 재배균 등의 균주 배지로 사용할 수 있다.

3) 질소원

질소원은 살아 있는 유기체가 단백질, 핵산 등을 합성하는 데 필수적인 원료이다. 생장균은 나무와 같은 생물 유기체에 있는 단백질을 질소원으로 직접 이용할 수 있을 뿐만 아니라 밀기울, 미강, 곡물 껍질, 옥수숫가루, 콩가루, 펩톤, 효모 추출물 등을 질소원으로 사용할 수 있다.

생장균은 질소에 대한 요구도가 높아 고질소 배지 조성이 적합하다. 생장균은 순수 옥수숫가루와 밀기울로 구성된 배지에서 매우 왕성하게 자란다.

밀기울, 솔잎, 미강, 감자, 콩가루, 옥수숫가루 각각 200g을 질소원으로 사용하고, 20g의 설탕과 1,000mL의 물을 첨가한 물 한천 배지를 대조군으로 하여 균사체 배양 실험을 진행하였으며, 천연 질소원 원료를 선별하였다. 실험 조성은 <표 2-1>과 같다.

〈표 2-1〉 생장균 7종의 기본 조성

번호	질소원/g	설탕/g	한천/g	증류수
1	밀기울 20	2	2	100
2	솔잎 20	2	2	100
3	미강 20	2	2	100
4	PDA 20	2	2	100
5	콩가루 20	2	2	100
6	옥수숫가루 20	2	2	100
7	0	0	2	100

실험 결과는 [그림 2-13], [그림 2-14]와 같으며, 생장균 균사체는 7종의 물 한천 배지를 제외하고 다른 조성 배지에서 모두 정상적으로 자랐다.

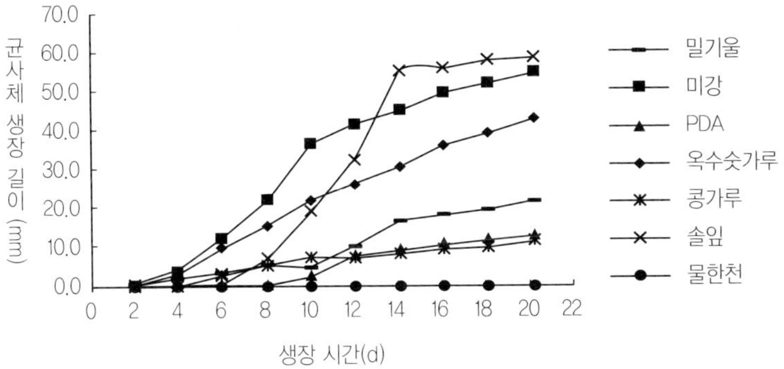

[그림 2-13] 7종의 다른 조성 배지에서 생장균 균사체의 생장 곡선

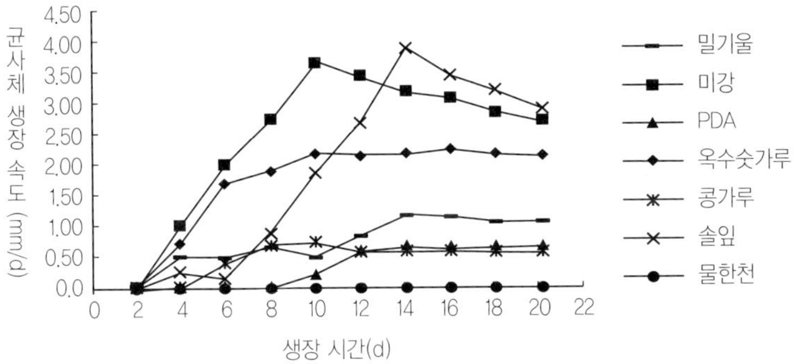

[그림 2-14] 7종의 다른 조성 배지에서 생장균 균사체의 생장 속도 곡선

전체적인 생장 추세를 보면, 미강을 질소원으로 사용한 배지에서 생장균 균사체가 지속적으로 자랐으며, 2~10일 동안 생장 속도가 선형적으로 증가하여 10일에 최대 생장 속도에 도달했고, 이후 선형적으로 감소하였다. 생장 곡선과 추세선의 편차가 적고, 전체적으로 생장 상태가 양호하였다. 솔잎을 질소원으로 사용한 배지에서는 균사체 발아 이후 2~6일 동안 생장 속도가 사인함수(일

정 기간에 주기적으로 증가하고 감소하는 패턴) 특성을 보였고, 6~14일 동안 지수함수(일정 기간에 매우 빠르게 증가하는 패턴) 특성을 보였으며, 14일에 생장 속도가 가장 빠르게 증가한 후 선형적으로 감소했다. 다른 조성들과 비교했을 때, 솔잎 배지에서 생장균 균사체의 생장이 가장 우수했다. 옥수숫가루를 질소원으로 사용한 배지에서는 생장 곡선이 안정적인 선형 관계를 보였고, 생장 속도는 대체로 증가하여 생장균 균사체의 생장에 좋은 영향을 미쳤다.

생장균 균사체가 생장한 배지에서 생장 곡선과 생장 속도 곡선을 종합적으로 비교한 결과, 콩가루를 질소원으로 사용한 배지가 생장균의 생장 촉진 효과가 가장 작었다. 대조군으로 사용된 물 한천 배지는 미량의 다당 성분을 포함하고 있지만, 이 배지에서는 생장균의 균사체가 자라지 않았다.

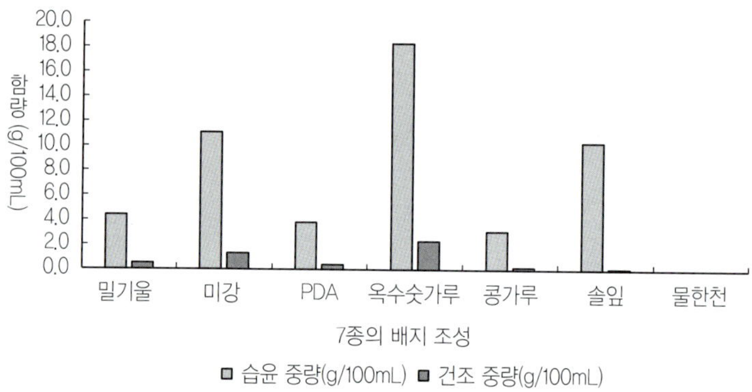

[그림 2-15] 배지 조성별 생체량 비교

옥수숫가루를 질소원으로 사용한 배양 배지에서 접종량을 종합적으로 조절한 결과, 생장균의 최종 생체량이 가장 우수한 상태를 나타냈고, 미강, 솔잎, 밀기울, 감자, 콩가루를 질소원으로 사용한 배지에서는 생체량이 점차 감소하는 경향을 보였다.

전분을 질소원으로 하는 배지를 제외하고, 나머지 6가지 질소원 배지를 사용하여 생장균을 배양할 때 생장균 균사체가 모두 정상적으로 생장하였으나, 그 속도는 차이를 나타냈다. 데이터 분석을 통해 옥수숫가루, 미강, 솔잎, 밀기울이 생장균 균사체의 생장 속도와 균사 밀도를 좋게 만든다는 사실을 확인했으며, 특히 옥수숫가루와 미강이 가장 우수한 질소원임을 확인했다.

다양한 원료의 혼합 배지가 생장균 균사체에 미치는 영향에 대해 알아보기 위해 균일 설계 실험 방법을 사용하여 실험을 진행하였다(표 2-2).

〈표 2-2〉 U17 (17^6) 균일 설계표

(단위 : g/L)

번호	밀기울	미강	솔잎	콩가루	옥수숫가루	한천
1	0.1	2.0	8.0	60.0	140.0	16.00
2	0.5	20.0	100.0	1.0	80.0	12.00
3	1.0	100.0	0.1	120.0	20.0	8.00
4	2.0	180.0	10.0	8.0	4.0	4.00
5	4.0	1.0	120.0	180.0	0.5	1.00
6	8.0	10.0	0.5	40.0	180.0	0.40
7	10.0	80.0	20.0	0.5	120.0	0.10
8	20.0	160.0	140.0	100.0	50.0	0.01
9	40.0	0.5	1.0	4.0	10.0	18.00
10	60.0	50.0	40.0	160.0	2.0	14.00
11	80.0	50.0	160.0	20.0	0.1	10.00
12	100.0	140.0	2.0	0.1	160.0	5.00
13	120.0	0.1	60.0	80.0	100.0	2.00
14	140.0	4.0	180.0	2.0	40.0	0.80
15	160.0	40.0	4.0	140.0	8.0	0.20
16	180.0	120.0	80.0	10.0	1.0	0.02
17	200.0	200.0	200.0	200.0	200.0	20.00

표면 분석을 통해 균일 설계 요소의 사용량을 탐색하고, 균사체의 성장 경향을 평가하기 위해 <표 2-3>을 설계하였다.

〈표 2-3〉 요소 수준표

(단위 : g/L)

인자	1	2	3	4	5	6
밀기울	0	20	40	60	80	100
미강	0	36	72	108	144	180
솔잎	0	28	56	84	112	140
콩가루	0	36	72	108	144	180
옥수숫가루	0	32	64	96	128	160
한천	8	10	12	14	16	18

요소와 수준에 따라 <표 2-4>를 선택하였다.

〈표 2-4〉 U7 (17^6) 사용표

인자 수	번호
2	13
3	123
4	1236

<표 2-4>에서 실험 중 배지 내 고체 물질의 과잉 사용이 균사체의 영양 과다를 초래할 수 있음을 고려하여, 실험 번호 7을 제외하고 균일 설계표를 수정하였다 (표 2-5).

〈표 2-5〉 U_6 (6^6) 균일 설계표

(단위 : g/L)

번호	밀기울	미강	솔잎	콩가루	옥수숫가루	한천
1	0	36	56	108	128	18
2	20	108	140	0	64	16
3	40	180	28	144	0	14
4	60	0	112	36	160	12
5	80	72	0	180	96	10
6	100	144	84	72	32	8

균일 설계표에 따라 일련의 배지를 조제함과 동시에 물한천 배지를 대조군으로 준비하였다. 각 조는 4회 반복하였으며, 고압 증기 멸균 후 무균 작업대에서 활성화된 생장균을 접종하고, 25℃의 온도에서 암배양하였다.

생장균의 생장 상황을 주기적으로 관찰하고, 균사가 발현될 때 실험 데이터를 기록하기 시작하였다. 48시간 간격으로 생장균의 생장 길이와 균사 수를 기록하였으며, 모든 데이터를 백업하여 원시 데이터로 저장하였다.

균일 설계 조성 최적화 실험에서 얻은 데이터를 처리하여 균사체의 성상이 우수한 조성 3개를 선택하여 반복 검증을 수행하였다. 해당 조성은 실험 번호 2, 4, 6이며, 실험 설계는 <표 2-6>에서 확인할 수 있다.

〈표 2-6〉 반복 검증 균일 최적화 조성

(단위 : g/L)

번호	밀기울	미강	솔잎	콩가루	옥수숫가루	한천
2	20	108	140	0	64	16
4	60	0	112	36	160	12
6	100	144	84	72	32	8

설계표에 따라 3가지 배지를 조제하고, 동시에 물한천 배지를 대조군으로 준비하였다. 각 조는 4회 반복하고, 고압 증기 멸균 후 무균 작업대에서 활성화된 생장균을 접종하였으며, 25℃의 온도에서 암배양하였다.

24시간 간격으로 배지에 접종한 균사가 발이하는지 여부를 주기적으로 관찰하고, 배지의 변색 여부를 기록하였다. 균사 발이가 시작되면 균사 생장 길이와 발이한 균사 수를 기록하였으며, 결과는 [그림 2-16] ~ [그림 2-18]과 같다.

생장 곡선과 생장 속도 곡선에 의하면, 균일 최적화된 두 번째 조성은 최대 생장 속도에 도달하기 전, 4일에서 12일 사이에 생장균이 선형적으로 성장하였으며, 이 단계에서의 생장 속도 곡선은 다른 조성들에 비해 균사체의 생장에 가장 큰 영향을 미쳤다. 그다음으로는 균일 최적화된 네 번째 조성이 우수하여 생장 곡선과 생장 속도 곡선이 두 번째 조성을 제외한 다른 4개의 조성보다 항상 우수하였고, 생장 곡선은 기본적으로 선형 생장에 부합했다.

[그림 2-13]을 분석한 결과, 균일 최적화 실험의 두 번째, 네 번째, 여섯 번째 조성이 생장균의 생장에 가장 적합함을 확인할 수 있었다.

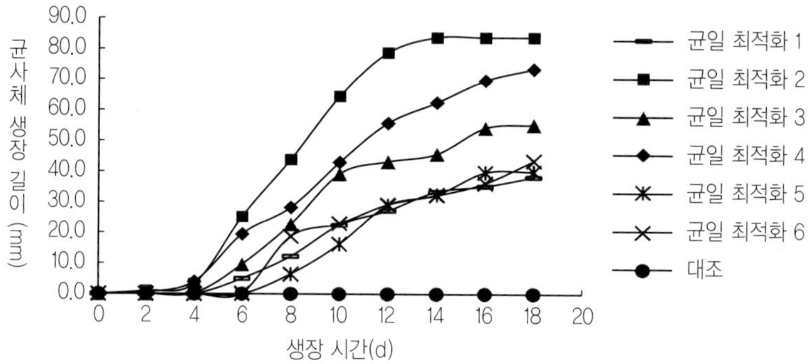

[그림 2-16] 최적화된 조성에서 생장균 균사체 생장 곡선

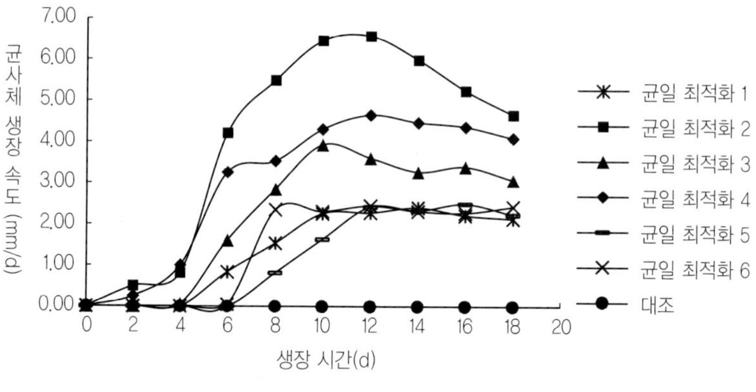

[그림 2-17] 최적화된 조성에서 생장균 균사체 생장 속도 곡선

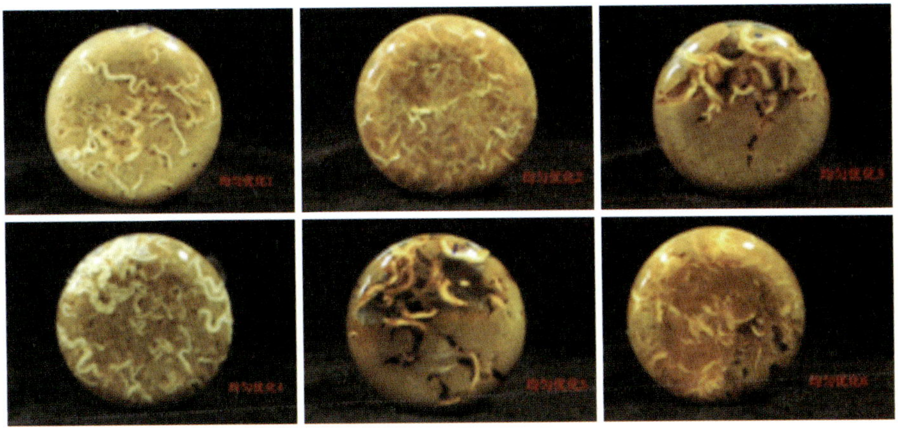

[그림 2-18] 서로 다른 조성 배지에서 생장균 균사체의 형태와 밀도

균일 최적화 실험을 통해 선발된 최적화 조성은 두 번째, 네 번째, 여섯 번째 조성이다.

확립된 선형 점진적 회귀 방정식은 다음과 같다.

$$Y = 5.790 - 0.041 \times X_1 \qquad (2\text{-}1)$$

비고: Y-최대 성장 속도; X_1-밀기울

그중 밀기울의 계수는 모두 0보다 작아, 밀기울의 사용량이 증가할수록 최대 생장 속도가 감소하는 것을 알 수 있다.

[그림 2-19]는 생장균 균사체의 최대 생장 속도의 표준화 잔차 대(对) 표준화 예측값의 산점도로 3개의 특이점이 존재한다.

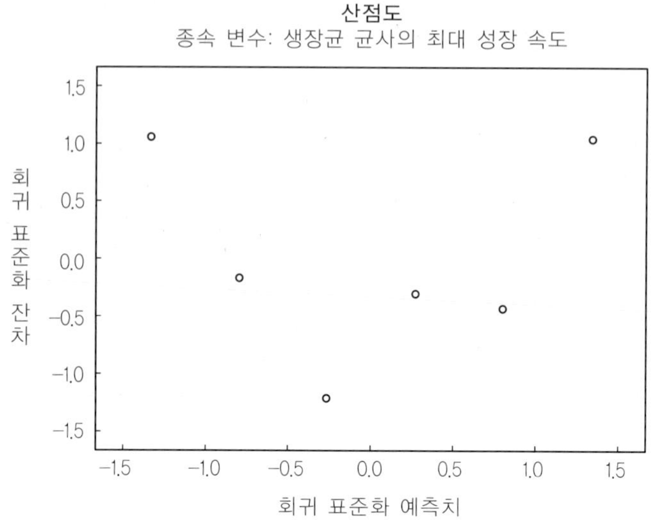

[그림 2-19] 생장균 균사체의 최대 생장 속도 잔차 산점도

반복 검증 실험에서는 [그림 2-20]과 [그림 2-21]을 분석하고 24시간 기록 간격으로 데이터를 수집하였다. 성장 곡선에서 직관적으로 파악할 수 있는 점은 다음과 같다. 최적화된 두 번째 조성이 접종 후 5일째 날부터 균사 발이를 시작했고, 네 번째 조성은 8일째 날, 여섯 번째 조성은 9일째 날부터 균사 발이를 시작한 것을 확인할 수 있었다. 생장균 균사체가 생장하기 시작한 후, 두 번째 조성의 생장 속도가 가장 빠르고, 네 번째 조성이 그다음이었으며, 여섯 번째 조성의 생장 속도가 상대적으로 느렸다.

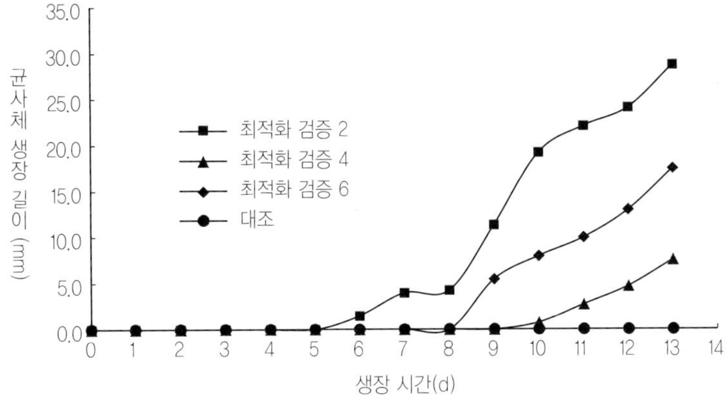

[그림 2-20] 1차 검증 실험의 생장균 균사체 생장 곡선

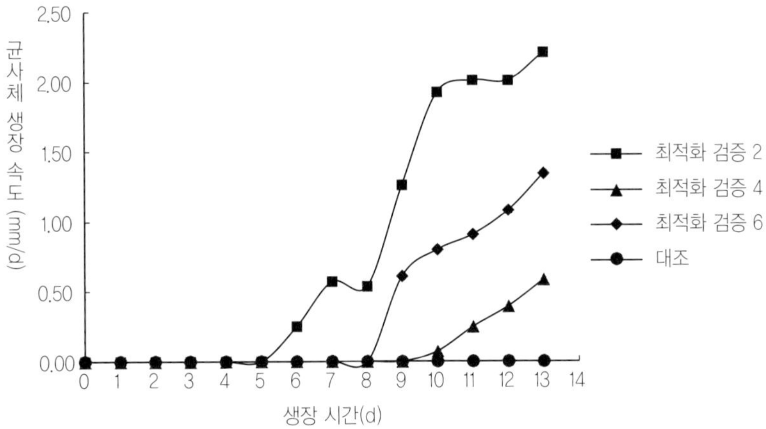

[그림 2-21] 1차 검증 실험의 생장균 균사체 생장 속도 곡선

두 번째 반복 검증 실험을 진행할 때, [그림 2-22]와 [그림 2-23]을 분석하고 24시간 간격으로 데이터를 기록하였다. 생장 곡선을 보면 다음과 같다. 최적화된 두 번째 조성과 여섯 번째 조성은 접종 후 6일째부터 균사가 발이되었고, 네 번째 조성은 8일째부터 균사 발이가 시작되었다. 생장균 균사체가 생장하기 시작한 후, 생장 속도 곡선은 세 가지 조성 모두 생장 속도 증가 경향이 비슷하게 나타났으며, 두 번째 조성의 생장 속도가 가장 빠르고, 네 번째 조성이 그다음,

여섯 번째 조성은 상대적으로 느리게 나타났다. 균일 설계 용량 탐색 실험에서 실험 데이터를 종합적으로 분석한 결과, 12번째 조성(조성 성분: 밀기울 100g/L, 미강 140g/L, 솔잎 2g/L, 콩가루 0.1g/L, 옥수숫가루 160g/L, 한천 5g/L, 설탕 20g/L)이 생장균 균사체 생장에 가장 우수한 영향을 미친 것으로 나타났다. 또한 각 요소의 사용량 범위를 다음과 같이 확정하였다: 밀기울 0~100g/L, 미강 0~180g/L, 콩가루 0~180g/L, 옥수숫가루 0~160g/L, 솔잎 0~140g/L, 한천 8~18g/L.

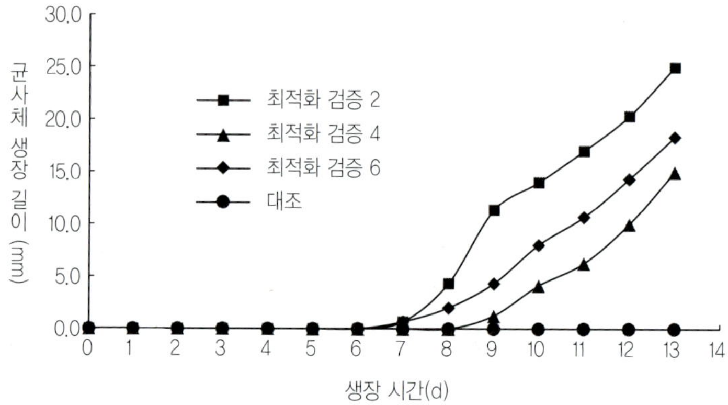

[그림 2-22] 2차 검증 실험의 생장균 균사체 생장 곡선

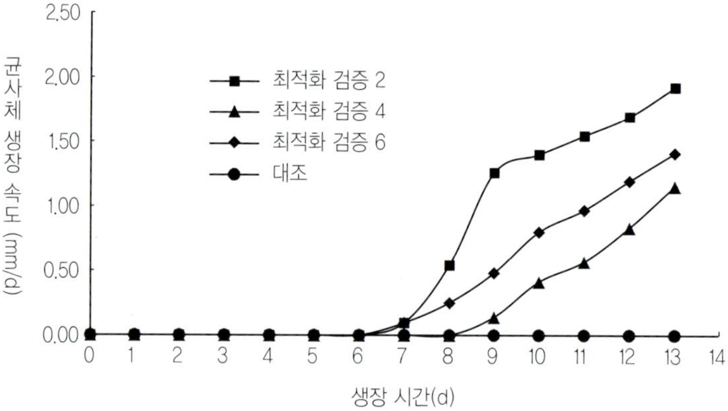

[그림 2-23] 2차 검증 실험의 생장균 균사체 생장 속도 곡선

균일 최적화 실험을 통해 선발된 최적 배합은 두 번째 조성, 네 번째 조성, 여섯 번째 조성이며, 이 3가지 조성 중에 두 번째 조성이 생장균 균사체의 생장에 가장 큰 영향을 미치고, 촉진 작용이 가장 강했으며, 나머지는 네 번째, 여섯 번째 조성 순이었다. SPSS 단계적 회귀 분석을 통해 생장균 균사체의 최대 생장 속도를 분석한 결과, 최대 생장 속도의 단계적 회귀 분석 모델은 유의미한 것으로 나타났으며, 밀기울이 해당 모델에서 유의미한 영향을 미치는 요인으로 확인되었다.

최적화 조성의 검증 실험을 진행하고, 단일 요인 실험과 균일 설계 용량 탐색 실험에서 얻은 생장균 균사체의 생장 데이터를 종합적으로 분석한 결과, 최적화 조성 두 번째 그룹의 균사 발이 시간은 안정적으로 5~6일로 나타났고, 네 번째 조성은 8~9일, 여섯 번째 조성은 다른 두 그룹에 비해 발이 시간이 길어서 11일 정도 소요되었다. 그중 두 번째 조성에서 자란 생장균 균사체의 특성은 여섯 번째 조성보다 전체적으로 우수했으며, 네 번째 조성과 비교했을 때 균사체 줄기의 굵기에서만 차이가 나타났다. 네 번째 조성의 생장균 균사체 줄기가 두 번째 조성보다 확연히 굵었으나, 균사체의 전체적인 특성은 두 번째 조성 ≥ 네 번째 조성 > 여섯 번째 조성 순으로 나타났다.

최적화 실험은 비교적 성공적이었으며, 최적화된 조성은 생장균 배양 시간을 크게 단축시켰다. 이 조성 배지에서 자란 생장균 균사체의 특성은 현재 사용되는 다른 배지 조성보다 상대적으로 더 우수하여 생산에 사용될 수 있다.

4) 탄질율(C/N율)

배지의 C/N율은 생장균 균사체 및 균사 생장에 큰 영향을 미친다. 이에 따라 다양한 C/N율을 가진 배지 조성을 설계하여 실험을 진행하였다. 이는 <표 2-7>과 [그림 2-24]와 같다.

〈표 2-7〉 다양한 탄질율이 생장균 균삭 생장 특성에 미치는 영향

C/N율	균삭 발이 시간(일)	균삭 평균 생장 속도(mm/일)	균삭 밀도
22.5 : 1	6	2.4	++
30 : 1	6	2.6	++
35 : 1	5	2.7	++
42.5 : 1	4	3.3	+++
55 : 1	3	3.6	++++
75 : 1	4	2.9	+++

참고 : "++++, +++, ++, +" 균삭 밀도가 점차 감소하는 것을 나타냄

조성 1 (22.5 : 1) : 포도당 4g, 톱밥 2g, 밀기울 8g, 한천 4g, 물 200mL
조성 2 (30 : 1) : 포도당 4g, 톱밥 4g, 밀기울 6g, 한천 4g, 물 200mL
조성 3 (35 : 1) : 포도당 4g, 톱밥 5g, 밀기울 5g, 한천 4g, 물 200mL
조성 4 (42.5 : 1) : 포도당 4g, 톱밥 6g, 밀기울 4g, 한천 4g, 물 200mL
조성 5 (55 : 1) : 포도당 4g, 톱밥 7g, 밀기울 3g, 한천 4g, 물 200mL
조성 6 (75 : 1) : 포도당 4g, 톱밥 8g, 밀기울 2g, 한천 4g, 물 200mL

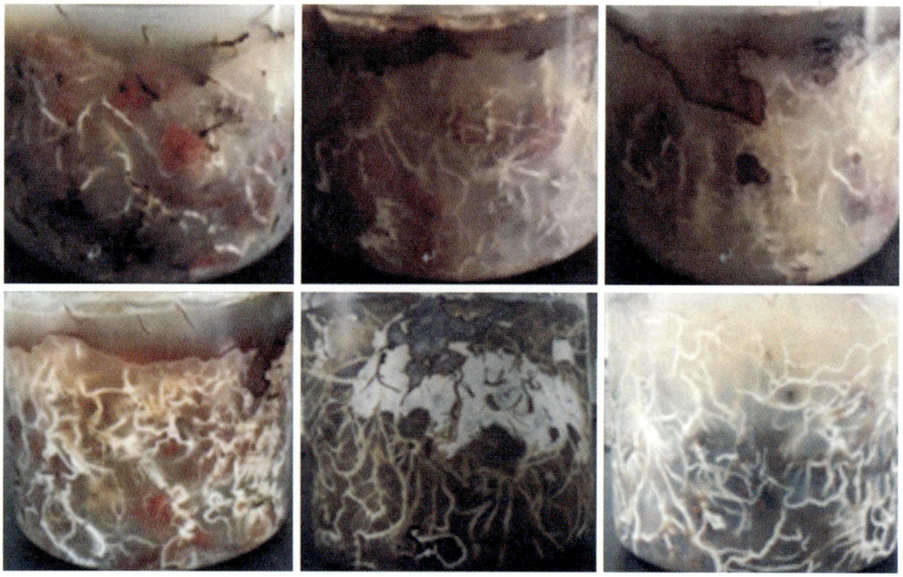

[그림 2-24] 배지 C/N율이 생장균 균사체의 생장에 미치는 영향

(참고: 왼쪽부터 오른쪽으로 22.5:1 , 30:1 , 35:1 , 42.5:1 , 55:1 , 75:1)

배지의 C/N율이 55:1일 때, 생장균 균삭의 발이 시간이 가장 짧았으며, 3일이 소요되었다. C/N율이 42.5:1과 75:1일 때 발이 시간은 4일이었고, C/N율이 35:1일 때 발이 시간은 5일이었다. 발이 시간이 가장 길었던 경우는 C/N율이 22.5:1과 30:1인 배지로, 6일이 소요되었다. 생장 속도가 가장 빨랐던 배지는 C/N율이 55:1인 배지로, 3.6mm/일이었으며, 그다음으로는 42.5:1, 75:1, 35:1, 30:1 순이었다. 평균 생장 속도가 가장 느렸던 배지는 C/N 비율이 22.5:1인 배지로, 2.4mm/일이었다.

5) 무기질

생장균이 성장하고 발달하는 과정에서 일정량의 무기염이 필요하다. 자연환경에서 나무, 부식질, 토양은 생장균에게 무기염을 제공한다. 따라서 생장균을 배양하는 과정에서 칼슘, 마그네슘, 인, 칼륨 등 다량의 무기질 요소를 인공적으로 보충해야 하는데, 흔히 사용되는 무기질 보충 물질로는 인산이수소칼륨, 인산이칼륨, 황산칼슘, 황산마그네슘, 황산제이철 등이 있다. 다른 미량 원소는 생장균이 물과 기질에서 얻을 수 있기 때문에 추가로 보충할 필요는 없다.

6) 비타민

생장균이 성장하고 발달하는 과정에서 일정량의 비타민이 필요하다. 비록 필요한 양은 많지 않지만, 반드시 필요한 요소이다. 감자즙, 밀기울 등의 원료에서 생장균이 필요로 하는 비타민을 보충할 수 있다.

2. 환경 조건

1) 온도

생장균은 중간 온도에서 가장 잘 자라는 진균으로, 균사체는 6~28℃에서 생장과 번식이 가능하며, 20~25℃에서 가장 빠르게 성장한다. 30℃를 넘으면 생장이 멈추고, 20℃ 이하에서는 생장이 느려진다. 실험에 따르면, 고온 조건(35℃ 이상)이 너무 오래 지속되면 균사의 퇴화를 가속화하여 천마 생산에 큰 영향을 미칠 수 있다. 따라서 고산 지대에서 균사체 배양을 할 때는 온도가 높은 시기를 최대한 활용하고, 지온을 높이는 조치를 취해야 하며, 여름철 기온이 높은 저지대에서는 그늘막을 설치해 온도를 낮추는 작업을 하여 양질의 균사체를 배양해야 한다.

생장균은 토양과 인공 배양 용기에서 온도에 대한 민감성과 요구도가 다를 수 있다. Rishbeth는 배양기에서의 생장 온도가 토양에서보다 높음을 발견하였는데, 생장균은 28℃에서 균사와 균삭의 최적 생장 속도가 각각 하루에 0.75mm와 9.80mm였고 최적 생장 온도는 조건에 따라 달라지며, 토양 속의 균사나 나무줄기 위의 균사층 모두 최적 생장 온도가 약 22℃라고 하였다. 토양과 관련된 데이터를 참고해 보면, 영국 남부에서는 깊이 15cm, 토양 평균 온도가 10℃일 때, 생장균의 전파 속도가 연간 1.5m였다(그림 2-25).

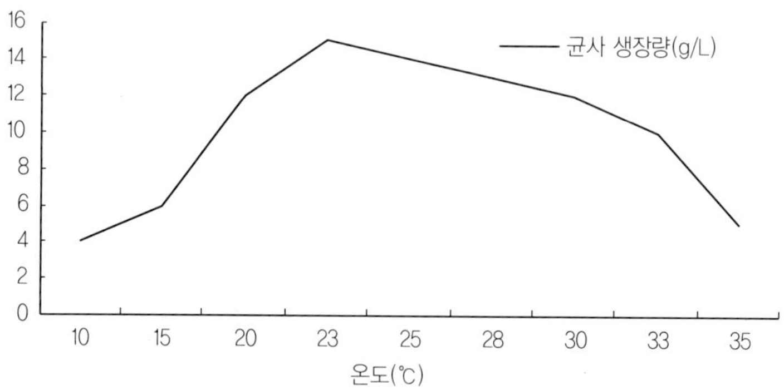

[그림 2-25] 온도가 생장균 균사체의 생장에 미치는 영향

2) 수분

생장균은 성장과 발달 과정에서 토양 습도와 공기 습도에 대한 요구가 높다. 습도가 너무 낮으면 균사 생장이 억제되고, 균사가 가늘어지며, 완전히 노화된 균사체처럼 천마에 대한 감염 능력이 약해진다. 반대로 습도가 너무 높으면 배양재에 혐기성 잡균이 번식하기 쉬워져 생장균의 성장에 불리하다. 일반적으로 생장균 성장에 적합한 배지 또는 배양재는 절대 습도 함유량이 60~90%가 적당하며, 대기의 상대 습도는 70~80%가 적당하다.

3) 산도(pH)

생장균은 pH 4~9 범위에서 생장할 수 있는데 이 중 pH 5.5~6.0이 가장 적합하다. 남부 산악 지역의 토양은 산성에 가까워 생장균이 왕성하게 자란다. 그러므로 고체 또는 액체 배지를 조제할 때는 pH를 5.0~5.5로 조정해야 한다.

균일 설계법을 사용해 다양한 배지 조성을 설계하여 생장균 균사체 배양 실험을 진행하고, 각 조성의 초기 pH를 측정한 결과는 [그림 2-26]과 같다.

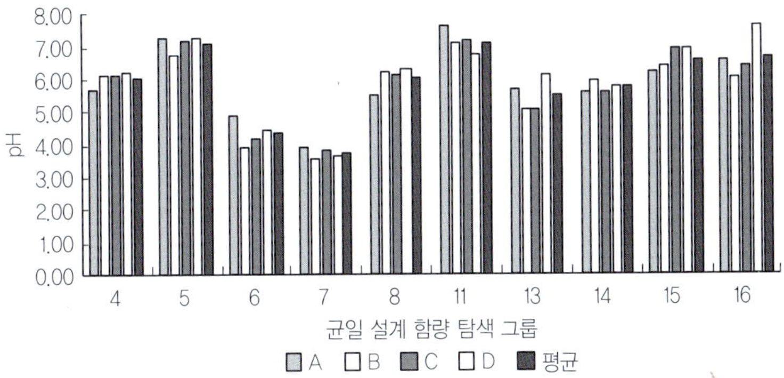

[그림 2-26] 액체 배지 조성별 최종 pH 비교

실험 결과는 [그림 2-27]에 나타내었다. 5번 균일 조성 배지에서 배양된 생장균 균사체의 생체량이 가장 많았고, pH는 7.1~7.2였다. 6번 균일 조성 배지에서 배양된 생장균 균사체의 생체량은 이번 실험에서 두 번째로 많았으며, pH는 4.4~4.5였다. 4번, 8번, 13번, 14번 균일 조성 배지의 최종 pH는 5~6이었고, 이 배지들에서 균사체의 생체량은 모두 중상위 수준이었다. 배지 조성과 실험의 우연성을 고려하여, 생장균 종균을 인공 배양할 때 배지의 초기 pH는 5~6 사이로 조절하는 것이 생장균 균사체의 생장을 촉진하는 데 유리하다.

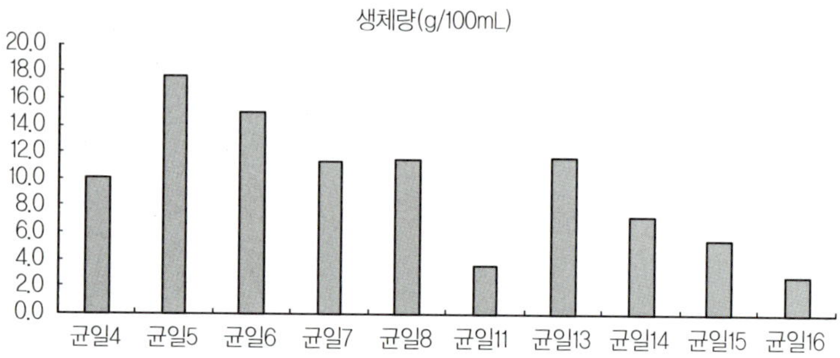

[그림 2-27] 다양한 pH의 액체 배지에서 생장균 균사체의 생체량

4) 공기

생장균은 호기성 진균이다. 자연계에서 물과 공기가 잘 통하는 부식토나 사질토에서는 균삭이 빠르고 튼튼하게 성장한다. 반면, 점성이 강한 토양에서는 통기성이 좋지 않아 균삭의 성장이 느리고 약하다. 생장균과 천마를 함께 재배하는 환경에서는 배양 기질의 통기성을 확보하는 것이 매우 중요하다.

생장균 균삭은 고농도의 이산화탄소(CO_2)에 견딜 수 있는 능력이 있다. 한천 배지를 기둥 모양으로 만들거나 톱밥 배지를 물에 잠긴 상태로 생장균 균주를 배양하면 균삭이 정상적이고 튼튼하게 성장하며, 균주가 잘 접종될 가능성이 크다.

생장균의 토양과 자연 기질에서의 성장 활력은 토양의 통기성과 이산화탄소 농도와 관련되어 있다. 예를 들어, 산소 농도가 낮아지거나 이산화탄소 농도가 높아지면 균사의 건조 중량이 감소한다(Rishbeth, 1978). 일련의 연구에 따르면 통기성이 생장균의 토양 내 분포에 큰 영향을 미치는데, 이와 관련하여 Smith와 Griffin이 산소가 균사의 형성과 성장 속도에 미치는 영향에 대하여 보고하였다. 이들은 생장균의 최대 성장은 균삭 중앙 통로에서의 고속 산소 확산에 의존한다고 언급했다. 그러나 산소 분압이 4.053kPa 이상일 때 균삭의 성장이 억제되었다. 분석 결과, 산소가 있는 환경에서는 주로 p-벤조퀴논 산화효소의 작용으로 페놀류 물질의 효소 촉매성 중합이 자극되는데, 투과전자현미경으로 보았을 때 가시적인 불침투성 갈색 색소층을 형성하고 이 층이 균사 내부에 침착되었다. 이로 인해 균사 발달이 저해되어 균삭이 영양원을 흡수하고 노폐물을 배출하는 것을 방해하기 때문인 것으로 분석된다.

5) 빛

생장균의 균사체와 균삭은 빛이 없이도 성장할 수 있어서 어두운 곳의 토양이나 배지에서도 정상적으로 성장하고 발달할 수 있다. 빛은 균삭의 색상을 진하게 한다. 자실체의 형성, 특히 자실체의 성장 발달 단계에서는 일정한 산광이 필요하다.

빛은 생장균의 영양 생장을 억제한다. Doty와 Cheo는 빛 조건에서 연속적으 로 배양했을 때, 균삭과 균사의 억제 정도가 80%에 이를 수 있으며, 배양물을 매일 12시간 동안 산광에 노출시키면 생장이 60% 감소하고, 하루에 2시간만 노 출시켜도 생장이 약 50% 감소한다고 하였다. 빛은 풍부한 균삭을 생성하는 생 장균의 성장을 억제할 수 있지만, 균삭이 부족한 생장균에 대해서는 큰 영향을 미치지 않는다. 모든 균주와 생장균 종이 빛에 의해 억제되는 것은 아니다. 예를 들어, Benjamin(1983)은 *Armillaria limonea* (G. Stev.) Boesew.가 오로지 어두운 조건에서만 균삭을 생성한다고 뉴질랜드 농업연구 저널(N. Z. Jl Agric. Res.)

20(4) : 585 (1977)에서 밝혔다. 반면, A. novae-zelandiae (G. Stev.) Boesew.는 같은 논문에 균삭의 성장에 반드시 빛이 필요하다고 보고하였는데, 이러한 차이점은 두 종을 구별하는 주요 특징으로 사용되어 왔다.

3. 생태 조건

1) 생장균의 발광(发光) 특성

생장균은 어두운 곳에서도 강한 형광을 내는 발광 진균으로 유명하다. 생장균의 균사체와 균삭 끝부분은 자발적인 형광 특성을 지니며, 특히 액체 플라스크 배양 시 발광 특성이 가장 두드러진다. 야외에서는 해가 질 때 생장균이 있는 곳에서 그 발광을 쉽게 볼 수 있어서 생장균 균주를 찾는 데 도움이 된다. 생장균의 발광 강도는 외부 조건과 발육 단계에 따라 다르다.

노화된 균체는 일반적으로 발광하지 않는다. 산소는 생장균이 발광하는 데 필요한 조건으로, 산소가 충분할 때 발광이 강해진다. 생장균의 발광에는 적절한 온도가 필요하며, 25~27℃가 발광 최적의 온도이다. 45℃ 이상의 온도에서는 생장균이 발광 능력을 잃게 된다. 에테르, 클로로포름, 포름알데히드 및 기타 산화 방지제의 증기는 생장균의 발광을 억제한다. 그러나 배지에 적당량의 에탄올을 첨가하면(살균 전 또는 살균 후) 균체의 발광을 촉진할 수 있다.

2) 생장균의 조건부 기생성

생장균은 주로 나무를 영양원으로 사용한다. 생장균은 주로 약한 생나무에 기생하지만, 죽은 나뭇가지에서도 부생하는 조건부 기생성을 가지고 있다. 생장균은 특히 활엽수 나무껍질 아래의 인피부와 목질부 사이의 영양이 풍부한 곳에서 기생하며 이곳에서 나무의 초기 부식액을 흡수한다. 균사체 배양 시, 이러한 특성을 이용하여 해당 지역의 수종에 맞는 목재를 선택하고, 신선한 재료를 균사체 배양에 사용하는 것이 좋다. 이렇게 하면 균봉의 사용 기간을 연장하고 천마의 성장 후기까지 영양 공급을 보장할 수 있다. 나무에 기생하는 것 외에도 생장균은 천마, 감자, 고구마, 식용 대황 등의 식물에도 기생하여 성장할 수 있다.

제4절 생장균의 진위 구별

야외에서 생장균을 채취할 때, 생장균의 자실체를 발견하는 경우는 드물고, 자실체를 통해 생장균을 식별하기도 어렵다. 많은 경우 균사로 생장균을 발견하는데, 이때 나무뿌리, 덩굴 식물의 긴 뿌리 등과 생장균의 균사를 혼동하기 쉽다. 생장균을 구매할 때도 진위 여부를 구별해야 한다. 외관상 다음과 같은 몇 가지 방법으로 생장균의 진위를 구별할 수 있다.

1. 균삭의 색깔로 구별

생장균 균삭은 어려서는 흰색이며, 비교적 굵다. 중기에는 적갈색으로 변하며, 앞쪽 끝에 흰색의 생장점이 있다. 그러다가 노화되면 흑갈색, 갈흑색 또는 검은색으로 변한다. 반면, 식물의 뿌리는 대부분 연한 갈색으로 색깔이 노화된 생장균 균사보다 약간 밝다.

2. 균삭의 굵기와 분포로 구별

생장균 균삭은 분지가 비교적 적고, 길이가 최대 1m까지 자라며, 일반적으로는 30~60cm 길이로 자라면서 굵기의 변화가 거의 없다. 반면, 식물의 뿌리는 가지가 많고, 굵기가 점차 가늘어지며, 가지가 가늘수록 더 많이 분지된다.

3. 유연성과 강도에 의한 구별

바로 흙에서 캐낸 식물의 뿌리와 생장균 균사는 유연하여 쉽게 부러지지 않는다. 그러나 건조시키면 식물의 뿌리는 단단하여 쉽게 부서지는 반면, 생장균은 여전히 유연성이 강하고 부드러워 쉽게 부러지지 않는다.

4. 구조로 구별

생장균 균삭의 외피를 제거하면 내부에는 흰색의 균사 다발이 있고 목질화된 구조가 없다. 반면, 식물의 뿌리는 껍질을 벗겨내면 내부가 흰색일 수 있지만, 실 모양 구조가 아닌 목질화된 구조를 가지고 있다.

5. 형광 특성으로 구별

생장균 균삭이나 균사는 공기의 상대 습도가 40%~70%, 온도가 25~27℃인 어두운 환경에서 형광을 발할 수 있다. 그러나 다른 잡균이나 작은 나무뿌리 등은 자발적으로 형광을 발산하지 않는다.

6. 유사 생장균과 구별

자연계에는 생장균과 자주 혼동되는 진균인 유사 생장균(또는 광균)이 있다. 유사 생장균도 의약적으로 가치가 높은 진균으로 그 균사체 발효물로 만든 광균편(亮菌片)이 임상 의학에서 널리 사용되고 있다. 생장균과 유사 생장균의 균사체와 균삭은 매우 유사하여 구별하기 어렵다. 그러나 유사 생장균은 천마와 공생할 수 없고 천마에 영양을 공급하지 못한다. 따라서 생장균을 배양하고 천마를 재배할 때, 유사 생장균은 생장균과 천마로부터 영양원을 경쟁적으로 빼앗을 수 있다. 생장균과 유사 생장균의 구별은 <표 2-8>과 같다.

〈표 2-8〉 생장균과 유사 생장균의 구별

구별 항목		생장균	유사 생장균
자실체	갓	연한 황토색, 꿀색에서 연한 황갈색, 중앙에 작은 비늘이 있으며 가장자리에 줄무늬가 있음	꿀색 또는 연한 황색, 오래되면 흑갈색으로 변함, 중앙은 색이 짙고 작은 섬유 모양의 비늘이 있으며 가장자리에 줄무늬가 없음
	주름	흰색 또는 약간의 살구색, 직립형 또는 연속형, 노화되면 어두운 갈색 반점이 나타남	흰색에서 오염된 흰색 또는 연한 살구색, 아래로 연장되며 노화되어도 어두운 갈색 반점이 나타나지 않음
	자루	색상은 균모와 동일하고, 세로줄무늬와 털 모양의 작은 비늘이 있으며, 기부가 팽대됨	상부는 오염된 흰색, 중부는 회갈색에서 흑갈색으로 변하며, 평탄한 실 모양의 털이 있음, 기부는 팽대되지 않음
	고리	흰색, 자루의 위쪽에 붙어 있으며, 어릴 때는 이중 고리 형태	없음
	포자	매끄럽고, 타원형 또는 거의 원형. (7.00～11.35)㎛× (5.0～7.5)㎛	매끄럽고, 넓은 타원형에서 거의 난형. (7.5～10.0)㎛ × (5.3～7.5)㎛
균삭 또는 균사	모양	둥글거나 평평하며, 끝부분이 사슴뿔 모양이고, 꼭대기는 흰색	평평하고 비틀리거나 주름이 있으며, 대부분 갈라져 있거나 갈라지지 않음
	색깔	어릴 때는 흰색, 점차 흑갈색으로 변함	초기에는 흰색, 점차 연노랑이나 황갈색으로 변함
	성장 속도	중간	빠름
	골수강 횡단면	약간 타원형	긴 타원형
	표면	매끄러움	주름
	형광	균사체와 균삭이 어두운 곳에서 자발적으로 형광을 발함	균사체만 초기 어두운 곳에서 자발적으로 형광을 발하며, 균삭은 형광을 발하지 않음

제5절 생장균과 천마의 관계

천마 생장에 필요한 기본 영양물질은 생장균에서 유래한 것으로, 생장균이 없으면 천마는 자랄 수 없다. 천마와 생장균 사이의 관계는 매우 복잡하다. 넓은 의미에서 천마와 생장균의 관계는 공생적 영양 관계로 이해할 수 있다(그림 2-28).

[그림 2-28] 천마 괴경 표면의 생장균 균삭

생장균과 천마로 구성된 생태계에서 약한 기생성을 가진 생장균의 균사가 천마 원구경에 접촉하면, 원구경이 좋은 영양원이 될 수 있다고 인식하고, 그 위에서 대량으로 자라나고 얽히며, 심지어 덮어버린다. 균사는 천마 원구경 조직으로 침투하지만, 천마는 저항하여 침투한 균사를 분해하고, 생장균 균사를 자신의 뿌리계로 만들어 계속해서 토양과 나무로부터 물, 유기물, 무기질, 성장인자를 흡수하여 원구경의 생장과 발달을 돕는다. 원구경이 성장한 후에도 생장균의 많은 균사는 천마 괴경을 먹으려고 괴경 표면에 대량의 균사체 줄기를 덮는다. 이때 천마 덩이 표면에는 다시 하얀 용균 세포 조직이 자라나 생장균의 균사를 용해하고 차단하며, 생장균의 균사체 시스템이 계속해서 천마에 필요한 각종 영양물질을 공급하도록 만든다. 천마가 꽃을 피우고, 열매를 맺고, 노화하여 더 이상 생장균의 영양 공급이 필요 없을 때 비로소 생장균은 늙은 천마에서 남은 영양물을 섭취하게 된다. 이러한 복잡한 생태 관계는 자연계에서 매우 드문 현상이라고 할 수 있다.

1. 천마와 생장균 성장의 물질적 기초

생장균은 조건부 기생성 진균으로 600여 종 이상의 목본, 초본, 대나무 등 식물에서 생존할 수 있으며, 식물체 내의 리그닌, 셀룰로스, 헤미셀룰로스 등의 유기물을 분해한다. 반면 천마는 녹색 잎이 없고, 영양분을 생성할 수 없으며, 뿌리계가 없어 영양분을 흡수할 수 없다. 그러므로 천마는 생장균이 제공하는 영양에 전적으로 의존하여 생장하며, 생장균에 완전히 '기생'하여야만 정상적인 생존과 생활이 가능하다. 생장균이 없으면 천마는 부패하여 자랄 수 없다. 따라서 나무 재료와 토양은 천마와 생장균이 성장하는 데 필요한 공통의 물질적 기초이며, 이 기초가 없다면 천마를 재배하는 것은 '쌀 없이 밥을 짓는 것'과도 같다. 천마, 생장균, 나무 재료는 서로 자연적인 생태 먹이사슬을 형성하고 있다(그림 2-29).

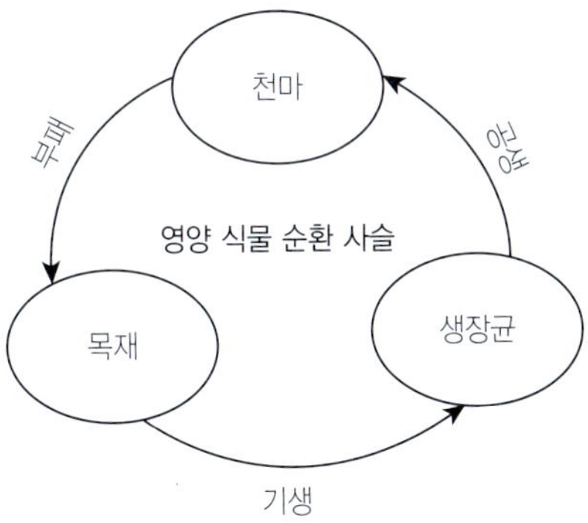

[그림 2-29] 천마, 생장균, 목재 간의 먹이사슬

이들 3요소의 상호 관계에 대한 이해가 천마 인공 재배의 이론적 기초이다. 사람들은 자연 군락의 구조를 모방하여 환경 조건을 최대한 활용하고, 인공적으로 생장균 균봉을 배양하는 방식으로 생장균과 균재를 결합시켜 생장균 균봉을 만들었다. 그 후, 균봉을 이용하는 방법을 채택하였는데, 이것이 바로 천마 재배의 과정과 실제이다.

2. 생장균의 천마 감염 과정

생장균 균사와 균삭이 천마에 접촉하면, 균삭의 피층 세포가 분열을 시작하고 가지를 내어 천마 괴경에 강한 기계적 압력을 가한다. 일부 균삭의 각질 껍질에 생명력이 있는 균사가 활성화되어 먼저 천마 괴경 표피 세포에 침투하는데, 이 감염 과정에서 생장균이 생성한 일부 세포 외 가수분해 효소가 관여하기도 한다. 천마 표피 세포는 압력에 의해 변형되고 손상되며, 균삭은 천마 표피와 피층 세포를 뚫고 피층의 가장 안쪽 층 세포에 도달한다. 일반적으로 괴경이 휴면 또는 발아 단계에 있을 때 생장균의 침투가 가장 적합하다. 그러나 천마가 왕성하게 성장하는 기간에는 새롭게 형성된 괴경(즉, 후에 분화된 미마)는 생장균에 감염되지 않는다. 오직 어린 연한 황백색 생장균 균사만이 천마를 감염시킬 수 있고, 노화된 균사는 천마 괴경에 침투할 수 있는 능력이 없다.

생장균이 천마에 침투하는 것은 다시 숙주를 찾으려는 자연스러운 행동이다. 생장균의 균체가 천마 피층에 침투하면 다발성의 균사가 분산 확장되고, 천마 세포 사이의 간극을 통해 다른 세포와 접촉하거나 일부는 세포벽의 미세한 구멍을 통해 세포 내부로 깊숙이 들어간다. 균사가 세포 내부로 들어가면 분해된 화학 물질로 인해 세포핵이 변화하는데, 먼저 세포핵이 커지다가 분해되며, 세포 내부의 다른 소기관과 다당류 입자가 사라지고 영양물질이 균사체에 의해 흡수된다. 이 과정은 생장균이 천마로부터 영양분을 흡수하는 과정이다(그림 2-30).

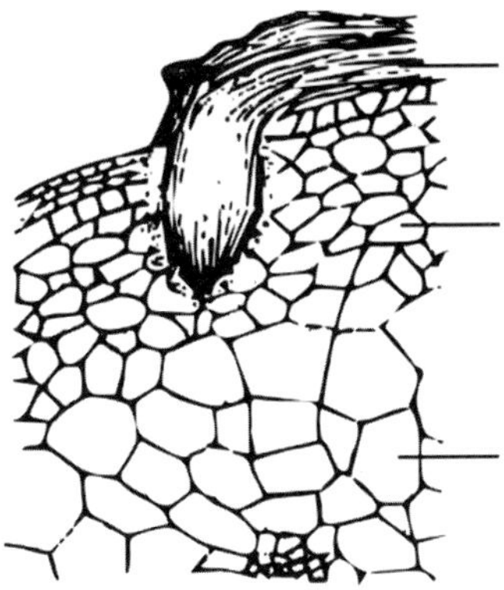

[그림 2-30] 생장균이 천마 피층을 침투

3. 천마의 생장균 소화 과정

천마의 중주부(中柱部) 근처 조직에는 크고 활력이 강한 세포들이 여러 층으로 존재하는데, 이들은 균사체를 소화하는 기능을 가지고 있다. 이 층의 조직을 **소화층**(消化层)이라고 한다. 생장균의 균사체가 계속해서 피층 깊숙한 세포로 들어가면, 소화 세포층에 도달하게 된다.

균사체가 소화 세포층에 들어가면, 원형질에 의해 균사체가 둘러싸여 한 덩어리로 꼬이면서 **균사 결절**을 형성하게 되고, 점차 팽창하여 이 세포들에 의해 분해가 된다. 이러한 현상은 소화층 외부의 거대 세포와 소화층 내부의 세포에서 뚜렷하게 나타난다. 이때 세포는 현저하게 커지고, 원형질은 농축되며, 크기가 다른 액포가 흩어져 있고, 세포핵은 커지며, 인이 증가하고, 미토콘드리아가 많아지며, 다당류 입자가 줄어든다. 침입한 균사체는 완전히 소화되고 그 분해산물이 천마의 성장에 필요한 영양 공급원이 된다. 이는 천마가 영양분을 흡수하여 성장하는 데 매우 중요한 과정이다. 천마가 정상적으로 생장균과 공생 관계를 맺으면 천마는 튼튼하게 성장할 수 있지만 공생 관계를 형성하지 못하면, 천마는 영양을 얻지 못해 마르고 길어져 '기아 상태'가 된다(그림 2-31).

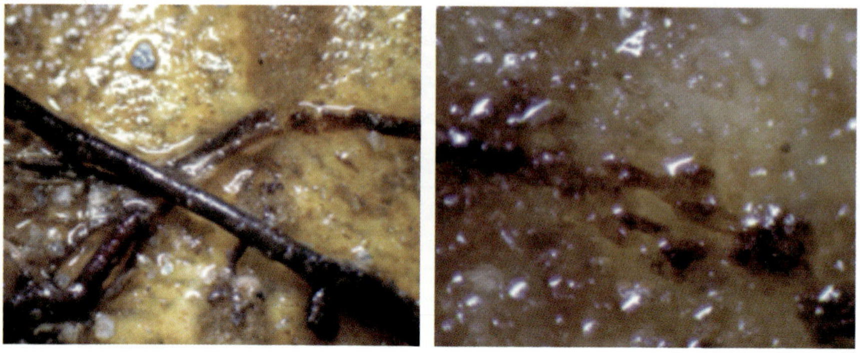

[그림 2-31] 천마 괴경의 용균 세포 조직에 의해 용해된 투명한 생장균 균삭

재배된 천마와 야생 천마 괴경 표면에는 생장균 균삭이 밀착되어 있다. 깨끗이 씻어내고 나면 균삭이 천마 괴경에 의해 반쯤 갈라지고, 끊어지거나 또는 검은색 균삭이 완전히 투명해진 현상을 관찰할 수 있다. 이것은 천마 괴경 표면에서 하얀 용균세포 조직이 자라나 생장균 균삭 줄기세포를 반투명하거나 투명한 상태로 용해하여, 생장균 균삭이 천마에 영양물질을 공급하는 통로로 작용하도록 만드는 현상이다. 생장균의 균사체와 균삭은 균재와 토양 속의 유기물을 분해하고, 그 분해 산물은 생장균 균사체를 통해 흡수된다. 동시에 생장균 균사체는 토양과 균재에서 대량의 물과 무기질을 흡수하여 균삭을 통해 천마의 용균세포 조직이 끊어낸 부분으로 운반되고, 최종적으로 이것을 천마가 흡수하여 천마 괴경 성장을 위한 영양분으로 사용된다. 이와 같은 과정을 통하여 거대한 생장균 균삭 시스템이 뿌리가 전혀 없는 천마의 뿌리 역할을 완전히 대체하게 되는 것이다.

4. 생장균의 역소화

가을이 되면 천마는 1년간의 생장을 마치고 점차 겨울 휴면기에 접어든다. 이때 이전의 모마(母麻)는 균사체를 소화하고 흡수하는 대사 능력을 점차 상실하게 된다. 이 시점에서 천마의 세포 내 생장균 균사체가 우세하게 자라기 시작하여 대량의 균사가 내부 중주 조직을 침투하여 피층과 중주 조직 전체가 균사에 의해 분해되어 흡수된다. 천마 괴경(모마)의 영양이 고갈되면, 피층 조직의 균사체가 다시 모여 새로운 균사를 형성하고 천마의 영양을 대량으로 흡수하여 천마를 텅 빈 껍질로 만들어 버린다. 초여름이 되면 이러한 현상이 일부 천마 재배지에서 나타날 수 있다. 생장균이 지나치게 왕성하게 자라면서 천마의 성장이 느려지면, 두 생명체 간의 영양 관계가 균형을 잃게 되어 천마가 생장균에 의해 분해되기도 한다. 이 때문에 생산 과정에서 생장균만 있고, 천마가 수확되지 않는 경우가 종종 발생한다. 따라서 천미와 생장균의 관계를 조절하고 관리하는 것이 천마 생산에 매우 중요하다.

위의 내용을 종합해 보면, 천마는 매우 높은 수준으로 진화한 난초과 식물임이 분명하며, 그 독특한 형태적 특징은 자연 진화의 필연적 결과이다. 정상적인 상황에서 천마는 피층과 중주 세포에 침입한 생장균 균사를 소화하여 영양을 얻는 데 의존한다. 이는 천마가 생장균에 의존하는 한 가지 측면이라 할 수 있다. 그러나 환경이 변화하면, 예를 들어, 가뭄, 홍수, 고온, 저온 등의 요인이 천마의 생리 기능과 성장력을 약화시키면 천마와 생장균의 관계는 천마에게 불리한 방향으로 전환될 수 있다. 예를 들어, 천마의 생장 후기에 기온이 15℃ 이하로 떨어지면 천마는 휴면기에 들어가지만, 생장균은 여전히 성장할 수 있다. 천마 재배 관리 시 물을 너무 많이 주거나 강수량이 과다할 경우에도 생장균이 지나치게 자라서 천마를 해칠 수 있다. 따라서 천마와 생장균 간의 관계는 생육 시기와 주변 환경 조건에 따라 일정한 변화를 겪는다는 것을 알 수 있다.

제 3 장 발아균의 생물학적 기초

천마 종자는 매우 작고, 배(胚)만 있을 뿐 배젖(胚乳)이 없다. 겨우 수십 개에서 백여 개의 원배 세포만으로는 배가 발아하는 데 필요한 영양을 충족시킬 수 없기 때문에 자연조건에서의 발아율은 매우 낮다. 인공적으로 파종된 천마 종자는 균류가 없거나 생장균만 있을 경우 정상적으로 발아하고 성장할 수 없다. 이러한 이유가 무엇인지, 어떻게 해야 천마 종자의 발아율을 높일 수 있는지에 대해서는 오랫동안 천마 생산에 있어 중요한 난제였으며, 문제 해결을 위한 연구가 계속되어 왔다.

서금당(徐锦堂) 등(1989)은 자기버섯이 천마 종자의 발아를 촉진할 수 있음을 발견했다. 이 곰팡이의 균사가 천마의 배에 침입하여 영양을 공급함으로써 배가 원구경으로 발달할 수 있다. 원구경이 생장균의 균사와 접촉하면, 생장균의 균사와 균삭이 어린 원구경에 영양을 공급하여 큰 상품 천마로 발달할 수 있다. 이후, 난초과 약용식물에서 분리된 난버섯(*Mycena orchidicola*), 석곡버섯(*Mycena dendrobi*) 및 GSF 8103 균주 등이 천마 종자 발아에 촉진 효과가 있음이 추가로 발견되었다. 이와 같이 천마 종자의 발아를 촉진하는 진균을 이후 천마 발아균으로 통칭하였다.

제1절 발아균의 종 다양성 및 형태적 특징

1. 분류학적 위치

규모화된 천마 재배지에서 사용되는 천마 종자 발아균은 주로 주름버섯속(小菇属)에 속한다. 주름버섯속 균류의 분류학상 위치는 다음과 같다: 진균계(Fungi), 담자균문(Basidiomycota), 주름균아문(Agaricomycotina), 주름균강(Agaricomycetes), 주름균아강(Agaricomycetidae), 주름균목(Agaricales), 애주름버섯과(Mycenaceae), 애주름버섯종(*Mycena*).

주름버섯속(小菇属)의 자실체는 작고, 보통 몇 밀리미터에서 2cm 정도이며, 균질이 얇거나 투명하다. 이 속은 매우 큰 속으로 Index Fungorum에 2,202개의 분류학적 단위가 기록되어 있고, 학명으로 인정된 유효한 종은 수백 종에 이르며, 전 세계에 널리 분포한다.

주름버섯속(小菇属)의 진균은 주로 고산 지대의 낙엽 위에서 부생하며, 셀룰로스를 강하게 분해하는 능력을 가지고 있다. 가을과 겨울에 나뭇잎이 지면 땅과 접촉하여 습기를 유지하는 낙엽층이나 이끼층에서 다양한 소형 버섯속의 자실체가 자주 발생한다. 주름버섯속 진균은 활력이 있는 천마 종자에 침입하여 종자와 공생 발아를 이루기 때문에 이들 진균은 주로 부생 생활을 하지만 조건부 기생 특성도 가지고 있다.

2. 종 다양성

현재 문헌에 보고된 천마 발아균은 5종으로 모두 주름버섯속 진균이다. 이들 진균은 자기버섯(*Mycena osmundicola*), 난버섯(*Mycena orchidicola*), GSF-8103 균주, 석곡버섯(*Mycena dendrobi*), 그리고 개순난버섯(*Mycena anoectochila*)이다. 주름버섯속 진균은 주로 산악 지대의 낙엽 위에서 부생하며, 주로 나뭇잎의 셀룰로스를 분해하여 생활한다. 자연조건에서는 천마 종자가 성숙한 후, 숲 바닥의 주름버섯속 진균에 감염된 나뭇잎에 떨어져 주름버섯속 진균과 공생 발아한다.

분소고(粉小菇)는 중국 문헌에서 자주 인용되는 학명인 자기소고와 동일한 종의 이명이다.

- *Mycena anoectochili* L. Fan & S. X. Guo [as 'anoectochila'], in Guo, Fan, Cao, Xu & Xiao, Mycologia 89 (6): 953 (1997) 개순난버섯
- *Mycena citrinomarginata* Gillet, Hyménomycètes (Alençon): 266 (1876)[1878]
- *Mycena dendrobii* L. Fan & S. X. Guo, in Guo, Fan, Cao & Chen, Mycosystema18 (2): 141 (1999) 석곡버섯
- *Mycena orchidicola* L. Fan & S. X. Guo, in Fan, Guo, Cao, Xiao & Xu , Acta Mycol.Sin. 15 (4): 252 (1996) 난버섯
- *Mycena purpureofusca* (Peck) Sacc., Syll. fung. (Abellini) 5: 255 (1887). 등이 주요 주름버섯속 진균이다.

주름버섯속 진균의 균락은 비교적 규칙적이고, 균사는 대부분 흰색으로 균사 고리 결합이 명확하며, 무성 포자가 있거나 없을 수도 있다. 각종 발아균의 균사 특성은 <표 3-1>과 같다.

〈표 3-1〉 발아균 균사의 특징

종류	균락 특징	공중균사	균사 색깔	무성포자
석곡버섯	규칙적, 밀집	발달	순백색	없음
자기버섯	규칙적, 희소	미발달	백색, 반투명	있음
개순난버섯	불규칙, 분말상	미발달	분홍빛 백색, 반투명	있음
난버섯	규칙적, 밀집	발달	순백색	없음
GSF-8103	규칙적, 밀집	발달	약간 붉은빛이 도는 백색	없음

천마 발아를 촉진시킬 수 있는 다른 진균으로는 주름버섯속이 아닌 종들도 있는데, 예를 들면 대백색버섯(*Trametes lactinea*), 모진균속(*Chaetomium*), 혹균근

속(*Epulorhiza*), 세포균속(*Cephalosporium*), 뿔균근속(*Ceratorhiza*) 등이 있다. 그러나 이들 종은 상업적 생산에는 사용되지 않는다.

3. 발생 시기와 분포

주름버섯속 종들은 일반적으로 늦은 봄, 여름, 초가을에 발생하므로 4월 초부터 10월까지 야생에서 자실체를 채집할 수 있다.

이 속의 종들은 전 세계적으로 분포한다. 천마 종자 발아균으로 사용할 수 있는 종들은 천마의 분포 범위와 유사하게 중국의 동북, 서북, 화중, 화남, 서남 지역에 고루 분포한다.

4. 균사와 균사체

자기버섯(紫萁小菇)의 균사는 무색투명하고 분지가 발달하였으며, 격벽이 있고 고리 결합이 뚜렷하며, 직경은 2~4μm이다. 일반적인 한천 배지에서 발아균의 균사체는 순백색으로 밀집되어 있고, 건장하며, 균사는 배지 표면에 밀착하여 자라고 공중 균사는 적다. 또한 균사는 벽을 타고 자라는 성질이 있고 노화되면서 약간 황백색으로 변한다. 톱밥, 나뭇잎 등 고체 배지에서는 균사체의 앞쪽이 균일하게 자라는데, 밀집하여 강하게 자라고 때때로 가는 균사 다발을 형성할 수 있으며, 노화되면 황백색으로 변한다. 다양한 배지에서 자실체를 형성하는 것은 어렵다.

배양 과정에서 발아균은 두 가지 매우 뚜렷한 특징이 있다.

(1) 발아균의 균사체 생장 속도는 비교적 느리다. 일반적인 식용균 균사는 약 1개월 정도면 균사 병을 가득 채울 수 있지만, 발아균의 경우 균사체가 균사 병을 가득 채우는 데 약 2개월 정도가 소요된다. 배양 과정에서 균사 생장 속도가 매우 빠르면, 그것이 확실하게 발아균인지 확인해야 한다.

(2) 몇몇 발아균은 배양재인 톱밥 등의 색상을 검은색에서 백색 또는 황백색

으로 바꿀 수 있다. 이 특징을 통해 푸른곰팡이의 초기 감염과 구별할 수 있다.

가장 먼저 발견되어 천마의 유성 번식에 널리 사용되고 있는 발아균은 자기버섯이다. 그러나 최근 연구에 따르면 석곡버섯이 천마 종자 발아를 촉진하는데 가장 뛰어난 효과를 나타내는 것으로 밝혀졌다. 자기버섯, 석곡버섯, 난버섯 등 천마 종자 발아균의 균주 배양 조건을 종합적으로 비교한 연구에 따르면 어떤 온도 조건에서도 석곡버섯의 균사 생장이 가장 빨랐고, 배지의 수분 함량에 대한 적응 범위가 가장 넓다는 것이 밝혀졌다. 그 주요 특징은 다음과 같다: 균사 생장 속도가 빠르고, 배지 수분 함량과 온도에 대한 적응 범위가 넓어 배양이 쉽고, 내성이 강해 오염이나 퇴화가 잘 일어나지 않으며, 종자 처리 시 천마 종자의 발아율과 수확량이 높고 안정적이다.

천마 종자 발아균은 쉽게 퇴화할 수 있다. 균사체 퇴화의 주요 특징은 균사체 생장이 느려지고, 색상이 어두워지며, 균사 활력이 약해지고, 천마 종자에 대한 감염력이 감소하는 것이다. 이는 주로 천마 종자 발아균의 여러 세대 연속 접종과 장기간 부적절한 보존으로 인해 발생한다. 따라서 천마 종자 발아균의 세대 전달 횟수는 3~4회로 제한해야 한다. 발아균 균주를 분리하고 선발할 때, 적절한 균주 보존 방법을 사용하여 균주의 퇴화를 늦추고, 우수한 균주의 활용률을 높여야 한다. 이미 퇴화가 나타난 균주는 반드시 복원해야 하며, 퇴화를 방지해야 한다. 균주의 복원을 위해 배지의 영양 환경 개선, 자실체 유도 및 분리, 균사 끝부분의 바이러스 제거, 천마 원구경 분리, 우수한 특성 비교 및 선별과 같은 방법을 사용한다.

5. 자실체

자기버섯의 자실체는 자실체가 흩어져 있거나 군생하며, 버섯대의 길이는 0.8~3.0cm이다. 버섯갓의 직경은 0.1~0.5cm로 발육 초기에는 반구형이며 회색이고, 흰색 비늘이 밀집해 있다. 이후 평평하게 펼쳐지며, 중앙부가 약간 돌출되어 있고 회갈색이며, 가장자리는 불규칙하고 흰색이다. 매우 얇고 부드러우며, 무미 무취하다. 갓 표면의 세포는 넓은 타원형으로 가시가 있다. 크기는 (13 ~ 19)μm × (10 ~ 15)μm이다.

갓 주름은 흰색이고 드문드문 있으며, 9 ~ 32개가 방사형으로 배열되어 있고 길이도 다르다. 가장자리에는 가시가 있는 배 모양의 낭상체가 밀집해 있으며, 크기는 (23 ~ 31)μm × (9 ~ 11)μm이다. 포자는 무색이고 매끄러우며, 타원형으로 약간의 전분 반응을 보이며, 크기는 (7 ~ 8)μm × (5 ~ 6)μm이다.

버섯대는 직립하며, 직경은 0.6mm이고 속이 비어 있으며 원통형이다. 상부는 흰색이고, 기부는 갈색에서 흑갈색이며, 드문드문 흰색 비늘이 있다. 버섯대 표면의 세포는 길쭉하고 가시가 있으며, 기부는 밀집된 털이 있는 원반 모양의 기질에 붙어 있다.

제2절 발아균과 천마 종자의 관계

주름버섯속 진균은 약한 기생성 진균으로, 천마 종자의 배아 기부 세포만을 감염시킨다. 천마 종자의 발아 과정에서 원구경과 영양 번식 줄기, 미마(米麻), 백마(白麻)를 감염시키는 것은 아직 관찰되지 않았다. 생장균이 원구경에서 분화된 영양 번식 줄기에 침투하면, 주름버섯속 진균과 생장균이 같은 영양 번식 줄기에서 공존할 수 있으며, 천마에 대한 영양 공급 역할은 점차 생장균으로 대체된다.

자기버섯의 균사는 천마 배아 기부 세포를 통해 배아에 침입하는데 침입 초기에는 균사가 배아 기부의 2 ~ 3층 세포에 분포한다. 배아가 발달함에 따라 균사는 배아의 양측으로 확장된다. 종자가 발아하여 원구경이 되면, 균사에 감염된 세포는 원구경 기부에 'V자' 모양으로 분포한다. 자기버섯의 균사에 감염된 배나 원구경 세포는 원형질과 세포 소기관이 점차 사라지고, 많은 불규칙한 낭상체가 나타난다. 종자가 발아하여 원구경이 되는 단계에서 이러한 낭상체는 자기버섯 균사를 둘러싸서 소화하게 된다. 연구에 따르면, 배아의 발아 초기뿐만 아니라 종자가 발아하여 원구경이 되고 영양 번식 줄기가 분화되는 전체 단계에서 자기버섯과 같은 발아 진균을 소화하여 영양을 얻어야만 생장이 가능하다. 발아한 원구경과 영양 번식 줄기는 생장균과 영양 관계를 형성해야 정상적으로 성장하고, 건전한 새로운 천마가 될 수 있다.

1. 발아균이 없는 천마 종자의 성장

주현(周铉)(1973)은 무균 상태에서 천마 종자가 발아할 수 없음을 발견했다. 자연조건에서는 천마 종자가 낙엽이 풍부한 혼합림의 습한 장소에서만 발아할 수 있다. 그는 '고사리 뿌리 묘상법'을 통해 천마 종자를 파종하여 생장시키는 실험을 진행했으며, 3년에 걸친 지속적인 개선을 통해 천마 종자의 발아율을 높일 수 있었다. 1971년에 이르러 천마 종자의 발아율이 최대 10%에 도달하였다. 주현의 연구는 천마의 유성 번식에 관한 연구에 크게 기여하였다.

천마 종자는 먼지처럼 매우 작고, 배젖이나 다른 영양 저장 부위가 없을 뿐만 아니라 배와 종피만으로 구성되어 있으며, 배 조직에는 기관이 분화되어 있지 않다. 발아에 필요한 외부로부터의 영양이 없는 상태에서 천마 종자는 주름버섯속 진균을 주로 이용해 발아를 촉진한다. 현재 일부 천마에서 발아균을 이용한 자체 발아와 관련된 대사 경로와 저항성 관련 유전자 및 단백질 발현이 확인되었다. 천마 종자는 자기버섯의 균사를 소화하고 흡수하여 배아를 성장시키는 방식으로 영양분을 얻으며 종피를 뚫고 발아한다.

2. 발아균이 천마 종자의 발아에 미치는 영향

천마 종자를 파종하면 발아균은 먼저 망상균사체 형태로 천마 종자를 감염시키고, 종피를 통과하여 배아를 감염시킨다. 배아가 영양을 얻으면, 분열세포가 분열하기 시작하여 배아가 점차 커져 대추 씨 모양이 되고, 마침내 종피를 뚫고 발아하게 된다. 파종 후 25일이 지나면 발아하며 형성된 배아 구형 덩이의 길이가 0.6~0.8mm, 직경이 0.44~0.50mm가 된다. 파종 후 30~40일이 지나면, 원구경에 돌기 모양의 포엽(꽃을 둘러싸고 있는 변형된 잎)이 생기고, 영양 번식 줄기가 포엽을 뚫고 자라나며, 첫 번째 무성 번식이 시작된다. 이 시기에 발아균만으로 영양을 공급받은 원구경에서 자란 영양 번식 줄기는 콩나물 모양으로 길이가 약 4mm에 불과하며, 형성된 첫 번째 원구경은 녹두 크기만큼 자라다가 소멸한다. 반면, 생장균과 영양 관계를 형성한 원구경에서 자란 영양 번식 줄기는 짧고 굵으며, 길이가 약 5mm에 이르고, 끝부분이 빠르게 팽창한다. 파종 후 150일이 지나면 이식 기준에 도달하는 백마(白麻)를 형성할 수 있다. 영양 번식 줄기에는 7~8개의 측아가 자라며, 각 측아의 끝부분이 팽창하여 작은 백마를 형성한다. 측아에서는 3단계의 싹이 자라나 백마와 미마가 혼합되어 연꽃 모양의 군집을 형성한다. 기온이 낮아지면 겨울철 휴면에 들어가고, 다음 해 3월 초에 다시 발아하여 두 번째 무성 번식이 시작된다. 관찰 결과, 발아균은 천마 종자의 발아와 원구경 초기 성장에 필요한 영양을 공급할 수 있을 뿐이므로 첫 번째 무성 번식 이전에 생장균 접종률을 높여 생장균이 점차 발아균을 대체하여 천마의 이화영양원(異化營養源)으로 역할을 하게 만드는 것이 원구경의 생존율과 천마 생산량을 높이는 중요한 열쇠임이 밝혀졌다.

제3절 발아균의 생장과 발달에 필요한 조건

1. 영양 조건

천연 원료로는 활엽수 톱밥, 활엽수잎, 옥수수 대, 솔잎, 볏짚 가루, 잡초 가루, 부엽토 등이 발아균의 균사체 성장에 적합하다.

포도당, 자당, 전분, 리그닌, 셀룰로오스 등을 탄소원으로 하여 발아균의 균사를 배양하면, 균사체가 성장할 수 있으나 자당과 맥아당의 이용 효과는 좋지 않다.

질소원 중 밀기울, 땅콩박 가루, 콩가루, 옥수숫가루, 미강 등이 발아균 균사체 성장에 적합한데, 그중에서도 밀기울과 옥수숫가루가 가장 좋다.

배지 중 기초 배지(밀기울 50g, 땅콩박 가루 10g, 포도당 20g, 비타민 B_1 10mg, 인산이수소칼륨 1.5g, 황산마그네슘 0.5g, 카로틴 1g, 한천 20g, 증류수 1,000mL)에서 균사 성장이 가장 좋게 나타났다.

2. 환경 조건

1) 온도

발아균의 균사체는 10~30℃ 범위 내에서 정상적으로 성장할 수 있으나, 최적 성장 온도는 25~28℃로 25℃에서 가장 빠르고 건전하게 자란다. 20℃ 이하 또는 28℃ 이상에서는 균사 성장 속도가 눈에 띄게 느려지며, 배양 온도가 35℃ 이상이 지속되면 균사는 점차 활력을 잃고 사멸하게 된다(그림 3-1).

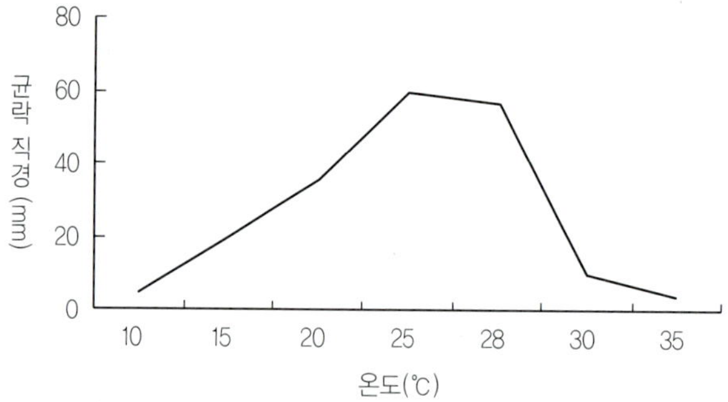

[그림 3-1] 온도가 발아균 균사체 생장에 미치는 영향

천마 종자와 발아균 균사체를 혼합하였을 때, 천마 종자의 발아와 원구경 형성에 가장 적합한 온도 범위는 10~30℃이며, 발아율이 가장 높은 온도는 22~26℃이다. 발아균 자체의 성장 온도와 천마 종자의 공생 발아 최적 온도가 일치하지 않을 수 있는데, 이는 천마 종자의 생물학적 특성과 관련이 있을 수 있다. 따라서 천마의 유성 번식 시, 발아균의 성장 조건뿐만 아니라 천마 종자의 발아에 필요한 습도와 온도를 함께 고려해야 종자의 발아율과 천마 생산량을 높일 수 있다.

2) 수분

발아균 고체 배지의 적절한 수분 함량(절대 수분 함량)은 60~70%이고, 63~65%가 가장 적합한 수분 함량이다. 배지 내 수분 함량이 60% 미만이거나 70%를 초과하면 균사 생장 속도가 매우 느려지며, 심지어 생장이 멈출 수 있다(그림 3-2).

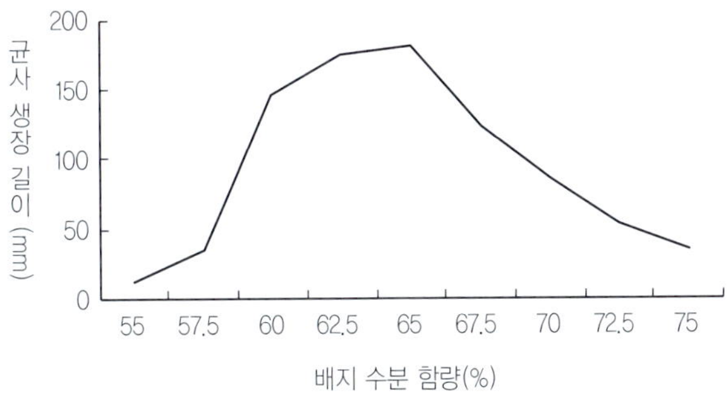

[그림 3-2] 배지 수분 함량이 균사체 생장에 미치는 영향

3) pH

발아균 배지의 pH 범위는 4 ~ 9이며, pH 5.0 ~ 5.5가 가장 적합하다. 산성 조건은 발아균 생장에 적합하지 않다(그림 3-3).

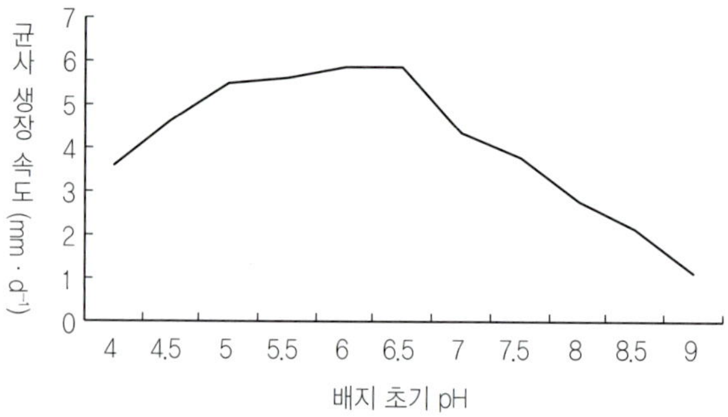

[그림 3-3] 배지 초기의 pH가 균사체 생장에 미치는 영향

4) 공기

발아균은 모두 호기성 진균이다. 인공 배양 시, 배양 용기 및 배지의 통기성에 주의해야 하며, 배양 용기는 통기성이 좋은 뚜껑을 사용해야 하고, 배양실 내 통풍에도 신경을 써야 한다. 통풍이 잘되지 않으면 발아균 성장 속도가 느려질 수 있다.

3. 생태적 조건

주름버섯속 균류는 대부분 숲속의 낙엽층, 부식질층, 이끼층 위, 썩은 그루터기, 나무줄기, 마른 가지 위에서 자라며 부생성 유형에 속한다. 야생 철피석곡이나 야생 난과 식물에서 여러 종류의 내생균을 분리할 수 있는데, 여기에는 주름버섯속 종도 포함된다. 이들 내생균 중에서 천마 종자의 원구경 형성을 촉진하는 발아균을 선별할 수 있다. 주름버섯속 균류의 균사는 뿌리가 없거나 뿌리

발달이 미약한 식물들이 주변 토양, 부식질층, 나뭇잎, 가지, 나무줄기 등에서 물, 미네랄, 유기 영양소 등을 흡수하는 데 도움을 준다. 식물체 표면에 분포하는 균사는 그들의 뿌리 역할을 하여 균사를 통해 물과 다양한 영양소가 끊임없이 식물체로 공급되도록 하여 정상적인 생장과 발달을 가능하게 한다.

천마 종자의 발아균 성장 조건은 적절한 토양, 부식질층, 나뭇잎, 나뭇가지, 나무줄기 등과 적절한 온도, 수분, 통기 등이다. 발아균 균사가 이들 기질에서 대량으로 성장한 후, 천마 줄기에서 떨어진 천마 종자와 접촉하면, 천마 종자도 영양원으로 삼게 된다. 그러나 천마 종자 내 세포는 발아균 균사의 자극을 받아 용균 물질을 분비하여 균사를 분해하고, 천마 종자가 발아균 균사의 영양소를 흡수하기 시작한다. 발아균 균사는 기질에서 영양소를 흡수하고 물리적·생물학적 접촉 관계를 형성한 후, 원구경 내부의 내생균이 되고, 외부에 분포한 균사가 원구경의 뿌리 역할을 하게 되어 천마 종자가 영양원을 공급받아 발아하여 원구경이 된다. 즉, 원구경 내의 내생균이 천마 종자의 발아를 도와 원구경으로 성장하게 한다.

따라서 발아균을 분리하는 데 가장 좋은 원료는 야생 원구경이다. 야생에서 꽃이 핀 천마를 발견한 후, 현장에서 수분을 하여 종자를 낙엽층, 토양, 부식질층에 떨어뜨리면, 일정 시간이 지나 자연적으로 존재하는 발아균이 천마 종자와 결합하여 천마 종자를 발아시키고 원구경으로 자라게 된다. 그러면 낙엽층과 부식질층에서 천마의 원구경을 찾아 실내로 가져와 분리, 배양, 선별을 실시한다. 자기버섯 그리고 최근에 발견된 석곡버섯, 난버섯 등은 중국의 천마 연구자들이 자연조건에서 천마 종자의 발아로 형성된 원구경에서 분리 및 선별한 우수한 공생 균주로, 천마의 유성 번식에 있어서 종자 자연 발아율이 낮은 문제를 효과적으로 해결하였다.

제4장 생장균 종균 생산 기술

제1절 종균 생산을 위한 기본 조건 및 작업

생장균 종균 생산은 천마 재배의 기초이며, 우수한 생장균 종균은 천마 재배의 성공과 실패, 생산량 및 경제적 효율성에 직접적으로 영향을 미친다. 생장균 균사체와 균사의 생장과 배양에는 몇 가지 기본적인 특성이 있다. 첫째, 생장균은 질소 함량이 높은 것을 선호하므로 종균 배양 시 질소 함량이 높은 배합을 주로 사용한다. 둘째, 습기를 좋아하여 배지의 수분 함량이 높아야 하며, 전수배지(전적으로 물을 사용한 배지)에서도 생장할 수 있다. 셋째, 산성을 좋아하므로 산성 조건에서 잘 자라며, 배지에 석회와 같은 잡균 생장을 억제하는 물질을 첨가해서는 안 된다. 넷째, 어느 정도의 혐기성을 가지고 있어서 균사가 강한 침투력을 지니므로 통기성이 낮은 배양재에 적응할 수 있어, 액체, 젤, 고체배지에서도 정치 상태로 배양이 가능하다.

하지만 질소 함량이 높은 배지는 잡균들도 좋아하므로 이를 사용해 균을 배양할 때 잡균을 제어하기가 어렵다. 배지에서 잡균의 번식을 가장 효과적으로 억제하는 방법은 석회와 같은 알칼리성 물질을 첨가하여 배지를 알칼리성으로 만드는 것이지만, 생장균 등 균류는 산성 배지에서 생장이 더 잘 된다. 배지의 높은 습도와 배양 균류의 호기성도 종종 상충된다. 높은 습도의 배지는 일반적으로 통기성이 좋지 않아 여러 혐기성 미생물의 생장에 유리하지만 호기성 균류의 생장에는 불리하다. 이러한 모든 점은 생장균 종균 배양에 더 많은 요구사항을 제시하며, 일반 식용균에 비해 생장균 종균 배양조건이 까다롭고 기술적 난도가 더 높다.

1. 종자 생산 시설 설계

천마 생산 기지 건설은 생장균 종균, 발아균 종균, 천마 재배를 위한 개화, 수분, 결과, 천마 종자 생산, 천마 수확 및 가공, 판매 등의 요구를 동시에 충족해야 한다. 지세가 평탄하고 건조하며, 가축 및 쓰레기장과 멀리 떨어져 있어야 하고, 교통이 편리하고, 물과 전기가 공급되고, 배수가 용이하고, 기초가 견고하고, 안전한 장소에 건설해야 한다. 또한 토사 붕괴, 위험 암석, 산사태 등 지질 재해가 발생할 수 있는 지역에서 멀리 떨어져 있어야 한다. 종자 생산 장소는 자원의 이용, 제품의 응용 및 판매 상황, 기술력, 투자 능력 등을 종합적으로 고려하여 설계해야 한다. 일반적으로 종자 생산 시설의 전체적인 레이아웃은 [그림 4-1]과 같다.

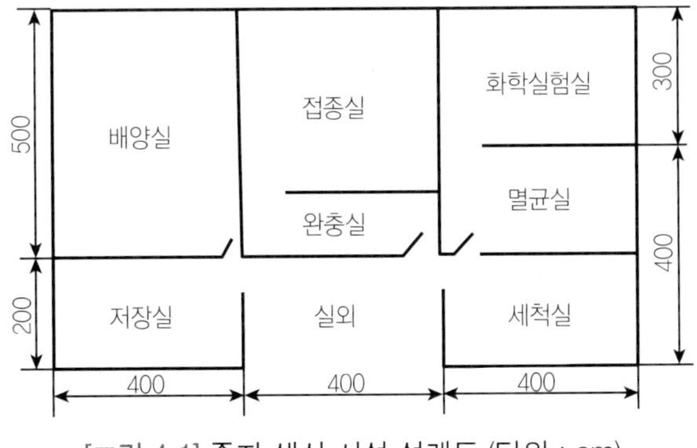

[그림 4-1] 종자 생산 시설 설계도 (단위 : cm)

생산 시설 내 각 실의 구체적인 배치 및 장비의 배치는 <표 4-1>을 참조하면 된다.

〈표 4-1〉 종균 생산 시설의 공정에 따른 배치와 장비 설치 일람표

번호	이름	규격(cm)	용도	장비의 설치
1	배양실	(500～600)×(400～500)	발아균, 생장균의 종균 배양	배양 선반, 온도/습도계, 온도 조절기, 분무기, 테이블, 에어컨
2	접종실	(350～400)×(400～450)	종균 분리 및 접종	초정밀 작업대, 접종 스푼, 긴 핀셋, 알코올램프, 무균수, 소독 약품, 접종 도구
3	인공 수분실	(350～400)×(400～450)	천마의 전마 배양, 개화, 수분	플라스틱 바구니, 플라스틱 대야, 스티로폼 상자, 핀셋, 해부침, 이쑤시개
4	천마 종자 생산실	(350～400)×(400～450)	천마 종자 배양	배양 선반, 플라스틱 바구니, 플라스틱 대야, 스티로폼 상자
5	화학실험실	(500～550)×(400～500)	한천 배지 조제, 종균 무게 측정, 종균 발달 상태 관찰, 시약 배합 및 검사	캐비닛, 시약장, 현미경, 실험 작업대, 냉장고, 저울, 전자레인지, 전기오븐
6	완충실	(125～150)×(400～450)	작업 전후 휴식 및 준비 공간	탈의장, 사무실 설비 및 용품 세척 싱크대
7	멸균실	(250～600)×(400～600)	배양 재료 멸균	멸균기, 건조기
8	저장실	(200～300)×(400～500)	종균 및 제품 저장	진열대
9	세척실	(200～300)×(400～500)	종균병 및 각종 기구류 세척	

2. 일반적인 멸균 장비 및 사용

멸균은 종균 제작의 가장 기본적이고 일반적인 작업이므로 멸균 장비는 종균 제작을 위한 기본 장비라고 할 수 있다. 종균 제작에 자주 사용하는 멸균 장비에는 고압 멸균기와 상압 멸균기 두 가지 종류가 있다.

1) 고압 멸균기

(1) 휴대용 고압 멸균기

휴대용 고압 멸균기는 구조가 간단하고, 용량이 작으며, 조작이 편리해 시험관 배지나 소량의 원종 병 배지 멸균에 적합하다. 일반적으로 전기 가열식(플러그를 꽂아 내부에서 가열)과 외부 가열식(가스레인지, 전기레인지, 나무, 바이오매스 연료 등으로 직접 가열) 두 종류가 있다. 휴대용 고압 멸균기의 용량은 10~25L로, 생산 규모에 따라 선택할 수 있다. 용량이 조금 큰 제품은 모종과 원종 생산 요구를 동시에 충족할 수 있다.

(2) 중형 고압 멸균기

중형 고압 멸균기는 세로형, 가로형 등이 있고, 용량은 50~500L로, 멸균할 수 있는 수량은 40~400병이다. 일반적으로 전기 가열, 증기 가열 방식이 사용되며, 원종 및 소량의 재배종 생산에 사용된다.

(3) 대형 고압 멸균기

대형 고압 멸균기는 대규모 종균 생산 공장이나 식·약용균 공장의 공장화 생산 등에 적합하다. 이 멸균기는 세로형, 가로형 등 여러 형태가 있으며, 다양한 모델과 규격이 있다. 멸균 용량은 규격과 모델에 따라 다르며, 한 번에 1,000~10,000개의 병/봉지 또는 그 이상을 멸균할 수 있고, 한 번의 작업 시간은 6~8시간으로, 하루에 2~3회 멸균이 가능하다. 이 멸균기는 생산 효율이 매우 높고 압력계, 배기 밸브, 안전밸브 외에도 물의 출입 장치가 있으며, 나무, 바이오매스 연료, 석탄, 천연가스 또는 전력 등을 에너지원으로 사용한다. 대규모 생장균 및 발아균 생산에는 대형 고압 멸균기를 주로 사용한다. 대형 고압 멸균기는 멸균 시간이 짧고, 조작이 간단하며, 멸균 효과가 뛰어나고, 생산량이 많다는 장점이 있다. 초기 투자 비용은 높지만 멸균 작업의 총비용이 낮고, 생산 완제품의 수율이 높으며, 생산 과정에서 문제 발생 가능성이 작다(그림 4-2).

[그림 4-2] 고압 멸균기 내부의 종균 봉지 배열 방식

고압 멸균기는 압력 위험 장비이므로 생산 설계 및 사용에 엄격한 요구사항이 있다. 작업 전에 반드시 제품 설명서를 주의 깊게 읽고, 제품 지침을 엄격히 준수하여 작업 실수로 인한 사고를 예방해야 한다. 생장균과 발아균의 멸균 작업은 일반적으로 다음의 단계에 따라 수행해야 한다:

(1) 요구 사항에 따라 충분히 물을 채우고, 멸균할 배지와 도구를 멸균기 내부에 넣고, 멸균기의 뚜껑 또는 문을 단단히 잠근다.

(2) 신속하게 온도를 올리기 시작하고, 멸균기 압력계의 압력이 0.05MPa에 도달하면 배기 밸브를 열어 배기하여, 압력계의 바늘이 '0'으로 돌아가도록 한다. 계속 가열하여 압력이 다시 0.05MPa에 도달하면 다시 배기하고, 큰 용량의 멸균기는 2~3회 배기 작업을 반복해야 한다. 용량이 매우 큰 멸균기는 진공 장치를 설치하여 내부 공기를 먼저 배출한 후 가열한다.

(3) 다시 한번 빠르게 가열하기 시작하여 압력계가 0.1MPa에 도달하면 시간을 측정한다. 액체 배지는, 예를 들어 시험관 한천 배지나 각종 순수 액체 배지의 경우 압력을 0.10~0.12MPa로 유지하여 20~25분간 멸균한다. 원종 및 재배종 등의 고체 배지의 경우 압력을 0.12~0.14MPa로 유지하고

24시간 동안 멸균한다. 멸균기의 용량이 클수록, 그리고 배양 병이나 배양 백의 용량이 클수록 멸균 시간이 더 길어진다.

(4) 멸균 시간에 도달하면 가열을 중지하고 멸균기를 자연스럽게 냉각시킨다. 만약 인위적으로 배기하여 냉각시키려면 압력이 0.1MPa 이하로 떨어진 후에 배기 밸브를 열어 천천히 배기해야 한다. 배기 속도가 너무 빠르면 배지가 시험관, 배양 병 등의 용기 밖으로 밀려 나오거나 배양 백이 터질 수 있다.

(5) 압력계가 '0'을 가리킬 때 멸균기를 열고, 내부의 잔열로 배지 용기 표면의 수분을 자연스럽게 말린 후, 멸균된 물품을 하나씩 꺼내 냉각실로 옮겨 냉각시킨다.

2) 상압 멸균기

고압 멸균이 불가능한 경우, 식용균 버섯 생산에 사용되는 토증솥(土蒸锅)과 같은 일반적인 멸균 장비를 사용할 수 있다. 이러한 멸균 장비는 설치 비용이 저렴하고, 멸균 용량이 크다는 장점이 있으며, 올바르게 사용하면 양호한 멸균 효과를 얻을 수 있다(그림 4-3).

[그림 4-3] 상압 멸균기에 사용되는 멸균 선반

멸균실 내부에는 반드시 강철로 제작한 선반을 설치해야 하며, 선반의 규격은 생산 능력과 조건에 맞게 설계해야 한다. 멸균 선반의 길이는 1~3m로 너무 길면 작업이 어려우므로 적절히 조절해야 하며, 1m 간격으로 기둥을 하나씩 추가 설치한다. 선반의 폭은 80~120cm로 너무 넓지 않아야 하며, 층간 간격은 30~40cm로 각 층에는 멸균 바구니를 한 층만 배치하고, 여러 층을 중첩하여 배치하지 않아야 한다. 멸균 선반의 하부에는 회전 바퀴를 설치하여 조작이 편리하도록 해야 하며, 바퀴가 없는 경우에는 지게차를 사용하여 취급해야 한다. 멸균할 배양 병과 배양 백은 멸균 바구니에 세로로 세워서 단층으로 가지런히 정돈하여 선반 위에 배치한 후 멸균한다. 선반의 외부는 여러 겹의 두꺼운 비닐, 천막, 플라스틱 천 등으로 단단히 감싸고, 모서리를 모래주머니로 눌러 고정한다(그림 4-4).

[그림 4-4] 멸균 바구니와 멸균 선반

몽골 텐트형 멸균법은 선반을 사용하지 않고 여러 층으로 쌓아 올리는 방식으로, 많은 곳에서 사용되고 있으나 이 방법은 절대 사용하면 안 된다(그림 4-5).

[그림 4-5] 몽골 텐트형 멸균 방식

상압 멸균 작업 시 주의 사항은 다음과 같다:

배양 병이나 배양 백에 재료를 채운 후에는 즉시 멸균 작업을 진행해야 하며, 4시간 이상 지나면 안 된다. 그렇지 않으면 배지가 산성화되어 곰팡이가 생기거나, 밀이 발아하고, 배지가 변질되어 악취가 나며, 멸균이 완전히 이루어지지 않을 수 있다.

멸균 장치 내에 멸균할 물품을 적절히 배치해야 하고 너무 촘촘하게 쌓지 말아야 한다. 멸균 중 내부 증기가 자유롭게 순환하지 못하여 멸균 효과에 영향을 미치기 때문이다.

이 멸균기는 온도 상승 속도가 느리기 때문에 일반적으로 4~6시간이 지나야 멸균기 내부 온도가 97℃ 이상으로 올라간다. 따라서 멸균을 시작할 때는 불을 세게 피워 멸균기 내부 온도를 가능한 한 빨리 100℃ 이상으로 올려야 한다. 만약 멸균기 내부 온도가 오랜 시간 동안 멸균 온도에 도달하지 않으면 배지가 쉽게 산패될 수 있다.

멸균 시간을 잘 조절해야 한다. 일반적으로 멸균기 내부 온도가 97℃ 이상으로 올라간 후부터 시간을 측정하고, 이 온도에서 8~16시간 동안 멸균 시간을 유지해야 한다.

많은 생산자들이 '몽골 텐트' 방식으로 대규모로 배양 봉지를 쌓아 멸균하는데, 한 번에 10,000~30,000개의 봉지를 쌓고, 100℃에서 24~48시간, 심지어

72시간 동안 유지하기도 하지만, 이처럼 3일간 밤낮으로 작업해도 완전한 멸균이 어렵다. 이는 배양 백이 집중적으로 쌓여 있어 열전달이 느리고, 중앙부까지 열이 도달하지 않기 때문이다. 또한 열 순환이 원활하지 않아서 많은 사각지대가 발생하여 배양 봉지가 30% 이상의 오염률을 보이며, 트리코더마, 아스퍼질루스, 페니실리움 등이 발생하는 원인이 여기에 있다(그림 4-6).

[그림 4-6] 멸균기 내부에 쌓아 올리기식 멸균

정확한 방법으로 물을 추가하는 것이 중요하다. 상압 멸균기에서는 멸균 시간이 길기 때문에 중간에 물을 추가해야 하는 경우가 많다. 이때 먼저 불을 세게 피우고 물을 천천히 추가해야 멸균기 내부 온도가 멸균 온도 이하로 떨어지지 않아 멸균이 불완전하게 되는 것을 방지할 수 있다.

3. 일반적인 소독 장비 및 약품

1) 일반적인 소독 장비

(1) 자외선 살균 램프

자외선 살균 램프는 완충실, 접종실 및 접종 상자의 공기(공간) 소독에 자주 사용된다. 이 램프에서 방출되는 자외선은 세균 등 미생물을 강하게 살균할 수 있다. 또한 자외선에 의해 공기 중의 산소가 다량의 오존(O_3)으로 변환되며, 오존도 많은 미생물을 살균하는 데 효과적이다. 일반적으로 자외선램프는 세균 살균 효과가 좋지만, 진균류에 대한 살균 효과는 그리 이상적이지 못하다. 시중에 판매되는 자외선램프는 15W, 20W, 30W 등의 모델이 있고, 석영유리관과 고붕유리관의 두 가지 유형이 있다. 후자는 투과율이 낮고, 강도 감소도 빠르다. 자외선램프의 유효 소독 범위는 램프에서 1m 이내이며, 사용 수명은 약 4,000시간이다. 사용할 때 먼저 램프를 켜고 20분간 예열 후, 30분 동안 계속 비추면 살균 효과를 얻을 수 있다. 매번 소독 후에는 소독이 완료된 공간을 30분 동안 어둡게 유지하여 세균의 광 복구 작용을 방지해야 한다.

(2) 오존 발생기

오존 발생기는 공간 소독 및 공기 정화에 사용할 수 있는 장비이다. 오존 발생기는 공기 중에 다량의 오존을 생성하여 공기 중의 미생물을 살균한다. 오존은 인체에 일정한 해를 끼치지만, 공기 중에서는 매우 불안정하여 짧은 시간 내에 인체에 해가 없는 산소로 분해된다. 오존 발생기는 모델에 따라 살균 범위 및 사용 방법이 다르다. 일반적으로 소독을 필요로 하는 공간에서 오존 발생기를 30~50분 동안 가동시키면 살균 효과를 얻을 수 있다. 살균 후에는 오존 발생기를 끄고, 30분이 지나 오존이 사라진 다음 작업한다.

오존 발생기는 사용이 편리하고, 인체에 거의 독성이 없으며, 가격도 저렴하지만, 진균류 미생물에 대한 살균 효과는 이상적이지 않다. 또한 오존은 고무 성분이 주된 고무줄에 큰 손상을 입혀 고무줄이 오존과 접촉하면 쉽게 끊어질 수 있다.

2) 일반적인 공간 소독제

생장균 및 생장균 종균 생산 과정에서 접종실, 초정밀 작업대 등은 주로 훈증법을 사용하여 공간을 소독한다. 일부는 약제를 분무하여 공간 소독을 시도하기도 하지만, 이 방법은 공간의 습도를 높이고, 벽면, 배지, 바닥, 접종 도구에 약제가 묻어 접종 작업에 여러 가지 불편을 초래할 수 있어 바람직하지 않다.

최근 몇 년 동안, 중국은 식용균 생산을 위해 공간 소독에 사용할 수 있는 다양한 연무형 소독제 또는 에어로졸 소독제를 개발하였다. 이 소독제의 주요 성분은 디클로로이소시아누르산 나트륨 또는 트리클로로이소시아누르산 나트륨이며, 일정 비율의 보조 물질이 포함되어 있다. 사용 시 설명서에 따라 연무형 소독제를 공간 내에서 점화하여 밀폐 소독을 진행하면 된다. 이 소독 방법은 포름알데히드 훈증법이 인체에 해로운 단점을 극복했으며, 사용이 간편하고, 소독 효과가 좋아 식·약용균 종균 생산 과정에서 포름알데히드 훈증법을 거의 대체하였다.

3) 일반적인 표면 소독제 및 사용법

생장균 및 생장균 종균 생산 과정에서, 작업장, 물체 표면, 손 등을 소독해야 한다. 일반적으로 사용하는 표면 소독제의 종류 및 사용법은 <표 4-2>와 같다. 일반적으로 인체에 해로운 포름알데히드나 페놀과 같은 강력한 발암성 살균제는 사용하지 않는다. 승홍수(염화제일수은)는 치명적인 독성 화합물로, 위험 물질이므로 생산 과정에서 사용이 금지되어야 한다.

〈표 4-2〉 일반적인 소독제의 사용법 및 사용량

품명	농도(%)	조제 방법	용도	주의 사항
알코올(에탄올)	75	95% 에탄올 100mL에 물 29.66mL 첨가	피부, 기구, 도구 및 분리 재료의 표면 소독	인화성 물질로, 안전에 유의해야 함. 1% 황산 또는 수산화나트륨 추가 시 효과 증대
이(삼)염화 이소시아누르산 나트륨	가루	0.1～0.2% 수용액	작업장, 선반, 공간, 종균병 표면 등	약간의 자극성 냄새가 있으나, 인체에 무해. 밀폐된 공간 및 개방된 공간 모두 사용 가능

품명	농도(%)	조제 방법	용도	주의 사항
기화 소독제 및 연무 소독제	가루	연소	접종실, 종균 배양실의 공간 소독, 기구 표면 소독	약간의 자극성 냄새가 있으나, 인체에 무해. 밀폐된 공간 및 개방된 공간 모두 사용 가능
라이솔	3~5	원액 10mL에 물 100~167mL 첨가	피부, 기구, 실내 소독	소금이나 염산을 첨가하면 효과 증대, 피부에 부식성이 있음
새크로스 (Benzalkonium chloride)	5	0.25% 원액 50mL에 물 950mL 첨가	기구, 분리 재료의 표면 소독	알루미늄 제품에 부식성이 있음
과망간산칼륨	0.1	1g에 물 1,000mL 첨가	작업장 선반, 바닥, 벽, 천장 소독	산성 조건에서 효과 증대, 피부 및 기구에 색이 착색될 수 있으며, 옥살산으로 제거 가능
황산구리	1.0~1.5	물 100mL에 1.0~1.6g 첨가	작업장 선반, 바닥, 벽, 천장 소독	피부 및 균사체와 접촉 금지

4. 접종실, 접종 장비, 접종 도구 및 사용

1) 접종실(무균실)

접종실은 완전히 밀폐된 공간이어야 한다. 무균실은 완충실과 연결되어 있어야 하며, 실내 높이는 2.0~2.2m를 초과하지 않아야 한다. 실내의 벽면은 평평하고 매끄러워야 하며, 깨끗하게 유지해야 하고, 자외선램프를 설치하여 살균에 사용해야 한다. 무균실의 문과 창문은 밀폐하여 외부의 잡균이 들어오는 것을 방지하고 실내 소독을 용이하게 해야 한다.

2) 접종 상자

접종 상자는 전통적인 접종 도구이다. 일반적으로 목재나 유리로 제작하고 1인용과 2인용 두 가지 종류가 있다. 모두 밀폐할 수 있어 소독이 용이하고 잡균의 감염을 방지할 수 있다. 상자의 앞뒤에는 여닫을 수 있는 유리창이 있으며, 아래쪽에 두 개의 구멍이 있고 천 장갑이 부착되어 있어 두 손을 상자 안으로 넣어 접종 작업을 할 수 있다. 상자 내부에는 형광등과 자외선 살균 램프가 설치되어 있다. 접종 상자는 접종실 내에 배치하여 작업을 수행해야 무균 상태를 보다 잘 유지할 수 있다.

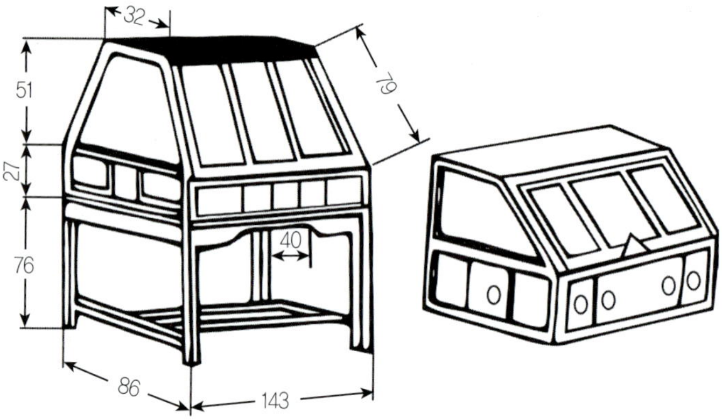

[그림 4-7] 접종 상자 (단위: cm)

3) 초정밀 작업대

초정밀 작업대는 국소적으로 청정한 작업 환경을 제공하는 장비이다. 이 장비는 상자 본체, 작업 구역, 전기 시스템으로 구성되며, 기류 방향에 따라 수평 층류와 수직 층류 두 가지 종류로 나뉜다. 이 작업대의 특징은 무균 공간의 제약을 받지 않고 조작이 간편하며, 인체에 해를 끼치지 않고, 접종 효율이 높아 대규모 생산에 적합하다는 것이다. 초정밀 작업대는 청결한 공간에 설치해야 하고 설명서에 따라 정기적으로 세척하거나 필터 장치를 교체해야 한다(그림 4-8).

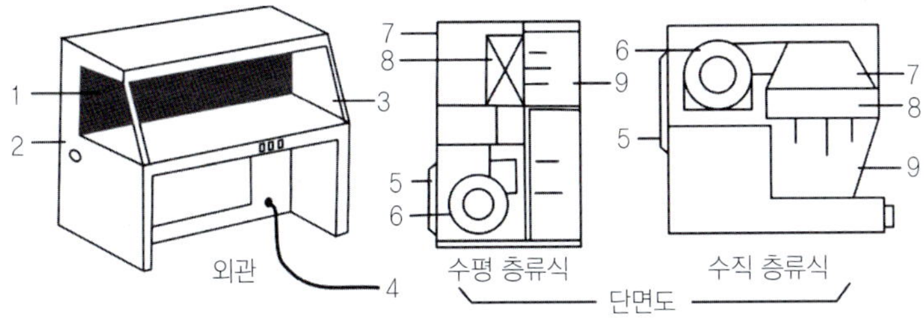

[그림 4-8] 초정밀 작업대

1. 고효율 필터 2. 작업대 3. 측면 유리 4. 전원 5. 예비 필터 6. 송풍기 7. 정압 탱크 8. 고효율 공기 필터 9. 조작 구역

4) 접종 도구

일반적으로 사용하는 접종 도구에는 접종 바늘, 접종 루프, 접종 칼, 접종 막대, 접종 삽, 접종 호미, 접종 스푼, 접종 핀셋, 가위, 칼날, 메스 등이 있다.

라벨지, 마커, 연필 등도 준비해야 한다.

5. 배양 용기

종균 배양에 일반적으로 사용되는 용기는 유리 제품과 플라스틱 제품 두 종류가 있다.

유리병은 보통 750mL 용량의 병을 사용하지만 500mL의 병이나 500mL 또는 750mL의 유리 수액병도 사용할 수 있다. 유리 용기는 투명도가 높아 종균의 생장 상태와 잡균 감염 여부를 쉽게 관찰할 수 있으며, 제조된 종균의 품질이 높고, 여러 번 재사용할 수 있다는 장점이 있다. 그러나 초기 투자 비용이 높고, 쉽게 깨지며, 운송 및 배송이 불편할 수 있다.

플라스틱 용기에는 폴리프로필렌 종균병이 있으며, 용량은 750mL, 850mL, 1,000mL, 1,200mL, 1,500mL 등이 있다. 종균 봉투의 재료에는 폴리에틸렌과 폴리프로필렌이 있으며, 크기는 (12 ~ 25)cm × (25 ~ 55)cm, 두께는 4 ~ 8μm이다. 500 ~ 2,000mL 용량의 PP 폴리프로필렌 식기 상자도 사용할 수 있다. 플라스틱 용기는 초기 투자 비용이 적어 저렴하며, 재료와 종균을 넣기가 편리하고, 운송이 용이하다는 장점이 있다. 하지만 종균의 완성률이 유리 용기보다 낮고, 일회성 사용에 그치며, 플라스틱 제품이 환경에 미칠 수 있는 오염 문제도 발생한다. 일반적으로 사용되는 플라스틱 종균 봉투는 접이식 봉투(필요한 길이로 자를 수 있는 튜브 형태의 재료도 있음)로 폴리에틸렌 봉투와 폴리프로필렌 봉투의 두 종류가 있다. 폴리에틸렌 봉투는 유연성이 좋지만 투명도가 낮고, 100℃ 정도의 고온에만 견딜 수 있어 상압 멸균에만 적합하며, 고압 멸균에는 적합하지 않다. 반면, 폴리프로필렌 봉투는 고온과 고압을 견딜 수 있고 투명도가 높아 잡균 감염과 균사 생장 상태를 관찰하기에 편리하다. 다만, 겨울철 낮은 온도에서 부서지기 쉬운 단점이 있다. 종균 배양 용기의 주요 종류 및 규격은 <표 4-3>과 같다.

〈표 4-3〉 일반적인 종균 배양 용기

종류	이름	규격	용도
유리류	시험관	15mm×150mm, 18mm×200mm, 20mm×200mm (같은 규격의 고무마개 포함)	모균 제작 및 보존
	배양 접시	직경 9cm	종균 분리 및 구별
	종균병	750mL, 구경 3.5cm, 4cm	원종 및 재배종 제작
	삼각플라스크	150mL, 250mL, 300mL, 500mL, 1,000mL	현탁 배양 및 기타 용도
플라스틱류	폴리프로필렌 종균병	750mL, 1,000mL, 구경 3.5cm, 4cm (고리 및 통기 캡 포함)	원종 및 재배종 제작
	플라스틱 종균 봉투	(15～18)cm×(24～50)cm×(0.004～0.005)cm	재배종 제작

6. 종균 배양실 및 배양 장비

1) 종균 배양실

종균 배양실은 통풍이 잘되고, 건조하며, 깨끗해야 한다. 벽은 타일로 마감하고, 바닥은 적어도 매끄러운 시멘트 바닥으로 만들어야 먼지 제거 및 소독이 용이하다. 실내에는 건습구 온도계, 자외선 살균 램프 또는 오존 발생기, 온도 조절 장치를 설치해야 한다. 실내 배양 선반은 잘 정돈하고 선반 사이의 통로는 적절한 너비로 배치해야 한다.

2) 배양 상자

배양 상자는 소량의 종균을 배양하는 데 사용된다. 전용 온도 조절 배양 상자를 구매하거나 직접 제작할 수도 있다. 배양 상자를 직접 제작하는 방법은 다음과 같다: 두 겹의 나무판자로 이중 상자를 만들고, 상자 내부 용량은 1~2m³로 하며, 겹 사이에는 왕겨, 면화 또는 스티로폼 등의 단열재를 채운다. 하단에는 40~80W의 전열선을 설치하여 전원을 공급하고, 상단에는 온도 자동 조절기(시중에서 20~40℃ 자동 조절이 가능한 온도 조절기 구입 가능)와 온도계를 설치한다. 측면에는 통기 구멍을 3~5개 뚫고, 중앙에는 철망으로 선반을 만들어 2~3층으로 나눈다. 실험 결과, 직접 제작한 온도 조절 상자는 제작 비용이 저렴하고, 온도 조절 효과가 좋으며, 사용 비용이 낮아 보급할 가치가 있다.

3) 배양 선반

배양 선반은 접종된 종균병(봉투)을 놓는 데 사용된다. 일반적으로 스테인리스나 나무로 제작하고, 폭은 60cm, 층 사이의 간격은 40cm, 최하층은 바닥에서 25cm 떨어져 있어야 한다. 보통 5층으로 구성되며, 바닥판은 플라스틱판을 사용하여야 부식과 병충해를 방지하고, 내구성을 높일 수 있다. 배양 선반 및 배양실 내 배치 상태는 [그림 4-9]와 같다.

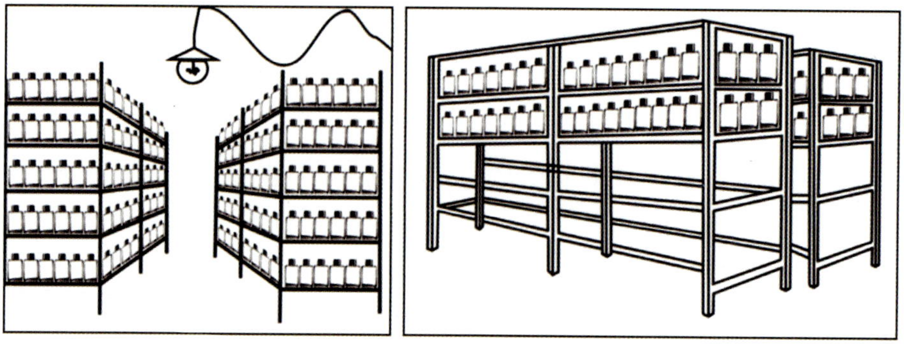

[그림 4-9] 배양 선반 및 배양실에서의 배치

7. 기타 종균 생산 장비 및 도구

1) 온도계 및 습도계

보통 전자 온도 습도계, 금속 온도계, 수은 온도계를 사용하여 온도를 측정하는데, 알코올 온도계는 오차가 크다. 여러 종류의 온도계가 있으며, 온도와 습도의 변화를 관찰하는 데 사용된다.

2) 냉장고

종균을 보관하는 데 사용된다.

3) 저울 및 계량컵(계량 실린더)

약품을 계량하는 데 사용된다. 일반적인 측정에는 1/10의 전자저울을 사용하면 되고, 정밀 측정에는 1/100, 1/1,000의 전자저울을 사용하며, 1/10,000의 저울은 정량 분석 테스트 과정에서 소량의 화학 약품과 테스트 샘플을 정확하게 측정할 때 사용한다.

4) 비커, 깔때기, 분주기(주사기) 등

배지를 만드는 데 사용된다.

5) 전자레인지, 알루미늄 냄비 등

배지를 가열하고 준비하는 데 사용된다.

6) 포자 수집 도구

균류의 자실체에서 방출된 포자를 수집하는 장치로, 주로 배양 접시, 구멍이 있는 종 모양 덮개, 삼각대 등을 포함한다.

7) 현미경

생물 실체 광학 현미경이다. 대물렌즈는 4배, 10배, 20배, 40배, 100배가 있고, 접안렌즈는 10배이다. 카메라가 장착되어 있으면 컴퓨터에 직접 연결하여 여러 사람이 관찰하거나 사진을 찍고 동영상을 촬영하는 데 편리하다.

8. 종균 보존

1) 시험관 종균 저온 계대 보존법

보존할 종균을 기둥 모양의 배지에 접종한 후 고무마개 또는 라텍스 마개로 밀봉한다. 생장균 종균의 포자낭이 기둥 모양의 배지를 완전히 덮은 후 또는 발아균 종균이 기둥 모양 배지 표면을 덮은 후 냉장고에 보관한다. 시험관을 밀봉할 수 있는 비닐봉지에 넣어 가정용 냉장고에서 3~4℃로 보관하며, 매 1~2년마다 한 번씩 계대 배양을 실시한다.

사면 배지를 사용하여 면 마개로 보존하는 것은 권장하지 않는다.

종균의 활력을 회복시키기 위하여 계대 배양 및 생산 배양에 사용하기 전

1~2일 동안 종균을 냉장고에서 꺼내어 상온에서 활성화한 후 사용한다.

2) 광유 장기 밀봉 종균 보존법(광유 보존법)

먼저 액체 파라핀을 삼각 플라스크에 넣고 고온으로 멸균한다. 멸균 후, 파라핀 오일이 담긴 삼각 플라스크를 40℃ 인큐베이터에 넣어 플라스크 내부의 수증기를 증발시킨 후 냉각한다. 무균 흡입기를 사용하여 냉각된 파라핀 오일을 흡입한 후, 경사면 종균에 주입한다. 주입량은 사면 전체를 덮고, 배지보다 1cm 높게 충분히 주입해야 한다. 그다음 시험관 입구를 면 마개로 막고, 유산지 또는 플라스틱으로 단단히 싸서 냉장고에 보관한다. 이 방법은 배지의 수분 손실 및 외부 공기의 침입을 방지하고, 신진대사를 줄이며, 종균의 활력을 유지하여 사용 수명을 연장시키는 효과가 있다. 또한 이 방법으로 종균을 1~2년 동안 보관해도 활력이 유지된다. 종균을 사용할 때는 미리 파라핀 오일 관에서 균사를 꺼내 새로운 사면 배지에 옮겨 활성화시킨 후 사용한다(그림 4-10).

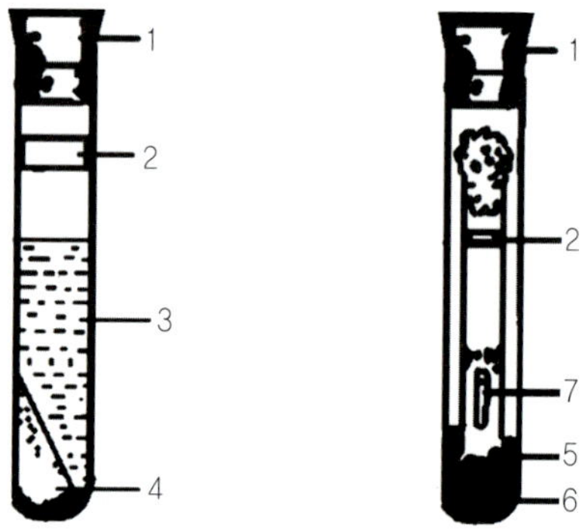

광유 장기 밀봉 종균 보존법　　나뭇가지 종균 보존법

[그림 4-10] 광유 장기 밀봉 종균 보존법 및 나뭇가지 종균 보존법

1. 고무마개　2. 라벨　3. 액체 파라핀　4. 배지 및 균사
5. 탈지면　6. 건조제　7. 나뭇가지 종균

3) 나뭇가지 종균 보존법

이 방법은 특히 생장균, 발아균 등 목재 생균류의 보존에 적합하다. 78%의 잡목 톱밥, 20%의 밀기울, 탄산칼슘과 석고 각 1%를 물과 혼합하여 톱밥 배지를 만든다. 그다음, 직경 약 1cm, 길이 1~2cm의 신선한 참나무 가지를 잘라 물에 하룻밤 동안 담가 둔다. 15mm × 150mm 크기의 작은 시험관을 선택하여 먼저 소량의 톱밥 배지를 채우고, 준비한 가지를 시험관의 배지에 꽂은 후, 나머지 공간을 톱밥 배지로 채워 시험관 벽과 가지 사이의 공간을 채운다. 이때 톱밥 배지가 가지를 덮을 수 있도록 한다. 그다음 시험관을 멸균하고, 보존할 종균을 접종하여 배양한다. 포자낭과 균사체가 배지를 완전히 덮으면 시험관을 건조기에 넣어 1개월 동안 자연 건조시킨다. 이후 18mm × 180mm 크기의 깨끗한 큰 시험관을 준비하여 바닥에 1.5cm 높이의 무수 염화칼슘과 소량의 탈지면을 채운다. 그리고 배양된 작은 시험관을 큰 시험관에 넣고, 큰 시험관의 입구를 라텍스 마개로 막는다. 마지막으로 처리된 종균을 3~4℃ 냉장고에 보관하거나 시원하고 건조하며 빛이 들지 않는 곳에 보관한다. 이 방법으로 종균을 2~3년 동안 보존해도 변질되지 않는다.

9. 종균 시설 및 장비 목록

천마의 상업적 재배를 위해서는 대량의 생장균과 발아균 종균이 필요하다. 집중 생산 지역에서는 종균 공장을 설립하여 대량 생산을 통하여 생산 기지의 수요를 충족시켜야만 한다.

연간 100만 개 규모의 종균 생산을 계획하고, 판매 가격이 병(봉투)당 3~4 위안일 경우, 총생산액은 300만~400만 위안, 생산 이익은 120만~150만 위안이다.

투입해야 할 고정 시설 설비는 <표 4-4>, <표 4-5>와 같다.

〈표 4-4〉 종균 공장 건설을 위한 고정 시설 및 장비 투자 예산

항목	수량	단위	단가	용도	금액(만 위안)
부지 기초 건설	10	무(畝)	1만 위안/무	전체 생산 부지	10~15
건물 면적	3,000	m^2	330 위안/m^2	생산 작업	10~20
수도, 전기 건설				수도, 전기 라인 및 배관	15~20
강철 골조 비닐하우스	300~400	m^2	70 위안/m^2	재료 배합 및 포장	21
종균 배양실	600	m^2	330 위안/m^2	종균 배양	20
산업용 에어컨	10	대	0.8만 위안/대	종균 배양	8
종균 배양 선반	400~500	m^2	100 위안/m^2	종균 배양	5-6
고압 멸균기	1	대/세트	13.5만 위안/대	배양재 멸균	13.5
고압 멸균 선반	12	개	1,000 위안/개	멸균 선반	1.2
멸균 바구니	1,000	개	15 위안/개	멸균	1.5
접종 작업대	4	대	1.15만 위안/대	접종	4.6
증기 보일러	2	대	1.5만 위안/대	멸균	3
상압 증기 멸균기	2	대	2.5만 위안/대	멸균	5
운반차	10	대	1,000 위안/개	물품 운반	1.0
소형 멸균기	1	대	0.8만 위안/대	80L, 원종 생산	0.8
휴대용 멸균기	1	대	0.1만 위안/대	20L, 모종 생산	0.1
배양 상자	2	대	0.5만 위안/대	모종 배양	1.0
건조기	1	대	0.5만 위안/대	샘플 건조	0.5
냉장고	1	대	0.5만 위안/대	150L, 종균 보존	0.5
소형 전기 장비				저울, 소형 분쇄기, 전자레인지 등	0.5
합계					140~150

〈표 4-5〉 100만 봉지(병) 생장균과 발아균 종균 생산에 필요한 재료

항목	수량	단위	단가	내용	금액(만 위안)
원종	2~3만	병	3~4위안/병	종균병, 원료, 인건비	6~10
종균 봉투	110만	세트	0.25위안/세트	종균 봉투, 고리, 통기 뚜껑	27~30
종균 배양재	40~50만	kg	0.6~0.7위안/kg	톱밥, 나뭇조각, 밀기울, 옥수숫가루, 콩가루, 석고, 인산 비료 등	24~35

항목	수량	단위	단가	내용	금액(만 위안)
연료비	110만	봉지	0.1～0.2위안/봉지 또는 병	바이오매스 팰릿 연료, 석탄, 천연가스 등	11～20
소독 약제				알코올, 트리클로로이소시아누르산나트륨	1
인건비	4만	개	60위안/개	재료 혼합, 포장, 멸균, 접종, 배양, 운반, 판매 등 공정	24
합계					100～130

제2절 생장균 모종 제조

생장균 종균의 배양은 천마 재배의 전제이자 기초이다. 생장균 종균의 품질은 천마 재배의 수확량에 직접적인 영향을 미치며, 심지어 천마 재배의 성공 여부를 결정짓기도 한다. 우수한 종균은 두 가지 측면에서 나타난다. 첫째, 종자가 우수하여 자체 생장이 빠르고 왕성하며, 저항성이 강하고 천마와의 결합 성능이 우수해야 한다. 둘째, 순도가 높아야 하며, 종균에 잡균이나 병충해 감염이 없어야 한다.

1. 생장균 종균의 출처

1) 도입종

이미 오랜 기간 동안 사용되어 온 생장균 도입종의 생산 기술은 비교적 성숙되었고, 종균 성능도 안정적이다. 천마 재배자는 신뢰할 수 있는 종균 공급처에서 직접 생장균 종균을 구입할 수 있다. 원종 및 재배종을 생산할 능력이 있는 경우 모종을 직접 구매하여 이를 증식시켜 원종과 재배종을 생산할 수 있다. 생산자가 장비를 구비하고 있지 않다면 재배종을 직접 구매할 수 있다. 종균을 구매한 후에는 단계적으로 배양을 확대하여 균재에 접종한 후에 천마 재배에 사용할 수 있다.

종균 구매자는 두 가지 사항에 유의해야 한다. 첫째, 종균을 무작위로 구매하지 말고, 구매 전에 철저히 준비해야 한다. 배양 준비 작업이 완료된 후에만 종균을 구매하여 즉시 접종하고 배양해야 한다. 둘째, 종균의 순도를 반드시 보장해야 한다. 시험관이나 종균병에서 생장균의 균사는 솜털 모양의 유백색을 띠고, 균삭은 흰색에서 황갈색을 띠며, 어두운 곳에 놓으면 강한 형광을 발한다. 균사가 노란색을 띠거나 균삭이 검은색을 띠고, 배양재에 균사나 균삭이 완전히 퍼지지 않았거나, 잡균 오염이 있는 경우, 이러한 종균은 사용해서는 안 된다. 가능한 한 정규 연구 기관이나 생산 부서에서 생산한 종균을 구매해야 한다.

2) 야생 종균의 채집 및 분리

외지에서 종균을 구매할 수 없는 경우, 현지에서 종균 자원이 풍부하다면 현지의 야생 생장균을 사용할 수 있다. 현지 야생 생장균은 현지의 기후 및 다양한 자연조건에 강한 적응성을 가지므로 이를 사용하여 천마를 재배하면 좋은 효과를 얻을 수 있다. 야생 생장균은 주로 숲속에서 막 썩어가는 그루터기, 뿌리, 넘어져 있는 나무줄기 및 가지, 특히 땔감용 숲의 작은 나뭇조각 위에서 많이 발견된다. 나무껍질을 벗기면 피질과 체관부 사이에서 흰색 균사를 볼 수 있으며, 가끔 소량의 포자낭이 착생하기도 한다. 나무줄기에서 균사나 포자낭을 잘라 가져 오거나 생장균의 자실체를 직접 채취하여 식별한 후 순수한 종균을 분리 배양할 수 있다.

(1) 포자낭 분리법

생장균의 균사는 쉽게 식별할 수 있어서 표본을 잘못 취할 가능성이 낮으므로 생장균 종균을 분리할 수 있다. 또한 표본을 현지에서 채취하기 때문에 현지의 자연 기후 조건에 적합하다고 할 수 있다.

샘플 채집: 천마 재배지의 나뭇조각에서 조밀하고 건전한 생장균 균삭을 채취하거나 야생 생장균의 균삭을 찾아 신문지나 휴지로 감싸 실험실로 가져와 분리한다.

(1) **샘플 전처리**: 굵은 생장균 균삭을 선택하여 여러 번 깨끗한 물로 세척한 후, 가장 굵은 부분을 1~2mm 크기로 잘라 무균수로 배양 접시에서 40~50회 씻어내고, 무균 여과지나 흡습지로 물기를 제거한다.

(2) **샘플 처리**: 무균 핀셋으로 작은 조각을 하나 집어 다른 무균 배양 접시에 넣고, 5mL의 무균수를 넣는다. 무균 메스로 균삭을 자른 후, 기둥 모양의 금속 도구를 사용하여 균삭을 잘게 부수어 더 작은 조각으로 만든다.

(3) **희석**: 잘게 부순 균삭 조각을 소량 삼각 플라스크에 넣고 무균수로 희석한다. 이 과정을 2~3회 반복하여 1mL의 액체에 3~5개의 작은 조각만 남도록 한다. 희석액을 소량 배양 접시에 부어 현미경에서 10배 렌즈로 관찰하여 시야에 1~2개의 균삭 조각만 남도록 한다.

(4) **접종**: 각 배양 접시에 희석액 약 1mL를 부어 배지 표면에 골고루 분포시키고, 뚜껑을 덮어 3~5분 동안 그대로 둔다. 그다음 남은 물을 따라낸다. 한 번에 50개 이상의 배양 접시를 분리할 수 있다.

(5) **배양**: 배양 접시를 뒤집어 25℃의 배양 상자에 넣어 배양하고, 균삭의 생장 상태를 관찰한다. 특히, 균삭이 자란 단일 균락을 관찰한다.

(6) **계대**: 단일 균락에 균삭이 형성되면, 즉시 이를 사면 시험관에 옮겨 계속 배양한다. 만약 세균 오염이 없는 균락이 발견되면, 이를 직접 기둥 모양의 배지로 옮겨 배양한다.

(7) **정제**: 균삭이 1~2cm 길이로 자라면, 뜨겁게 달군 접종 기구로 배지 표면의 균사를 제거하고, 균삭만 남겨 새로운 배지로 옮겨 배양한다. 이러한 과정을 2~3회 반복하여야 순수한 균사를 얻을 수 있으며, 이를 바로 생산에 사용할 수 있다.

(2) 자실체 분리법

생장균 자실체 내부 조직을 잘라 무균 조건에서 배지에 접종하여 새로운 균사가 자라도록 한다. 이 방법으로 분리된 생장균 종균은 생명력이 강하고, 균사 생장이 빠르며, 얻어진 종균이 순수하므로 널리 사용된다.

(1) **자실체 획득**: 첫 번째 방법은 야생의 신선한 자실체를 채집하는 것이지만, 야생 자실체는 발생 기회가 적어 채집이 용이하지 않다. 두 번째 방법은 천마 재배지를 자주 관찰하여 균상에 생장균 자실체가 발생한 것을 발견하면 즉시 채집하는 것이다. 세 번째 방법은 야생 생장균 균삭을 채집하여 실험실로 가져와 인공 배양하여 자실체가 자라면 이를 분리하는 것이다. 네 번째 방법은 천마 재배지의 균재를 실험실로 가져와 인공적으로 자실체를 자라도록 하는 것이다.

(2) **표본 운반**: 신선한 자실체는 여러 겹의 신문지나 휴지로 감싸서 빠르게 실험실로 가져와 분리 작업을 한다. 햇빛에 직접 노출시키거나, 비닐봉지에 넣어 운반하지 않도록 한다.

(3) **조직 분리**: 신선한 자실체를 실험실로 가져와 자실체 표면의 물기를 약간 제거하고, 바닥과 표면의 이물질을 제거한다. 초정밀 작업대에서 자실체의 갓과 자루 중앙을 찢어 속살을 드러내고, 접종 바늘, 접종삽, 메스로 (3~5)mm × (3~5)mm 크기의 조직을 채취하여 사면 배지 중앙에 올려놓는다. 한 번에 10~20개의 시험관 분리를 한다.

(4) **배양**: 온도 25℃의 배양 상자에서 배양하면 조직 덩어리에서 균사가 자라고 7~10일 후 포자낭이 자란다

(5) **순화**: 표면의 기생균사를 제거한 후, 단일 균삭을 선택하여 새로운 시험관에 옮겨 계속 배양한다. 이 과정을 2~3회 반복하면 생산에 사용할 수 있는 종균을 얻을 수 있다.

자실체가 신선한 상태에서는 내부에 생장균 자체의 균사만 존재하므로 종균

분리 시 소독 방법을 사용하지 않아도 된다.

대부분의 교과서에서 소개하는 방법은 자실체 표본을 0.1~0.2%의 승홍 용액, 또는 10% 표백제, 70~75% 에탄올, 5% 라이솔, 2% 포름알데히드에 0.5~1.0분간 침지시켰다가 꺼내어 무균 증류수로 여러 번 세척하여 잔류 소독제를 제거하는 것이다. 그러나 이 방법은 일반적으로 권장하지 않는데, 그 이유로 세 가지를 들 수 있다. 첫째, 이러한 소독제의 안전성 문제가 대두되었다. 승홍은 국가에서 일반 실험실과 생산 현장에서 사용을 금지한 극독성 약품으로, 사용 시 매우 위험하다. 둘째, 소독제는 침투력이 강하여 빠르게 균 조직에 침투해 조직 내의 균사를 죽이므로 살아 있는 종균을 얻을 수 없다. 셋째, 이 방법은 작업이 번거롭고 성공하기 어렵다는 점이다.

물론, 접종 시 접종 도구가 균사체 조직을 뚫고 자실체 표면에 닿지 않도록 해야 하며, 균의 주름에도 접촉하지 않도록 해야 한다. 접종 도구를 불로 소독한 후 충분히 식힌 다음 조직을 채취해야 조직이 타지 않으며, 조직을 접종할 때 시험관 벽에 닿지 않도록 하고, 작업 속도를 빠르게 하여 오염 가능성을 줄여야 한다.

(3) 포자 분리법

실험실에서 멀리 떨어진 곳에서 표본을 채집한 경우, 먼저 무균 삼각 플라스크나 무균 흰 종이를 사용하여 포자를 수집한 후 실험실로 가져와 다포자 분리를 한다.

접종 삽에 소량의 포자를 묻혀 사면 배지에 배양하고, 균사가 나타나면 표면의 균사를 제거한 다음 단일 균사를 선택하여 새로운 배지로 옮기는 것을 여러 번 반복하여 순수 종균을 얻는다.

단포자 분리 교배를 통해 우수한 종균을 얻을 수 있으나 작업량이 많기 때문에 시간과 예산이 충분한 경우에만 시도해 볼 수 있다.

생장균이 자란 균재나 모마 내부에서 종균을 분리하는 것은 번거롭고 성공률이 높지 않으므로 이러한 방법은 권장하지 않는다.

2. 생장균 모종 생산

생산 중인 생장균 모종의 수량은 해당 균의 원종 수량에 따라 결정되는데, 보통 한 개의 기둥형 모종으로 20~50개의 원종 병을 접종할 수 있다. 생산 시기는 현지의 필요 시기에 따라 정한다. 생장균 재배종을 연중 생산해야 하는 기관은 12개월마다 한 번씩 예비 모종을 생산해야 한다. 상업적 생산을 위한 모종 생산은 원종 생산 시점보다 1개월 전에 시작해야 한다(그림 4-11, 그림 4-12).

[그림 4-11] 시험관 배지에서 자라는 생장균 모종

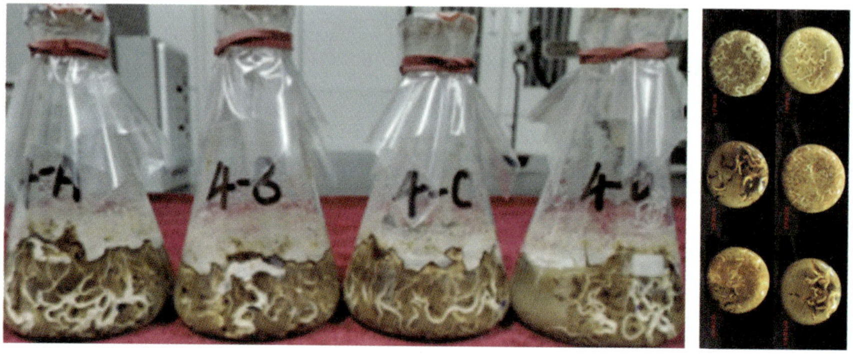

[그림 4-12] 삼각 플라스크 배지에서 자라는 모종

1) 배지 제조

생장균 균사는 어느 정도 혐기성을 가지고 있으므로 저산소 및 낮은 통기 상태를 견딜 수 있지만, 균사 성장 속도가 상대적으로 느리다. 사면 배지는 얇고, 쉽게 수분을 잃어서 건조되기 쉬우므로 20~30일 동안 배양해야 하는 생장균 균사, 특히 균사의 성장에 매우 불리하다. 동시에 생장균은 시험관 배지에서의 성장 속도가 사면 배지에서보다 빠르다. 따라서 생장균 종균을 분리하고 순화시킬 때는 사면 한천 배지를 사용하고, 모종 배지로는 시험관 배지를 사용하는 것이 가장 좋다. 이를 통해 원종을 확대 배양하고 모종을 장기간 보존할 수 있다.

(20~25)mm × (200~250)mm 크기의 큰 시험관은 생산에 사용하고, 15mm × 150mm의 작은 시험관은 종균 보관에 적합하다. 대규모로 생장균 재배종을 생산하는 종균 공장에서는 250mL 수액 병이나 150~250mL의 삼각 플라스크를 용기로 사용하여 원종 생산용 모종을 제작한다.

(1) 배지 조제법

조제법 1: 감자 200g, 포도당 또는 자당 20g, 한천 20g, 물 1,000ml

조제법 2: 미세 밀기울 가루 50g, 포도당 또는 자당 20g, 한천 18g, 물 1,000ml

조제법 3: 미세 옥수숫가루 25g, 포도당 또는 자당 20g, 한천 18g, 물 1,000ml

조제법 4: 고운 콩가루 25g, 포도당 또는 자당 20g, 한천 18g, 물 1,000ml

조제법 5: 미세 밀기울 가루 50g, 고운 콩가루 10g, 흑설탕 25g, 한천 18g, 물 1,000ml

조제법 6: 가는 솔잎 가루 20g, 고운 콩가루 10g, 흑설탕 25g, 한천 18g, 물 1,000m

조제법 7: 가는 솔잎 가루 20g, 미세 밀기울 가루 10g, 흑설탕 25g, 한천 18g, 물 1,000ml

조제법 8: 미세 톱밥 가루 50g, 미세 옥수숫가루 25g, 흑설탕 25g, 한천 18g, 물 1,000mL

배지의 pH는 자연 상태로 두며, 일반적으로 5.5~6.5로 조정하지 않아도 생장균 균사와 포자낭의 성장에 적합하다.

(2) 배지의 조제

조제법 1의 작업 과정: 신선한 감자(껍질 제거) 200g을 작은 조각으로 자르고, 물 1,100mL를 넣어 20분간 끓인 후, 거즈를 2~4겹으로 겹쳐 감자 조각을 걸러낸다. 소량의 깨끗한 물로 감자 조각을 헹구어 약 1,100mL의 여과액을 얻는다. 여과한 감자액을 비커나 다른 용기에 담고, 한천 20g을 여과액에 넣어 완전히 녹을 때까지 가열한 후, 균일하게 저어 준 다음 포도당 20g을 추가하여 총량을 1,000mL로 맞춘다. 이와 같은 방법으로 일반적인 PDA 감자 한천 배지를 조제한다.

조제법 2~8의 작업 과정: 먼저 한천을 물에 넣고 끓여 완전히 녹인 다음, 다양한 미세 분말과 설탕을 천천히 추가하여 고르게 저어 주고, 총량을 1,000mL로 맞춘다. 뜨거울 때 시험관에 분주하며, 여과할 필요 없이 모든 원료를 시험관에 넣는다.

배지가 뜨거울 때 시험관에 분주하고 시험관 높이의 1/3~1/2 정도로 채운다. 분주 시 주의해야 하며, 속도를 빠르게 하고 배지가 시험관 입구에 묻지 않도록 한다. 분주가 완료되면 시험관 상부에 남아 있는 배지를 깨끗이 닦고, 면마개나 라텍스 마개로 막은 다음 두꺼운 크라프트지로 덮은 후 고무줄로 묶어 시험관 10개씩 한 묶음으로 만든다. 그다음 고압 멸균기에 넣고, 1~2겹의 신문지나 거즈를 덮어 멸균한다.

(3) 멸균

모종 배지는 휴대용 고압 멸균기를 사용하여 멸균한다. 배지가 담긴 시험관을 세워서 멸균기에 넣고, 다이얼을 단단히 조여 완전히 밀폐한다. 가열하여 기압이 0.05MPa에 도달하면 배기 밸브를 열어 차가운 공기를 배출하고, 지침이

'0'을 가리킬 때까지 기다린다. 이때 배출 속도를 천천히 해야 시험관 내 배지가 시험관 입구로 튀어나와 면 마개를 더럽히는 것을 방지할 수 있다. 그다음 배기 밸브를 닫고, 다시 가열하여 기압이 0.05MPa에 도달하면 다시 배기한다. 계속 가열하여 기압이 상승하고, 0.1MPa에 도달하면 시간을 측정하기 시작한다. 전기 가열 다이얼 또는 불꽃 크기를 조절하여 멸균기의 압력을 0.12~0.13MPa 사이로 유지하고 20~25분 동안 유지한 후 가열을 중지한다. 톱밥 배지의 경우 30~40분 동안 멸균한다.

자연적으로 냉각시킨 후, 멸균기 내 기압 지침이 '0'을 가리킬 때 멸균기를 열고, 뚜껑을 조금 열어 멸균기 내부의 여열로 시험관 입구의 면 마개를 말린 다음 시험관을 꺼낸다. 꺼낸 시험관을 세워 기둥 모양으로 만들거나, 약간 기울여 짧은 경사면 형태로 만들어 냉각시킨 후 냉장고나 저온 상태에서 보관한다. 또한 무균실에서 직접 접종할 수도 있다.

기둥형 배지를 사용해 모종을 만드는 것은 다음과 같은 네 가지 장점이 있다:

(1) 원료의 모든 성분이 생장균 균사에 의해 이용될 수 있어 생장균 균사 성장에 필요한 요구를 충분히 충족시킬 수 있다. 배지는 수분 공급을 개선하고, 영양이 매우 풍부하며, 옥수숫가루와 콩가루에 다량의 성장 인자가 포함되어 있어 만들어진 모종의 균사가 굵고, 조밀하며, 깨끗하고, 갈변 및 각질화가 잘 일어나지 않으며, 노화 및 퇴화를 방지하는 능력이 강해 심각하게 노화되거나 퇴화된 종균도 상당히 회복시킬 수 있다.

(2) 제조 원료가 간단하고, 모종 제작 기술이 간편하며, 조작이 용이하고, 제작 비용이 저렴하다. 콩가루, 옥수숫가루, 밀기울 등에 다량의 전분이 포함되어 있어 가열 후 냉각 시 쉽게 젤 상태를 형성하므로 1,000mL 배지에 한천을 2~5g 적게 넣어도 된다.

(3) 생장균 모종은 종균 보존 시간을 오래 연장시킬 수 있고, 보존 과정에서의 계대 횟수를 줄여 종균 퇴화를 억제하는 데 큰 역할을 한다.

(4) 생장균 모종은 생명력이 강하여 모종, 원종 또는 재배종 배지로 옮긴 균사 덩어리의 발이가 빠르고, 성장 속도가 기존 방법으로 제작된 모종보다 현저히 빠르다.

2) 모종의 계대 배양

앞서 언급한 방법으로 분리 배양된 시험관 종균은 일차 모종이다. 실제로 분리된 종균이나 도입된 시험관 모종의 수량이 매우 적어, 때로는 몇 개의 시험관만으로는 필요를 충족시킬 수 없기 때문에, 얻어진 종균을 다른 시험관 배지로 옮겨 확장 배양해야 한다.

구체적인 작업 방법은 다음과 같다:

무균 조작 요구 사항을 엄격히 준수하여 초정밀 작업대 또는 접종 상자에서 작업을 수행한다. 접종할 시험관 배지와 원 종균을 나란히 두고 왼손 엄지와 검지로 두 시험관을 잡고, 알코올램프 불꽃 앞 5~10cm 거리에서 접종 작업을 진행한다.

알코올램프 불꽃으로 시험관의 윗부분(균사가 없는 부분)을 태워 잡균을 제거한 후 완전히 식힌다. 오른손으로 핀셋을 잡고 알코올에 적신 후 알코올램프 불꽃 위에서 잠시 태운다. 핀셋이 시험관에 들어갈 부분을 모두 소독한 후 접종할 시험관 배지 위에서 식힌다. 완전히 식힌 핀셋을 시험관에 넣어 윗부분의 노화된 균사를 제거하고, 다시 핀셋을 소독한 후 식힌다. 접종 호미로 소량의 배지가 묻은 균사나 포자낭을 채취하여 신속히 접종할 시험관에 옮긴다. 알코올램프 불꽃으로 시험관 입구를 태운 후 면 마개나 라텍스 마개로 막고, 배양 상자로 옮겨 배양한다(그림 4-13).

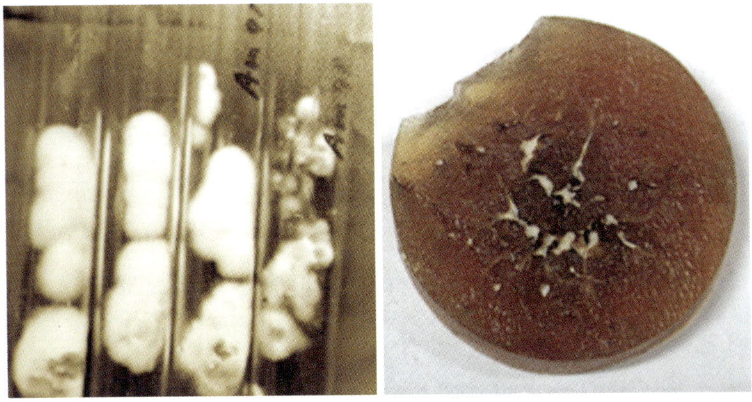

[그림 4-13] 모종 표면과 배지 횡단면

작업 중 종균이 시험관 벽에 붙지 않도록 주의해야 하며, 핀셋이 시험관 외부에서 알코올램프, 초정밀 작업대 표면 또는 다른 도구에 닿지 않도록 해야 한다. 만약 시험관 내벽이 아닌 부분과 접촉했을 경우, 즉시 다시 태워 식힌 후에 접종을 진행해야 한다.

생장균 모종의 배양 온도는 25℃이며, 빛을 피해야 한다. 시험관 배지에서 균사가 배지를 완전히 덮는 데는 일반적으로 15~25일이 소요된다.

시험관 모종을 대규모로 생산해야 하는 기관은 먼저 보존된 모종을 새로운 시험관에 옮기고, 시험관의 2/3가 균사로 덮인 후 대규모 생산에 사용할 모종으로 활용한다. 각 시험관에 5~8cm 길이의 배지가 균사로 덮인 모종은 50~80개의 새로운 모종을 접종할 수 있다. 보존한 지 오래된 종균으로 대량 새로운 시험관에 계대할 경우, 오염이 발생하거나 접종물의 생존율이 낮고, 성장이 느린데, 시험관의 성장 상태가 불량할 경우, 연간 생산 일정에 심각한 영향을 미칠 수 있다.

제 3 절 생장균 원종 제조

분리하여 정제된 시험관 종균은 두 가지 문제로 인해 바로 사용할 수 없다. 첫째, 수량이 너무 적고, 둘째, 배지에서 배양된 생장균이 균재에 적응하지 못하여 직접 균재에 접종하면 제대로 자라지 않거나 발아하지 못해 죽을 수 있다. 따라서 시험관 종균은 적응 배양과 확대 배양 과정을 거쳐야 한다. 이 과정을 생장균의 이차 배양 또는 원종 배양이라고 한다.

원종의 수량은 재배종의 수량에 따라 결정된다. 생산 시기는 재배종 생산 시점보다 2개월 앞서야 한다.

1. 배양 재료 배합 방법

조제법 1: 활엽수 톱밥 70%, 밀기울 28%, 석고 1%, 탄산칼슘 1%

조제법 2: 톱밥 90%, 밀기울 4%, 전분 4%, 석고 1%, 탄산칼슘 1%

조제법 3: 옥수수 속대 30%, 활엽수 톱밥 50%, 밀기울 18%, 석고 1%, 탄산칼슘 1%

조제법 4: 면실박 30%, 톱밥 40%, 밀기울 28%, 석고 1%, 탄산칼슘 1%

조제법 5: 활엽수 나뭇조각 50%, 톱밥 40%, 옥수숫가루 8%, 석고 1%, 탄산칼슘 1%

조제법 6: 활엽수 나뭇조각 60%, 미세 톱밥 30%, 콩가루 8%, 석고 1%, 탄산칼슘 1%

배양재 중 콩가루, 옥수숫가루, 밀기울, 녹말 등의 유기질소를 적당한 비율로 혼합하여 사용하면 효과가 더욱 좋다.

배양재의 pH는 자연 상태로 두며, 건조 재료에 물을 1:0.5의 비율로 섞어 혼합한다.

배양 조건이 잘 갖추어진 생산 설비와 접종 기술 및 장비가 좋은 장소에서는

1~2%의 흑설탕이나 자당을 추가할 수 있다. 그러나 작업 기술과 장비가 불충분한 장소에서는 오염 위험을 줄이기 위해 설탕을 추가하지 않는 것이 좋다.

종균병에 소량의 한천을 추가하여 물과 배양재를 모두 젤 상태로 고정시킬 수 있는데, 이로 인해 균사와 포자낭의 성장 속도가 빨라진다. 원종은 운송 중에 거꾸로 놓이거나 가로로 놓이더라도 액체가 흘러나오지 않으므로 병 입구와 병 외부의 액체 역류로 인한 오염 위험을 줄일 수 있다.

원종의 용기로는 일반적으로 750mL의 유리병이나 플라스틱병을 사용하며, 250mL 또는 500mL의 수액병도 사용할 수 있다. 병 입구가 너무 큰 병은 장시간 배양 시 오염률이 높아질 수 있으므로 사용하지 않는 것이 좋다.

각 종균 병에 5~8g의 한천을 먼저 넣고, 원재료를 골고루 섞어 병에 채운 후 막대로 배양재를 단단히 눌러 준다. 그다음, 병에 물을 채워 물이 병 어깨까지 오도록 한다.

병 외부를 깨끗이 세척하고 건조시킨 후, 면 마개나 병마개로 막고, 밀봉 필름과 고무줄로 단단히 봉한다. 이를 멸균 바구니에 넣어 고압 멸균기에서 멸균한다.

2. 멸균

생장균 원종의 생산 수량은 그다지 많지 않으므로 소형 또는 중형 고압 멸균기를 사용하여 멸균하는 것이 좋다. 멸균은 온도 121~125℃, 압력 0.12~0.14MPa에서 2~3시간 실시한다.

멸균된 배지를 즉시 꺼내 초정밀 작업대에 옮기고, 30℃로 식을 때까지 기다렸다가 접종을 진행한다. 병 외부에 70~75%의 알코올을 한 번 더 뿌린다. 배지 온도가 너무 높으면 접종된 종균이 고온에 의해 죽을 수 있고, 너무 낮으면 발아 속도가 느려질 수 있다. 접종 시, 먼저 종균병의 병마개, 면 마개 또는 필름과 고무줄을 제거하고, 왼손으로 모종 시험관을 잡고, 오른손으로 시험관 마개를 제거한 후, 화염 위에서 시험관 입구를 소독하며 2~3회 회전시킨다. 오른손으로 핀셋을 잡고 알코올램프 불꽃 위에서 완전히 소독한 후, 원종 병 내 배지에 삽입하여 완전히 식힌다. 그다음 핀셋으로 시험관 안의 균사와 균삭이 포함된 배지를 조금 파내어 원종 병에 넣고, 병마개 또는 필름으로 덮는다.

3. 배양

접종한 종균병을 빛이 차단된 배양실에 보관하고, 실내 온도를 20~25℃로 유지하면 약 1개월 후에 균사가 배지 전체에 퍼진다. 이때 병 안의 배지가 갈색으로 변하고, 균사는 흰색으로 왕성하게 자라며, 배양 후반부에는 점차 붉은 갈색으로 변한다(그림 4-14).

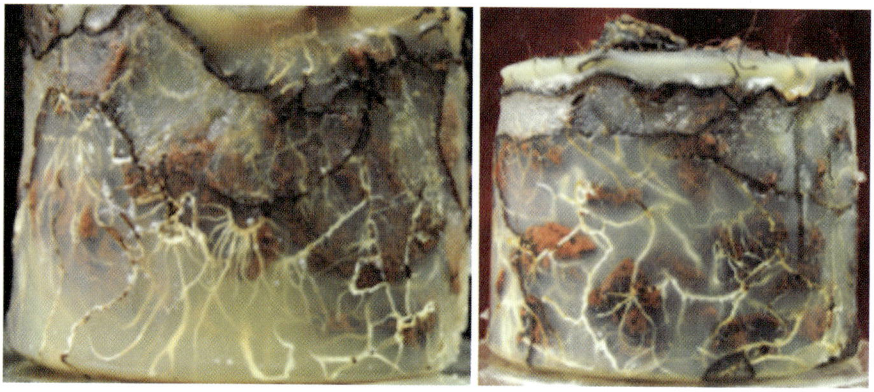

[그림 4-14] 한천 배지에서 자란 원종 균사체와 균삭

접종 후에는 배양 중인 배지를 자주 점검하여 잡균에 감염된 종균병은 즉시 제거하고, 성장 속도가 매우 느리거나 균사의 성장이 부진한 종균도 제거하여 순수하고 왕성하게 자란 종균만을 생산용 종균으로 사용한다.

4. 액체 원종 생산

대규모로 재배종을 생산하는 공장은 액체 종균을 사용할 수 있다. 액체 종균은 접종 속도가 빠르고, 오염률이 낮으며, 종균 성장 속도가 빨라 15~25일 안에 균사 용기를 가득 채울 수 있다. 또한 갑작스러운 비계획적인 생산 요구도를 즉시 충족시킬 수 있다.

1) 액체 모종 생산

모종의 용기로는 500~1,000mL의 삼각 플라스크, 250mL 또는 500mL의 유리 수액병 등을 사용하며, 진탕 배양기를 사용하여 배양한다.

(1) **배지 조제법**: 밀기울 100g, 흑설탕 25g, 펩톤 2g, 인산이수소칼륨 1g, 인산수소이칼륨 0.46g, 황산마그네슘 0.5g, 물 1,000mL.
밀기울에 물 1,200mL를 넣고 20분간 끓인다. 4~8겹의 거즈로 여과하고, 깨끗한 물로 헹구어 1,000mL의 여과액을 얻은 후, 다른 성분을 추가하여 섞어가며 완전히 녹인다.

(2) **분주**: 용기에 전체 용량 2/3의 액체를 분주하고, 얇은 필름과 고무줄로 밀봉한다.

(3) **멸균**: 고압 멸균기에서 121℃로 20분간 멸균한 후, 꺼내어 식힌다.

(4) **접종**: 초정밀 작업대를 이용하며, 시험관 모종의 생장균 균사체와 균삭을 핀셋으로 잘게 부수어 1mm 이하의 작은 균사 조각으로 만들어 액체 배지에 접종한다.

(5) **배양**: 진탕기에 올려놓고 고정한다. 진탕기의 회전 속도를 160~200rpm으로 설정하고 25℃에서 37일간 배양하여 작은 균사 공을 얻는다. 균사 공의 크기는 배지 조제 비율, 회전 속도 등의 조건을 조절함으로써 결정된다(그림 4-15).

[그림 4-15] 생장균 액체 종균의 균사 공

2) 액체 원종 생산 장비

대형 멸균 기능이 있는 액체 배양기를 선택한다. 액체 배양기는 자체 전기 가열 멸균 장치를 갖추고 있으며, 용량은 100~800L이다(그림 4-16).

[그림 4-16] 원종 액체 생산 설비

(1) **배지 조제법**: 밀기울 100g, 옥수숫가루 30g, 콩가루 20g, 흑설탕 20g, 펩톤 1g, 물 1,000mL.

밀기울, 옥수숫가루, 콩가루를 최대한 미세한 가루로 분쇄한 후, 100메시의 체로 거른 다음, 이 미세한 가루를 물 및 다른 성분과 함께 끓여 액체 배지를 만든다. 그 후, 이 배지를 액체 배양기에 넣는다.

액체의 양은 배양기 총 용량의 70%로 조절하고, 밀봉한 후 가열, 멸균한다. 멸균 시간은 50~60분, 압력은 0.13~0.14MPa로 한다.

(2) **접종**: 배양액이 완전히 식은 후 접종을 진행한다. 접종구에 소량의 알코올을 부어 점화하고, 삼각 플라스크나 수액병의 모종 액체를 부은 다음 접종구를 닫는다.

(3) **배양**: 배양 온도는 22~24℃로 유지하고, 통기량을 조절하여 가능한 한 큰 균사 공의 형성을 줄인다. 다량의 균사 공이 형성된 후 재배종 접종에 사용한다.

균사 공의 크기는 장비에 따라 다르므로, 배지 조제 비율, 통기량 조절, 액체량, 배양 시간, 배양 온도 등의 공정 매개 변수를 조절하여 작은 균사 공을 생산하도록 해야 한다. 이는 균사 공이 직경 2mm 이하로 형성되어야 압력으로 균사 공을 분사할 때 접종 건이 막히지 않도록 하기 위함이다.

액체 종균을 재배종 병이나 봉지에 접종하면 배지와의 접촉 면적이 증가하여 균사체의 성장 속도가 빠르고 오염률이 크게 감소하여 재배종의 생산성을 향상시킨다.

제4절 생장균 재배종 제조

생장균의 수요가 매우 많고 종균 생산을 위한 작업량도 많아서 대부분의 생산자들은 종균을 연중 지속적으로 생산하고 있다. 생장균의 생산 목적은 한편으로는 종균 수량을 확대하여 천마의 대규모 상업적 생산 수요를 충족시키기 위함이고, 다른 한편으로는 종균의 적응 능력을 높여 생장균이 목재에서 왕성하게 자랄 수 있도록 하여 천마의 높은 수확량과 안정된 생산을 보장하기 위함이다.

생장균의 생산 수량은 주로 재배자의 재배 면적에 따라 계획된다. 일반적으로 1㎡의 재배 면적당 3~5병의 생장균이 필요하다.

생장균의 생산 시기는 각 지역의 천마 재배 시기에 따라 조정된다. 물론, 생장균 종균의 저장 기간이 비교적 길기 때문에 대량으로 한 번에 생산하여 냉장고에 보관하고 3~5개월 동안 사용할 수 있다.

생장균의 용기로는 750~1,500mL의 플라스틱 종균병 또는 (17~20)cm × (35~40)cm 크기의 폴리프로필렌 종균 백을 사용할 수 있다. 일반적으로 유리병은 사용하지 않는데, 유리병은 무게가 무겁고 조작이 어려우며, 운송이 번거롭고 회수 비용이 높기 때문이다(그림 4-17, 그림 4-18).

[그림 4-17] 생장균 유수재배종과 무수재배종

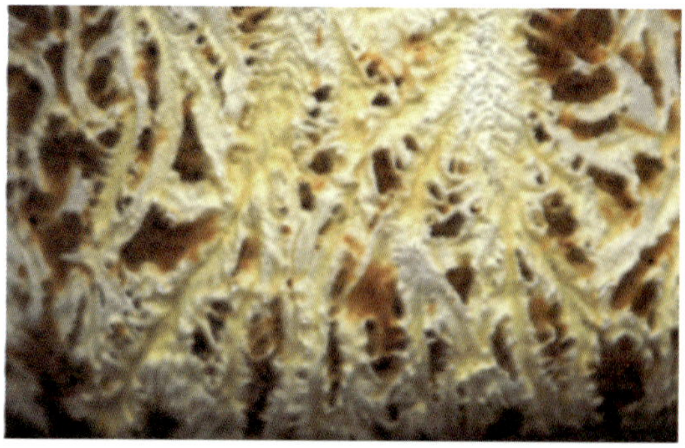

[그림 4-18] 종균병에서 자란 균삭

1. 배양 재료 배합 방법

(1) **톱밥 배지**: 잡목 톱밥 78%, 밀기울 13%, 옥수숫가루 4%, 콩가루 3%, 석고 가루 1%, 탄산칼슘 가루 1%

(2) **나뭇조각 배지**: 지름 1.0~1.5cm의 신선한 참나무 가지를 1~2cm 길이로 자른 것 70%, 밀기울 15%, 옥수숫가루 10%, 콩가루 3%, 석고 가루 1%, 탄산칼슘 가루 1%

(3) **혼합 배지**: 잡목 톱밥 39%, 나뭇조각 39%, 밀기울 12%, 옥수숫가루 5%, 콩가루 3%, 석고 가루 1%, 탄산칼슘 가루 1%

(4) **화산석 배지**: 톱밥 · 밀기울 50%, 0.5~1.5cm 크기의 화산석 50%. 화산석을 생장균 배양 종균의 지지체로 사용하면, 균사체가 화산석 내부의 빈틈으로 침투하여 종균의 발아율이 높아지고 균사체의 성장 속도가 빨라져 재배지의 불리한 환경에도 잘 적응할 수 있다. 대규모로 활용하기에 적합하다(그림 4-19).

[그림 4-19] 화산석을 사용한 생장균 재배종

생산 장비, 접종 기술 및 장비, 배양 조건 등이 잘 갖추어진 곳에서는 1~2%의 흑설탕이나 설탕을 추가로 첨가할 수 있다. 그러나 작업 기술과 장비가 충분하지 않은 곳에서는 오염율을 높일 수 있으므로 설탕을 추가하지 않는 것이 좋다.

배지의 pH는 자연 상태로 두며, 일반적으로 석회를 첨가하지 않는다.

배지의 재료와 물의 비율은 1:(1.3~1.5), 수분 함량은 65~70%가 되도록 조절한다. 입병 후 병 하부의 1/5~1/4 지점에 약간의 물이 보이는 것이 좋으나, 많은 양의 물이 있어서는 안 된다. 백에 담긴 생장균 배지의 수분 함량은 약간 낮아야 하는데 65%를 초과하지 않도록 해야 하며, 종균백 안에 물이 보이지 않아야 한다.

어떤 종균 공장은 배지에 물을 가득 채워 생장균이 장시간 배양 과정에서 필요로 하는 수분을 충분히 공급하는데, 이런 방식은 균사체와 균삭이 튼튼하게 자라고 활력이 강하며, 접종 성공률이 높다는 이점이 있다. 그러나 이러한 종균은 생산 과정에서 매우 주의 깊게 다루어야 한다. 병을 기울이거나 거꾸로 두어서는 안 되는데, 운송 중에 병 안의 액체가 흘러나올 수 있다. 사용 시 외부의 액체가 종균병 안으로 역류하여 오염의 위험을 초래할 수 있으므로 물이 있는 종균 대신 수분 함량이 높은 종균을 사용하는 것이 좋다.

2. 배지 멸균 및 접종

구체적인 제작 방법은 원종 제작 방법과 거의 동일하지만, 배지 충진은 병을 사용하는 것 외에도 플라스틱 종균 봉지를 사용할 수 있으며, 충진 후 같은 방법으로 멸균한다. 접종할 때는 무균 상태에서 원종 병의 뚜껑을 열고, 알코올램프의 불꽃으로 병 입구를 소독한 후, 접종삽으로 배지를 부드럽게 하고 원종 병이나 봉지 입구에서 접종삽으로 종균을 꺼내어 접종할 배지에 직접 접종한 다음, 병이나 봉지의 입구를 잘 밀봉한다.

3. 종균 배양

대형 배양실의 배양 선반에서 생장균 재배종을 배양하고 온도는 20~25℃로 하며 빛을 피한다. 1~2개월 후 균사가 배지를 가득 채우면 생산에 사용할 수 있다.

4. 주의 사항

실험 결과에 따르면, 나뭇조각 배지의 효과가 톱밥 배지보다 더 우수한 것으로 나타났다. 구체적으로 말하면, 나뭇조각 배지로 만든 종균은 성장 속도가 빠르고, 균사가 왕성하게 자라며, 배지에 접종할 때 접종 속도도 매우 빠르다.

나뭇조각으로 배지를 만들 때는 다양한 유기질 질소원 미세 재료를 추가해야 하고 배지의 수분 함량을 늘려 균사의 높은 수분 요구도를 충족시켜야 한다.

화산석을 지지체로 사용하여 생장균 재배종을 생산할 경우, 생장균의 균사가 화산석 내부의 빈틈을 가득 채우게 된다. 배지 표면이 떨어져 나가도 화산석 내부에 여전히 많은 균사가 남아 있다. 접종 후 빠르게 발아하고 생명력이 강하며, 오염률이 낮아 대규모로 활용하기에 적합하다.

제5절 생장균 종균의 구별

1. 종균 품질 기준

1) 각 등급의 생장균 종균에 대한 전체적인 요구 사항

(1) 종균의 외관 색깔이 단일하고 순수하며, 잡균과 말라붙거나 물에 젖은 흔적이 없어야 한다.

(2) 종균의 외관이 활력이 있고 신선하며 촉촉해야 한다.

(3) 균삭은 깨끗하고 굵으며 균일해야 하고, 배지와 배양 재료의 바탕색은 적갈색이어야 한다.

(4) 밤에는 병 안의 균주에서 형광이 보여야 한다.
(5) 생장균 특유의 향긋한 향이 나야 하고 신맛, 악취, 썩은 냄새 등의 이취가 없어야 한다.
(6) 접종 후 생존율이 높고 활착 속도가 빠르며, 배양재의 품질이 우수해야 한다.

2) 모종

반드시 기둥형 배지여야 하고, 사면 배지는 사용하지 않는다. 배지 내부는 흰색과 적갈색의 균사와 균삭으로 가득 퍼져 있어야 하고, 균삭은 굵고 둥글며, 통통하고, 균일하며, 밀집해 있어야 한다. 어두운 상태에서 균사와 어린 균삭의 끝부분에서 백녹색의 형광이 보인다. 배지 전체는 적갈색을 띠고, 검게 변하지 않으며, 배지가 건조하거나 수축하지 않고, 색깔이 균일하며, 잡티나 어두운 반점이 없어야 한다.

3) 원종

원종은 가능한 한 모두 콜로이드 또는 고체 상태여야 하며, 물을 가득 채운 배양 방식을 사용한 종균은 선택하지 않는다. 배지 내부는 흰색과 적갈색의 균사와 균삭으로 가득 차 있어야 하고, 균삭은 굵고, 폭이 2~5mm로 통통하며, 둥글거나 평평하고, 균일하며, 밀집해 있어야 한다. 어두운 상태에서 균사와 어린 균삭의 끝부분에서 백녹색의 형광이 보인다. 배지 전체는 적갈색을 띠고, 검게 변하지 않으며, 배지가 건조하거나 수축하지 않고, 색깔이 균일하며, 잡티나 어두운 반점이 없어야 한다.

4) 재배종

생장균의 재배종도 가능한 한 모두 콜로이드 또는 고체 상태여야 하며, 물을 가득 채운 배양 방식을 사용한 종균은 선택하지 않는다. 배지 내부는 흰색과 적갈색의 균사와 균삭으로 가득 차 있어야 하고, 균삭은 굵고, 폭이 2~5mm로 통통하며, 둥글거나 평평하고, 균일하며, 밀집해 있어야 한다. 어두운 상태에서 균사와 어린 균삭의 끝부분에서 백녹색의 형광이 보인다. 배지 전체는 적갈색을 띠고, 검게 변하지 않으며, 배지가 건조하거나 수축하지 않고, 색깔이 균일하며, 잡티나 어두운 반점이 없어야 한다. 종균 봉지가 손상되지 않고, 통풍 캡이 벗겨지거나 손상되지 않으며, 통기 스펀지가 완전해야 한다.

5) 재배종의 외관 특징

균사와 균삭의 성장세가 왕성하여 배지에 꽉 퍼져 있으며, 잡균 감염 및 종균 퇴화의 징후가 없어야 한다. 만약 종균에서 녹색, 노란색, 주황색이 발견된다면, 이는 종균이 심각하게 오염된 것으로 절대 사용해서는 안 된다. 다만, 종균 봉입면에 검은색 봉합층이 있는 것은 적정 연령에 도달한 종균의 정상적인 현상이다. 병 입구 상단 부분의 종균이 말라서 검게 변한 경우, 이는 종균의 연령이 너무 오래되었거나 이미 여름철 고온을 지나온 것으로 활력과 발아력이 저하된 것이다. 병 입구 상단 부분에 흰색 균사나 균삭이 보이지 않으면 이는 종균이 이미 퇴화되었거나 생산 공정에 결함이 있음을 나타낸다. 고순도의 종균이라면 병 입구에서 균삭이 거의 보이지 않으며, 병 입구에 많은 균삭이 보이면 종균의 순도가 낮거나 연령이 너무 오래된 것일 수 있다.

6) 재배종의 내부 특징

생장균의 최적 균령은 균사가 병 전체에 퍼진 후, 20℃ 이하의 온도에서 20일 이상 보관된 상태이다. 이때 종균을 쪼개 보면 연한 노란색을 띠며, 특유의 균향을 발산한다. 이러한 종균은 균사체의 함량이 높고, 발이 능력이 가장 강하다. 막 자라거나 아직 다 자라지 않은 종균을 쪼개 보면 검은색을 띠며, 균사 및 균삭의 함량이 부족하여 발이 능력이 약하고, 사용 효과도 좋지 못하다. 적절한 온도와 보관 조건일 때 종균의 보관 기간을 약간 연장해도 종균의 사용에는 큰 영향을 미치지 않지만, 보관 중 고온을 피하고 보관 기간이 지나치게 길어서는 안 된다.

2. 종균 품질 검사 방법

생장균 종균 공장의 생산 기술과 생산 장비의 차이, 종균 운송 과정에서의 손상 또는 기타 인위적인 요인으로 인해 종균의 품질 차이가 크고, 안정성이 낮은 불합격 종균이 많을 수 있다. 불합격 종균을 사용하면 천마 재배 시 대규모 실패나 수확 감소로 이어지게 된다. 따라서 종균 생산자와 사용자 모두 생장균 종균의 품질을 구별하는 방법을 숙지해야 한다.

고품질 생장균 재배종을 구별하는 방법은 주로 '보기', '냄새 맡기', '사용하기'와 같은 세 가지 방법이 있다.

1) 보기

첫 번째는 위에서 언급한 고품질 종균의 각종 지표가 완전하고 뚜렷한지 확인하는 것이다. 지표가 완전하고 뚜렷하면 우수한 종균이고 그렇지 않으면 열등한 종균이다.

두 번째는 종균병에 생산 표시가 있는지 확인하는 것이다. 종균을 구매할 때는 반드시 종균의 출처를 확인해야 하며, 생산자명, 생산 주소, 품질 검사 도장이 없는 출처가 불명확한 종균은 모두 불합격 종균으로 간주해야 한다.

2) 냄새 맡기

고품질 생장균 종균은 뚜렷한 균향이 있어야 하며, 그렇지 않으면 불합격 종균으로 간주해야 한다.

3) 사용하기

생장균 종균으로 재배해 보는 것이 생장균 종균의 품질을 검증하는 신뢰할 수 있는 방법이다. 이 검사는 두 단계로 진행된다.

첫 번째 단계는 종균병을 깨고 생장균 종균을 꺼내어 세 부분으로 나눈 후, 단면에 어두운 반점이 있는지 세심하게 검사하는 것이다. 이 반점은 대개 잡균에 의한 오염으로 인해 발생한다. 반점이 발견된 종균은 사용하지 말아야 한다.

두 번째 단계는 생장균 균재의 일반적인 사용 방법에 따라 접종하여 재배한 후, 4주가 되었을 때 표면에 덮인 흙을 걷어내고 목재를 노출시켜 접종이 성공했는지 확인하는 것이다. 만약 목재에 흰색 균사와 균삭이 가득 차 있고, 심지어 목재 사이의 틈새와 하층 덮개 흙에도 거미줄 모양의 구조가 보인다면, 이는 접종 성공률이 높고 정상적으로 성장하고 있으며, 사용한 생장균 종자의 품질이 우수하다는 것을 의미한다. 반면, 재배에 적합한 조건하에서 목재에 '흰 반점'이 보인다면 이는 잡균의 균사가 형성된 균락일 가능성이 있으며, 목재의 껍질이 검게 변하고 정상적인 생장균 균사가 드물거나 거의 보이지 않는 경우, 이는 사용한 생장균 종균이 불합격품임을 나타내는 것으로, 해당 접종 재료는 사용하지 말아야 한다. 그렇지 않으면 천마 재배에 큰 손실을 초래할 수 있다.

제5장 발아균 종균 생산 기술

제1절 발아균 종균의 출처

천마 종자는 생장균 균사체에 직접 접종하거나 멸균된 유기물 배양재에 직접 파종할 수도 없다. 이 두 가지 방식은 종자가 발아하여 원구경(原球茎)을 형성하게 할 수 없다. 천마 종자는 주름버섯속(小菇属) 등 진균의 균사체를 동화시켜야만 영양을 얻어 발아할 수 있으며, 주로 사용되는 것은 석곡버섯(石斛小菇)이다. 발아 후 형성된 원구경은 생장균과 다시 동화되어야만 정상적으로 성장하여 미마와 백마, 전마로 자랄 수 있다. 천마 종자의 발아균은 일반적으로 주름버섯속을 사용하는데, 현재, 중국 내 종균 판매 기관에서 제공하는 종균의 품종이 비교적 안정적이므로 종균를 구입하여 사용하는 것을 권장한다.

자연조건에서 발아균은 주로 낙엽층 및 푸석푸석한 표층 토양에 분포하며, 이러한 토양은 습도가 높고 pH가 약산성이다. 여기서 자란 원시 재료에서 발아균 원시 종균을 분리해 내야 한다. 원시 종균의 분리 작업은 비교적 복잡하고 성공률이 낮으며, 많은 인력과 비용이 소모되므로 여러 차례의 실험을 통해서만 우수한 종균을 얻을 수 있다. 그러므로 일반 생산자에게는 원시 재료에서 직접 분리하고 배양하는 것을 권장하지 않는다.

원시 종균 분리 절차는 다음과 같다:

준비 작업: PDA 배지 여러 개, 삼각 플라스크에 200mL 배지, 무균수 30~100병, 무균 칼날, 가위, 핀셋, 무균 배양 접시 등을 준비한다.

표본 채집: 봄이나 초여름, 3~6월에 노지에서 야생 천마가 자라는 곳을 찾아 자연적으로 꽃이 피면 인공 수분을 실시한다. 종자가 성숙하면 그 자리에 종자를 뿌리고, 낙엽과 부식토로 덮어 준 다음 주변을 적절히 보호해 준다. 가을이 되면 야생에서 발아한 천마 원구경을 채집하거나, 파종지에 덮여 있던 나뭇잎을 발아균 종균 분리의 재료로 사용한다. 발아균이 있는 원구경의 표면에는 흰색 균사체가 분포되어 있으며, 원구경을 잘라 부수어 현미경으로 관찰하면 많은 균사가 존재하는 것을 확인할 수 있다. 이때 이것을 분리 재료로 사용한다.

또한 참나무류 나뭇잎을 채취하여 산림의 부식토와 혼합하고 성숙한 천마 종자를 섞어 야외 숲에 적절한 위치에서 배양한다. 실내에서는 스티로폼 상자, 회전 용기, 큰 비닐봉지 등에 배양 가능하다. 50~80일 후, 배양물에서 팽창된 원구경이나 많은 흰색 균사체로 덮인 나뭇잎을 찾아 분리 재료로 사용한다.

재료 운송: 채집한 원구경과 나뭇잎 재료를 3~6겹의 무균 신문지나 냅킨으로 싸서 신속히 실험실로 가져와 처리한다. 재료는 비닐봉지에 보관하지 말고, 햇빛에 노출되지 않도록 하며, 통풍이 잘되고 건조하며 온도가 낮은 상태에서 운송해야 한다.

재료의 전처리: 원구경과 나뭇잎을 가져온 후 물로 진흙과 모래를 씻어내고, 무균수로 50~60번 충분히 씻은 후, 무균 필터지 위에서 물기를 제거하고 무균 배양 접시에 넣는다.

재료의 희석: 무균 칼날, 가위, 메스 등을 사용해 원구경과 나뭇잎을 잘게 자른다. 가장 작은 조각 1~2개를 무균 배양 접시에 넣고, 무균 접종 막대를 사용해 완전히 부수어 식물 조직 조각이 보이지 않을 때까지 분쇄한다. 배양 접시에 적당량의 무균수를 부어 충분히 흔들어 혼합한 후, 배양 접시에서 소량의 액체를 추출하여 삼각 플라스크에 있는 무균수에 넣어 희석한다. 현미경으로 관찰

하여 40배 대물렌즈로 본 시야에서 균사 조각을 찾기 어려울 정도로 희석하면 된다.

접종: 배양 접시의 배지에 약 1mL의 희석액을 붓고 충분히 흔들어 액체가 배지 표면에 균일하게 분포되도록 하고, 2~3분간 정지시킨다. 그다음 배양 접시 표면의 액체를 따라내고, 접시 뚜껑을 덮는다. 매번 분리 접종 시 100~200개를 접종한다.

배양: 배양 접시를 뒤집어 배양 상자에 넣고, 20~25℃에서 암배양한다.

계대 배양: 배양 접시에서 지름 5mm 이상의 단일 흰색 균사 군락이 발견되면 사면 배지로 계대 배양을 한다. 일반적으로 하나의 배양 접시에서 3~5개의 독립된 균락을 선택할 수 있다. 성장 속도가 빠르거나 색이 있는 균락, 세균이나 효모가 자라는 균락은 선택하지 않는다.

배양: 시험관 배지에서 계속 배양한다.

순화: 시험관 내 배지의 균사 길이가 1~2cm 정도 자랐을 때, 접종 막대를 사용해 끝부분 2~3mm의 균사체를 선택하여 새로운 시험관 배지로 옮겨 계속 배양한다. 이러한 과정을 2~3번 반복하면 매우 순수한 균사를 얻을 수 있다.

식별: 현미경으로 시험관 내의 균사를 관찰하여 균사에 격막이 있고, 분지가 잘 발달되고, 자물쇠 모양의 결합이 있는지 확인한다.

천마 종자 발아 실험: 분리 종균을 나뭇잎을 원료로 한 원종 병에 접종하여 배양한다. 성숙한 천마 종자를 분리된 발아균과 혼합 배양하여 배양 접시에서 배양한다. 이때, 배양 접시 바닥에는 충분히 물을 머금은 스펀지나 질석을 놓는다. 배양 온도 22~25℃, 암 조건에서 50~70일간 성장시킨 후 천마 종자가 원구경을 형성하는 상황을 관찰하고, 종자의 발아율을 통계 작성한다.

각 균주의 차이를 비교하여 최상의 균주를 선택한다.

원시 재료를 분리할 때에는 일반적으로 독성이 강한 승홍(Hg_2Cl_2, 독성이 매우 강한 화합물로 소독제나 방부제로 사용) 용액을 사용하여 소독하지 않는다.

제2절 발아균 모종 생산

천마 종자 발아균 모종의 생산 시기는 원종의 생산 시기를 기준으로 결정한다. 일반적으로 원종 생산 시기보다 20~30일 앞서 준비를 시작하며, 2~3일 전에 충분히 자라게 하여 즉시 사용할 수 있도록 한다. 막 자라기 시작한 시험관 모종은 생장력이 강하고, 접종 성공률이 높으며, 균사체가 빠르게 성장하고 오염률이 낮다. 반면, 균사체가 가득 찬 시험관 모종은 보관 시간이 길어지면서 배지가 건조해지고 수축하며, 균사체가 노화되어 활착이 어려워지고 오염률이 높아져 생산 속도에 영향을 미칠 수 있다. 생산량은 원종의 수량에 따라 결정되며, 한 개의 시험관 모종으로 5~10개의 원종을 계대할 수 있다. 1,000병의 원종을 생산하려면 100~150개의 시험관 모종이 필요하다.

냉장고에 보관된 시험관 종균 또는 막 구매한 종균을 미리 활성화하여 일정량의 시험관에 옮기고, 균사가 시험관을 가득 채우면 즉시 원종 생산에 필요한 사면 배지로 옮겨 생산한다. 그 수량은 생산용 시험관 종균의 1/30에 해당한다.

1. 배지 조성

배지 조제 1: 감자 200g, 포도당 20g, 한천 20g, 물 1,000mL.

배지 조제 2: 밀기울 40g, 설탕 20g, 한천 20g, 물 1,000mL.

배지 조제 3: 잡목 톱밥 30g, 포도당 20g, 한천 20g, 물 1,000mL.

배지 조제 4: 활엽수 나뭇잎 10g, 설탕 20g, 한천 20g, 물 1,000mL.

배지 조제 5: 고운 콩가루 5g, 포도당 20g, 한천 20g, 물 1,000mL.

배지 조제 6: 솔잎 45g, 펩톤 1g, 설탕 20g, 한천 20g, 물 1,000mL.

배지 조제 7: 톱밥 10g, 참나무류 나뭇잎 10g, 밀기울 10g, 소나무 잎 5g, 효모 가루 1g, 포도당 20g, 한천 20g, pH는 자연 값, 물 1,000mL.

배지 조제 8: 밀기울 가루(밀기울을 100메시로 거른 것) 5g, 흑설탕 25g, 효모

가루 1.5g, 한천 20g, 물 1,000mL.

배지 조제 9 : 콩박 가루(콩박을 100메시로 거른 것) 3g, 흑설탕 25g, 효모 가루 1.5g, 한천 20g, 물 1,000mL.

배지 조제 10 : 옥수숫가루(옥수숫가루를 100메시로 거른 것) 3g, 설탕 20g, 펩톤 1g, 한천 20g, 물 1,000mL.

위의 조제에는 인산 수소이칼륨 1g, 인산 이수소이칼륨 0.5g, 황산마그네슘 0.5g, 소량의 복합 비타민 등을 추가할 수 있다. 천연 원료로 조제된 한천 배지의 자연 pH는 일반적으로 5.5~6.0이므로 산 또는 알칼리 용액으로 조정할 필요가 없다.

2. 배지 멸균 및 접종

1) 배지 조제

톱밥, 솔잎, 나뭇잎, 밀기울 등 천연 원료를 물에 넣고 20분간 끓인 후, 걸러내고 그 여과액에 한천을 첨가하여 한천이 완전히 녹을 때까지 가열한다. 이후 나머지 성분을 추가하고 완전히 녹인 다음 분주한다. 긴 경사형 시험관 내 액체 양은 시험관 길이의 1/5, 짧은 경사형 시험관은 시험관 길이의 1/3 정도로 한다.

면 마개를 사용하는 시험관은 멸균 후 시험관 내 응축수가 쉽게 증발하므로 3~5일 이내에 사용한다. 라텍스 마개를 사용한 시험관은 응축수가 증발하기까지 2~3주가 소요되므로 배지를 미리 준비해야 한다.

2) 멸균

배지는 고압 멸균기로 멸균하며, 압력이 0으로 떨어진 후 고압 멸균기를 열어 뚜껑을 살짝 열어 둔 상태에서 10분 후 시험관을 꺼내어 경사형으로 놓는다.

3) 사면 배지

원종 생산을 위한 시험관 배지는 긴 경사면으로 만들고, 경사면 길이는 시험관 전체 길이의 1/2~2/3까지로 하며, 일반적으로 면 마개를 사용한다. 종균 보관용으로는 기둥 모양의 짧은 사면 배지를 만들며, 기둥 길이는 2~3cm, 경사면 길이는 1~2cm 또는 그보다 짧게 만들고 일반적으로 라텍스 마개를 사용한다.

4) 검사

배지를 25℃ 배양 상자에서 24시간 배양하고, 잡균이 자라는지 관찰하여 멸균이 완전한지 확인한다. 세균, 곰팡이 등의 오염이 없다면 플라스틱 상자에 넣어 보관하고, 시험관 내 응축수가 완전히 없어진 후 사용한다.

5) 접종

균주가 사면을 덮는 시간을 단축시키기 위해 사면의 두 지점에 접종하는 방법을 사용할 수 있다. 접종 시, 사면 배지 표면의 상부와 하부 각각 1/4 지점에 1개의 균주를 접종한다. 접종 블록의 크기는 (3~5)mm × (3~5)mm이며, 이렇게 하면 균주가 경사면을 덮는 시간을 약 1/3 정도 단축시킬 수 있다.

3. 종균 배양

발아균의 시험관 종균은 22~25℃ 배양 상자에서 15~20일이면 시험관을 가득 채운다. 배양 과정을 매일 관찰하고, 오염된 잡균, 균사체 성장 속도가 느린 것, 균락이 기형인 시험관 등을 골라내야 한다. 균사가 밀집하고, 깨끗하며, 건강한 균사체가 있는 시험관을 생산용 종균으로 사용한다.

보관용 종균은 짧은 사면 배지에 접종하는 것이 가장 좋다. 짧은 사면 시험관 종균은 라텍스 마개를 사용하여 냉장고에 보관하면 1~2년간 저장할 수 있다.

제3절 발아균 원종 생산

원종의 생산 시기는 재배종의 생산 시기에 따라 결정된다. 일반적으로 재배종 생산 시기보다 2개월 앞서 생산을 준비하여 미리 충분히 자라도록 한다. 생산량도 재배종의 수량에 따라 결정되는데, 한 병의 원종으로 30~50개의 재배종 봉지를 생산할 수 있다. 예를 들어, 10,000개의 재배종을 생산하려면 200~300병의 원종이 필요하다.

1. 배양 재료 배합 방법

배양 재료 조제 1: 잘게 간 잡목 톱밥(입자 크기 2~4mm) 70%, 밀기울 25%, 콩가루 2%, 과인산석회 1%, 석고 1%, 포도당 1%.

배양 재료 조제 2: 면실박 70%, 옥수숫가루 5%, 미강 20%, 옥수숫가루 3%, 석고 1%, 설탕 1%.

배양 재료 조제 3: 잘게 간 톱밥 45%, 옥수수 속대 가루 30%, 밀기울 20%, 콩가루 2%, 탄산칼슘 1%, 석고 1%, 포도당 1%.

배양 재료 조제 4: 옥수수 속대 가루 75%, 밀기울 20%, 대두박 가루 2%, 탄산칼슘 1%, 석고 1%, 포도당 1%.

배양 재료 조제 5: 잘게 간 톱밥 45%, 면실박 30%, 옥수숫가루 2%, 밀기울 20%, 탄산칼슘 1%, 석고 1%, 포도당 1%.

배양 재료 조제 6: 잘게 간 톱밥 30%, 면실박 20%, 옥수수 속대 가루 25%, 대두박 가루 2%, 밀기울 20%, 탄산칼슘 1%, 석고 1%, 포도당 1%.

배양 재료 조제 7: 활엽수 나뭇잎 가루 75%, 밀기울 20%, 옥수숫가루 2%, 탄산칼슘 1%, 석고 1%, 포도당 1%.

배양 재료 조제 8: 잘게 간 톱밥 30%, 활엽수 나뭇잎 가루 45%, 옥수숫가루 2%, 밀기울 20%, 탄산칼슘 1%, 석고 1%, 포도당 1%.

배양 재료 조제 9: 밀 30%, 활엽수 나뭇잎 가루 57%, 탄산칼슘 1%, 석고 1%, 포도당 1%.

배양 재료 조제 10: 밀 50%, 잘게 간 톱밥 47%, 탄산칼슘 1%, 석고 1%, 포도당 1%.

2. 배지 멸균 및 접종

먼저 잘게 간 톱밥, 면실박, 옥수수 속대, 나뭇잎 가루 등의 원료를 1% 포도당 수용액에 24시간 동안 담가 둔다. 밀은 깨끗한 물에 24시간 동안 담가 둔다. 그다음, 배양 재료의 다른 성분들을 섞어 준다. 수분 함량은 배양 재료를 한 움큼 쥐었을 때 손가락 사이로 물이 보이지만 떨어지지 않을 정도로 조절하여 63~65%로 유지한다.

유리 또는 플라스틱 종균병에 배양 재료를 어깨까지 채운다. 병 가운데에 지름 1~2cm의 둥근 나무 막대를 사용해 구멍을 낸다. 병 표면을 깨끗한 물로 씻어 건조시킨 후 병뚜껑, 면 마개, 비닐로 밀봉한다.

원종의 생산량이 적기 때문에 일반적으로 중형 고압 멸균기를 사용해 멸균한다. 한 번에 멸균할 수 있는 병의 수는 40~50병 또는 100~200병이다. 멸균 압력은 0.13~0.14MPa, 온도는 123~125℃, 시간은 12시간이다. 압력이 0으로 내려간 후, 멸균기의 뚜껑을 열어 남은 열기로 10~20분 동안 건조시킨 다음 꺼내어 냉각실에서 식힌다. 원종의 멸균에는 일반적으로 상압 장비를 사용하지 않는다.

충분히 식힌 후 접종실로 옮겨 접종을 진행한다. 먼저 종균병 표면에 70~75% 에탄올을 뿌려 소독한 다음 접종 작업을 실시한다.

일반적으로 시험관 하나로 5~10병의 원종을 접종할 수 있다. 접종 삽으로 시험관 사면에 있는 배지를 파내어 미리 뚫어 놓은 구멍에 직접 접종하고 소량의 배양 재료로 덮는다. 그다음 병목을 밀봉한다.

3. 종균 배양

원종의 수량이 적기 때문에 대형 배양 상자나 소형 배양실에서 배양할 수 있다. 접종을 마친 후, 종균병을 배양실 또는 배양 상자로 옮겨 배양한다. 배치가 완료되면 병뚜껑과 그 주위에 70% 에탄올을 뿌린다. 배양 온도는 23~25℃이며, 빛을 피해야 한다. 일반적으로 35~50일 후에 종균이 병에 가득 찬다.

제4절 발아균 재배종 생산

천마 종자 발아균 재배종의 수량은 주로 재배 면적에 따라 정한다. 재배 면적 $1m^2$당 2~3개의 재배종이 필요하고, 재배종 봉투의 크기는 17cm × (25~30)cm, 중량은 750~1,000g이다.

발아균 재배종은 반드시 천마 종자가 성숙하기 1~2주 전에 준비되어야 한다. 재배종을 구매하려는 생산자는 자신이 필요로 하는 시기를 파악하여 생산자가 재배종을 미리 준비하도록 해야 한다. 천마 종자가 완전히 성숙한 후에 발아균 재배종을 구매하려고 하면, 시기와 계절의 요구를 충족시킬 수 없다. 천마 종자는 성숙 후 즉시 파종해야 하기 때문이다.

중국은 남북부와 해발 고도에 따라 각 지역의 천마 개화, 결실, 성숙 시기가 완전히 다르다. 일반적으로 5~8월이 천마 종자 성숙기이며, 성숙한 열매를 하나씩 수확한다. 천마 종자의 수명은 길지 않으므로 오래 보관하기 어렵고, 종자 수확 후 즉시 발아균 재배종에 파종해야 한다. 가장 좋은 방법은 수확과 동시에 파종하여 종자의 발아율을 높이는 것이다. 만일 바로 파종할 수 없다면, 종자를 종이봉투에 넣어 3~5℃의 냉장고에 보관한다. 그러나 보관 기간은 21일을 초과하지 않아야 하는데, 시간이 지나면서 종자의 발아율이 점차 감소하여 발아 능력을 상실할 위험성이 있기 때문이다. 따라서 발아균을 미리 준비해야 한다.

1. 배양 재료 배합 방법

배양 재료 조제 1: 활엽수잎 80%, 밀기울 15%, 옥수숫가루 2%, 인산이수소칼륨 1%, 석고 1%, 탄산칼슘 0.5%, 황산마그네슘 0.5%

배양 재료 조제 2: 잘게 간 톱밥 80%, 밀기울 15%, 옥수숫가루 2%, 인산이수소칼륨 1%, 석고 1%, 탄산칼슘 0.5%, 황산마그네슘 0.5%.

배양 재료 조제 3: 잘게 간 톱밥 40%, 활엽수잎 40%, 밀기울 15%, 옥수숫가루 2%, 인산이수소칼륨 1%, 석고 1%, 탄산칼슘 0.5%, 황산마그네슘 0.5%.

배양 재료 조제 4: 잘게 간 톱밥 40%, 면실박 40%, 밀기울 15%, 옥수숫가루 2%, 인산이수소칼륨 1%, 석고 1%, 탄산칼슘 0.5%, 황산마그네슘 0.5%.

2. 배지 멸균 및 접종

먼저 잘게 간 톱밥, 면실박, 옥수수 속대, 나뭇잎 가루 등의 원료를 1% 포도당 수용액에 24시간 동안 담가 둔다. 밀은 깨끗한 물에 24시간 동안 담가 둔다. 그 다음, 배양 재료의 다른 성분들을 섞어 준다. 수분 함량은 배양 재료를 한 움큼 쥐었을 때 손가락 사이로 물이 보이지만 떨어지지 않을 정도로 조절하며, 수분 함량 63~65%, pH 6~7로 조정한다. 배합은 3~5회 정도 반복하여 최대한 균일하게 혼합한다.

플라스틱 재배종 봉투에 배양 재료를 채우고, 봉투당 750~1,000g의 재료를 넣는다. 봉투 중앙에 지름 1~2cm의 나무 막대로 구멍을 낸다. 봉투 입구에 고리와 통기 캡을 씌우고, 표면의 이물질을 마른 천으로 닦아낸 다음 멸균 프레임에 넣고 멸균한다. 또한 플라스틱 접종 막대를 미리 삽입해 두면, 접종 시에 이를 꺼내어 원종을 바로 접종할 수 있다.

재배종은 생산량이 많기 때문에 대형 고압 멸균기를 사용한다. 한 번에 멸균할 수 있는 수량은 1,000~10,000봉이다. 멸균 압력은 0.13~0.15MPa, 온도는 123~126℃, 시간은 3~4시간 정도이다. 자연적으로 압력이 0.1MPa로 내려가야 가스를 방출할 수 있으며, 압력이 0으로 내려간 후 뚜껑을 열고, 남은 열기로 10~20분 동안 건조시킨 다음 꺼내어 냉각실에 넣고 식힌다. 재배종의 멸균에는 상압 장비를 사용할 수도 있다. 이 경우, 봉투는 선반에 수평으로 놓아야 하며, 100℃에서 16~24시간 동안 멸균한다. 절대로 쌓아 놓고 멸균하는 방식은 사용하지 말아야 한다(그림 5-1).

[그림 5-1] 발아균 종균 배지의 상압 멸균

냉각실에서 완전히 식힌 후 접종실로 옮겨 접종을 진행한다. 먼저 재배종 봉투 입구 표면에 70~75% 에탄올을 뿌려 소독한 다음 접종 작업을 실시한다.

일반적으로 한 병의 원종으로 30~50개의 재배종을 접종할 수 있다. 접종 삽으로 원종을 채취하여 재배종 봉투에 미리 뚫어 놓은 구멍에 직접 접종하고, 소량의 배양 재료로 덮는다. 그다음 봉투 입구를 밀봉한다.

발아균의 균사 자체는 성장 속도가 느리기 때문에 배양 시간을 단축시키기 위해서 배지 중앙에 구멍을 내어 접종하고, 접종할 때 많은 양의 원종을 사용하는 것이 좋다. 구멍 안과 배지 표면 모두에 원종을 충분히 접종해야 잡균 감염률을 줄이고 배양 시간을 단축시킬 수 있다.

3. 종균 배양

발아균의 생산량이 많기 때문에 대형 배양실에서 배양한다. 봄철 생산 시에는 기온이 낮으므로 난방을 하여 온도를 올리고, 초여름에는 기온이 25℃를 초과하는 경우가 많아 온도를 낮추어야 한다. 접종을 완료한 후, 재배종 봉투를 배양실 또는 배양 상자로 옮겨 배양한다. 배치가 완료되면 70% 에탄올을 뿌려 소독하고, 특히 봉투 입구와 그 주변을 주의 깊게 소독한다(그림 5-2).

배양 온도는 20~25℃, 빛이 없는 환경을 유지해야 한다. 공기의 상대 습도는 70% 이하로 유지해야 하며, 습도가 높고 비가 많이 오는 지역에서는 습도를 낮추기 위한 조치를 취해야 한다. 예를 들어, 건조한 석회를 사용해 수분을 흡수하거나 에어컨으로 습도를 낮추는 방법을 사용한다. 일반적으로 40~50일 후에 봉투가 가득 찬다.

[그림 5-2] 종균 배양 선반

4. 주의 사항

발아균 재배종의 생산량이 많고, 생산 기간 동안 기온이 높으며, 배양 시간이 길고 배양실이 비교적 개방되어 있기 때문에 오염 방지에 특히 주의해야 한다.

검사: 매일 전담 요원이 종균의 발이 및 균사체의 성장 상태를 확인한다. 국

소적으로 오염이 소량 발생했을 경우, 신속히 처리하고, 오염된 종균 봉투는 배양실에서 제거해야 한다.

오염 방지: 종균 배양 전에 배양 선반, 공간, 벽, 바닥, 도구 등을 트리클로로이소시아누르산 나트륨 용액, 황산구리 용액으로 2~3회 충분히 분사 처리한 후, 약간 환기시킨 다음 종균을 배양한다. 7~10일 간격으로 70% 에탄올 용액을 종균 봉투 입구에 분사하여 외부 잡균 감염을 엄격히 통제해야 한다.

고온 방지: 발아균 재배종은 5~6월에 생산되므로 해발이 낮은 지역에서는 25℃~30℃ 이상의 고온이 발생할 수 있어 반드시 온도를 낮추기 위한 조치를 취해야 한다. 대규모 종균 생산 공장은 정전으로 인해 온도를 낮출 수 없는 위험을 방지하기 위해 발전기를 준비해야 한다.

균소각 방지: 배양 초기에는 균사체의 생체량이 적고 발열량이 적기 때문에 하루에 1~2회, 한 번에 10~30분씩 환기시킨다. 배양 후반에는 균사체 생장량이 배양재의 절반을 초과하여 발열량이 크므로 환기를 강화해야 하며, 하루에 2~3회, 한 번에 30~50분씩 환기해야 한다. 온도가 너무 높고 에어컨으로 온도를 낮추는 속도가 느리면 환기팬을 사용하여 강제로 환기하고 온도를 낮춘다. 쌓아 놓는 방식으로 배양하는 종균은 적시에 쌓아 놓은 층수를 줄이고, 각 줄의 종균 봉투 간 거리를 벌려 균소각(균이 타는 현상)을 방지해야 한다.

해충 방지: 배양실 내에 곤충이 나타나면 즉시 살충제로 해충을 제거하여 곤충에 의한 잡균 오염 위험을 방지해야 한다. 오래된 장소에서는 버섯 파리와 버섯 모기가 많으므로 생산 전에 여러 번 계면 활성제와 생물 농약을 사용하여 제거해야 한다.

종균 운송: 균이 타거나 오염되는 것을 방지하기 위해 여러 가지 조치를 취해야 한다. 운송 거리를 줄이고, 종균은 가까운 곳에서 공급받거나 구매하는 것이 좋다. 가능하다면 냉장차를 이용해 종균을 운송하는 것이 가장 좋다. 장거리 운송 시 쌓아 놓는 방식을 사용하지 말아야 하며, 밤에 저온으로 운송하는 것이 비교적 안전하다.

제5절 양질의 발아균 종의 구별

1. 발아균 재배종 품질 기준

모종: 균사가 순백색으로 밀도가 높으며, 약간의 솜털이 있고, 끝부분이 고르고, 기생균사는 거의 없어야 한다. 배지 표면의 균사가 균일하고 평탄하며, 빛이 없는 조건에서 약한 녹백색의 형광을 발한다. 균사체 표면에는 분비물이 없으며, 검은 반점이나 색소, 특이한 냄새가 없어야 한다.

원종: 균사체가 순백색으로 밀도가 높으며, 균일하고 강하며, 끝부분의 성장이 고르다. 빛이 없는 상태에서 약한 녹백색의 형광을 발한다. 균사체 표면에는 분비물이 없으며, 균사체가 용기 내벽에 밀착되어 있고, 마르거나 분비물이 없어야 한다. 검은 반점이나 색소, 특이한 냄새가 없어야 한다.

재배종: 균사체가 순백색으로 밀도가 높으며, 균일하고 강하며, 끝부분의 성장이 고르다. 빛이 없는 상태에서 약한 녹백색의 형광을 발한다. 두드리면 탄성이 있고, 소리가 맑게 울린다. 균사체 표면에는 분비물이 없으며, 균사체가 용기 내벽에 밀착되어 있고, 마르거나 분비물이 없어야 한다. 검은 반점이나 색소, 특이한 냄새가 없어야 한다. 종균 봉투가 손상되지 않고, 통기 캡이 떨어지지 않으며, 통기 스펀지가 완전한 상태여야 한다.

2. 발아균 종균 품질 검사 방법

발아균 재배종의 품질은 천마 재배 시 생산량에 직접적으로 영향을 미친다. 재배종의 주요 품질 문제는 내부의 잡균 오염이다. 일부 잠재된 잡균 오염은 일반적인 종균 생산자나 천마 재배자가 인식하기 어렵다. 생산자와 구매자는 반드시 사용하는 종균의 품질을 검사하여 적합한 종균을 사용해야 한다.

다음과 같은 방법을 사용하여 육안으로 직접 관찰하거나 현미경 관찰 및 배양 검사를 통해 품질을 평가할 수 있다.

외관: 균사체의 색상이 정상이고 잡색 반점이나 잡균이 없어야 한다. 재배종의 절단면에 균사체가 균일하고 일관되며, 속이 비거나 잡색의 균사가 없어야 한다.

강도: 종균 봉투가 균사체로 가득 차면 일정한 강도가 있어야 한다. 손으로 두드렸을 때 맑고 경쾌한 소리가 나야 한다.

냄새: 종균을 열었을 때 특유의 상쾌한 향이 나야 하고, 신맛, 악취, 곰팡이 냄새가 없어야 한다.

현미경 검사: 각 단계의 균사체를 채취하고 표본을 만들어 관찰했을 때, 균사의 형태가 단일하고 세균이나 잡균의 균사가 없어야 한다.

배양 검사: 무균 상태에서 종균 봉투 표면을 알코올 솜으로 2~3회 닦은 후, 무균 칼날로 필름을 잘라내고 재배종의 균사체를 시험관 배지에 접종하여 배양한다. 자라난 균사는 형태가 단일하고, 표준 발아균 균사와 일치하며, 잡균이 없어야 한다.

종균 구매자는 붉은색이나 흰색의 연쇄상구균으로 오염된 제조 업체에서 종균을 구매해서는 안 된다. 종균 생산업체도 오염을 엄격히 통제하고, 생산 현장과 종균에 연쇄상구균이 나타나지 않도록 주의해야 한다.

제6장 천마 종자 인공 수분 기술

천마 재배는 작은 괴경인 미마(米麻)와 백마(白麻)를 종자원으로 사용하며, 이것을 생장균(蜜環菌)의 균상에서 재배하여 새로운 미마와 백마, 그리고 더 큰 크기의 전마(箭麻)로 키우는 무성 번식 재배 방법이다. 장기간의 무성 번식 재배 과정을 통하여 온도, 습도, 수분, 토양 조건, 병충해의 영향과 변화로 인해 천마 괴경의 성장 발육 능력과 번식 기능이 점차 퇴화하게 된다. 천마 괴경의 수확량은 세대가 지날수록 감소하고, 품질이 떨어지며, 개체의 형태는 타원형에서 길쭉한 모양으로 변하고, 무게는 점차 가벼워진다.

천마의 유성 번식 재배는 천마로부터 개화를 유도하고 인공 수분을 실시하여 수정된 유성 생식 종자를 얻은 후, 이 종자를 발아시켜 미마와 백마로 자라게 하는 방법이다. 천마 꽃의 특수한 구조로 인해 꽃가루 아래와 암술머리 사이에 하나의 격막 같은 꽃받침이 있어 꽃가루가 자연스럽게 암술머리에 떨어져 자연 수분이 이루어지지 않는다. 천마는 특정 곤충이 꽃 속으로 들어가야만 수분이 가능하고, 자연 상태에서의 수분율이 매우 낮다. 야생에서 발견된 천마는 개화 후 종종 빈 껍질로 된 열매를 맺어 성숙한 종자를 찾아보기 어렵다. 따라서 천마는 반드시 인공 수분을 실시해야 한다.

인공 수분은 꽃가루를 암술머리에 놓아 수정이 이루어지게 하며, 자방이 부풀고 열매를 맺어 종자를 생성하게 하는 것이다. 천마 한 주에 30~80개의 꽃이 피고 각 꽃은 한 개의 열매를 맺으며, 각 열매에는 2~3만 개의 종자가 들어 있다. 이론적으로는 각 종자가 발아하여 원구경(原球莖)을 형성할 수 있으며, 원구경은 다시 많은 미마와 백마를 생성할 수 있어 대규모 재배를 위한 종자의 수요를 완전히 충족시킬 수 있다.

필요한 종자량은 주로 상품의 천마 생산을 위한 재배 면적에 따라 정해지는데, 1제곱미터의 재배 면적당 필요한 열매의 수는 1~2개이며, 천마 1개당 열매 수는 20~30개를 얻을 수 있다. 한 개의 천마에서 개화하여 얻은 종자는 20제곱미터를 재배하는 데 충분하다.

천마의 유성 번식을 성공적으로 수행하기 위해서는 천마 종자를 발아균과 혼합하여 발아시켜야 하며, 1년 정도 지나면 백마로 자랄 수 있고, 1.5~2년 후에는 전마로 자라며 동시에 많은 미마를 생성할 수 있다. 천마의 유성 번식 재배는 천마 종자의 퇴화를 방지하고, 천마의 번식률과 생산량을 높일 수 있다. 또한 인공 수분을 통해 교배하여 형질이 우수하고 다수확 가능한 천마 품종을 육성할 수 있다.

제1절 천마 종자 재배 장소의 선택

1. 천마 종자 재배 장소의 선택

천마 종자를 재배하는 장소는 기존의 방을 사용할 수도 있고, 거주지 근처에 온실을 설치하여 사용할 수도 있다.

실내 장소: 교통이 편리하고 환기가 잘 되는 밝고 넓은 주택, 공장, 사무실 등을 선택할 수 있다. 바닥은 콘크리트 등 단단한 재질로 되어 있어야 하며, 창문이나 환기 장치가 있어야 한다.

실외 온실: 실외 장소는 교통이 편리하고, 넓고 평탄한 곳을 선택한다. 철근, 강관, 목재, 대나무, 판자 등을 사용하여 간단한 그늘막을 설치하며, 높이는 2.0~2.5m로 한다. 폭과 길이는 생산량의 크기에 따라 정하는데 일반적으로 10~300m^{2}이다. 온실의 지붕에는 얇은 필름과 차광망을 덮는다. 주변에는 울타리를 세워 내부의 차광도가 약 70% 유지되도록 하고, 종자가 가축이나 가금류의 피해를 받지 않도록 해야 한다.

시설: 플라스틱병, 플라스틱 바구니, 스티로폼 상자 등이 있으며, 필요 수량은 생산량에 따라 조정한다.

2. 장소 선택 시 주의 사항

실내 장소는 잡동사니를 정리하고, 바닥, 벽, 천장을 석회수로 소독해야 하며 애완동물, 가금류, 가축이 들어오지 않도록 해야 한다. 일반적으로 지하실이나 낮은 위치에 있는 1층은 선택하지 않는 것이 좋은데, 이곳은 공기가 습하여 천마 재배에는 적합할 수 있지만, 인공 수분에는 적합하지 않기 때문이다.

실외 장소는 주변이 채소밭과 접하지 않도록 해야 한다. 이는 채소의 병충해가 천마 꽃대에 전염되는 것을 방지하기 위함이다. 토양은 부드럽고 물이 고이지 않아야 하는데, 만약 토양이 좋지 않다면 다른 보습 및 배수가 잘되는 고정물로 대체할 수 있다.

제2절 천마의 선택 및 정식

1. 천마의 채집

전마의 공급원은 야생과 재배 두 가지 경로가 있다. 채집하거나 구매하여 구할 수 있다.

야생 전마: 지난해 가을에 야생에서 채집한 큰 전마는 종마로 보관할 수 있다. 그해 봄에 야생에서 채집한 전마가 꽃대를 올린 상태라면 실내로 가져와 관리하면서 개화 및 수분을 진행할 수 있다. 그러나 야생 전마의 수량은 매우 제한적이어서 우연히 발견하여 얻는 것이 대부분이므로 상업적 · 대규모 생산을 위한 수요를 충족할 시키기 어렵다.

야생 전마의 수집 경로는 직접 산에 가서 채집하거나, 다른 사람이 채집한 야생 전마를 구매하는 것이다. 야생 전마는 그 수가 한정되어 있고 계절에 제한을 받으므로 다양한 경로를 통해 광범위하게 수집해야 한다.

야생 천마 채집의 4가지 원칙을 익혀야 한다. 첫째, 해당 지역의 야생 천마 분포를 완전히 파악해야 한다. 자신이 잘 모르는 경우, 현지 채집 전문가의 도움을 받는 것이 좋다. 둘째, 천마가 선호하는 생장 환경을 이해해야 한다. 셋째, 산림 상태를 세심하게 관찰해야 한다. 넷째, 신중하게 채집하여 분류 처리해야 한다.

천마는 생장균에 의존하여 성장하고 생장균은 천마의 기생 숙주가 된다. 생장균의 균사는 나무 그루터기, 썩은 나뭇가지, 숲속 낙엽에 기생하여 사방으로 뻗어나가면서 '먹이'를 찾아다니다가 천마를 만나면 놓지 않는다. 생장균이 처음에 천마의 표피에 침투하고, 천마의 소화 세포층에 도달하면 생장균이 천마의 소화 세포에 의해 먹혀 천마의 성장을 촉진하는 영양소가 된다. 천마가 노쇠해지면, 생장균이 거의 전부를 먹어치우게 되어 '노마 껍질(老麻皮)'만 남게 된다. 이 껍질을 '천마 껍데기'라고도 부른다. 따라서 야생 천마를 채집할 때 생장균의 균사와 '천마 껍데기'를 찾는 것도 좋은 단서가 될 수 있다.

천마는 여름철에 서늘하고 습기가 많은 곳, 겨울철에는 눈이 깊게 쌓인 곳, 활엽수가 무성하게 자라는 지역, 낙엽층이 두꺼워지면 피복이 잘 되는 음지 산비탈 중부, 해발 500~2,500m의 산악 지대에서 잘 자라고, 떡갈나무, 신갈나무, 자작나무, 피나무, 느릅나무, 단풍나무 등이 자라는 숲 아래에서 생장하는데, 특히 졸참나무 숲 아래에서 더 많이 발견된다.

토질을 꼼꼼히 관찰해야 한다. 천마는 비옥하고 통기성이 좋으며 토양층이 깊은 부식토에서 잘 자란다. 야생에서 형성된 '야생 천마(窝子麻)'는 이러한 조건에서 발달된 것이다.

야생 천마는 봄, 여름, 가을 3계절 동안 채집할 수 있다. 가을, 겨울, 이른 봄에는 천마의 줄기가 발달하지 않고(즉, 줄기가 나지 않음) 땅속에 묻혀 있는 상태이다. 이때는 현지 야생 천마 분포 지역에서는 천마를 찾을 수 있다. 벌채 후 2년이 지난 벌채 지역에서 천마를 찾으려면 먼저 마른 활엽수 그루터기의 음지면을 관찰하여, 나무뿌리 양쪽을 따라 땅을 파서 천마를 찾아야 한다. 천마를 발견하면, 땅을 조심스럽게 파서 천마에 손상을 입히지 않도록 한다. 그다음, 다른 나무뿌리 쪽으로 파서 나무뿌리 끝까지 파헤친다. 이렇게 하여 전마, 백마, 미마와 천마 껍질을 모두 찾아내고, 도저히 미마를 꺼낼 수 없는 경우에는 다시 생장균이 있는 나무뿌리를 옆에 묻어 두고, 6cm 두께의 부식토를 덮은 다음, 10cm 두께의 낙엽을 덮고 표식을 남겨 두면 다음 해나 그다음 해에 다시 와서 채취할 수 있다. 야생 천마를 채취한 후, 전마는 꽃을 피우고 열매를 맺도록 하기 위한 종마로 남겨 둔다. 중소형 백마와 미마는 재배용 종마로 사용한다.

3~6월에는 야생 천마를 찾기 쉽다. 이 시기에는 대부분의 천마에서 꽃대가 나와 높이가 보통 1.0~1.5m에 이르게 되며, 붉은 줄기 천마, 녹색 줄기 천마 등이 있고, 꽃차례가 10~30cm 높이로 자라기 때문에 멀리서도 쉽게 발견할 수 있다. 발견이 되면 조심스럽게 채집하고, 채집한 천마는 대나무로 만든 바구니에 이끼나 부식토를 깔아 보호하여 충격 및 바람, 햇빛으로부터 손상되지 않도록 해야 한다. 채집한 종마는 신선함을 유지하기 위해 즉시 심어야 하며, 오래 보관해서는 안 된다. 실험에 따르면, 5월 상순에서 하순에 심은 야생 천마는 같은 해 12월에 수확할 수 있으며, 수확된 천마의 개수는 심은 개수의 3배 이상임이 밝혀졌다. 심는 시기가 늦어질수록 개체 수 증가가 적어진다. 수확량 면에서 보면, 5월 상순에서 6월 상순(개화성기)에 심으면 일정한 정도의 증산이 가능하지만, 재배 시기가 늦어질수록 증산 폭은 줄어들게 된다. 열매가 성숙한 시기에

는 더 이상 심지 않는 것이 좋다.

야생 천마의 개화·결실 후 얻어진 종자는 야생의 이점을 가지고 있으므로 불리한 자연조건을 이겨낼 수 있는 능력이 매우 강하여 우수한 육종의 소재가 된다. 이 종자를 이용해 발아 및 재배를 하면 상품 천마의 생산량이 높아진다.

재배 천마는 대규모 종마 생산을 위해 사용될 수 있다. 유성종자를 생산하기 위한 종마는 반드시 큰 천마를 사용해야 한다. 종마 선택 시기는 11~12월로, 전년도 재배한 천마를 수확할 때, 개체 발육이 양호하고 기계적 손상이 없고, 건전하고 병충해가 없으며, 정상적으로 발달한 싹이 있는 100g 이상의 천마를 종자용 종마로 선택한다. 연구에 따르면, 종마의 크기와 천마의 개화와 결실은 매우 밀접한 관련이 있어 종마가 클수록 더 많은 열매를 맺고 종자의 품질도 좋아진다(표 6-1).

〈표 6-1〉 종마의 크기와 평균 개화 수 및 결실률과의 관계

종마 무게 (g)	줄기 직경 (cm)	줄기 높이 (cm)	꽃차례 길이 (cm)	유효 개화 수	유효 결실 수	결실률 (%)
100~150	0.9	95	25	45	41	90
150~200	1.1	115	33	66	59	90
200~250	1.1	115	35	75	67	89
>250	1.3	124	39	96	89	93

종마를 선택한 후 즉시 정식해야 하며, 너무 오래 두어서는 안 된다. 수분이 감소하여 줄기가 자라고 꽃이 피는 데 영향을 줄 수 있기 때문이다. 그러나 추운 지역에서는 바로 정식하지 않고 천마를 일정한 온도와 습도가 유지되는 곳에 보관하다가 봄철에 해동 후 정식한다.

천마의 종류는 가능한 한 다양하게 선택하여 다른 종과 계통을 포함시켜야 한다. 예를 들어, 홍간천마(红秆天麻), 오간천마(乌秆天麻), 녹간천마(绿秆天麻), 교잡천마 등이다. 지리적 위치도 다양해야 하며, 고도 차이, 거리 차이, 종자원 차이 등을 고려하여 여러 지점에서 수집해야 한다. 유전적 다양성을 가진 종

자원은 이종 꽃가루 수분 및 교배 육종에 유리하며, 더욱 우수한 천마 종자원 생산을 촉진한다.

2. 전마의 보관

가을에 수확한 종마는 플라스틱 바구니나 스티로폼 상자를 사용하여 겨울을 나도록 보관할 수 있다. 전마를 강모래나 흙에 분산시켜 묻고 다시 덮은 다음 적당량의 물을 준다. 모래 표면을 비닐로 덮어 깨끗하고 위생적인 지하실이나 어둡고 바람이 없는 1층 실내에 보관한다. 봄이 되어 싹이 트고 자라기 시작하면 즉시 정식해야 한다.

너무 습하면 썩을 수 있으니 주의해야 한다.

봄에 채집한 재료는 바로 정식할 수 있다.

3. 전마의 재배 방법

전마 자체에 풍부한 영양분이 저장되어 있어 줄기를 내고 꽃이 피며 열매를 맺고 종자가 성숙하는 데 필요한 모든 영양분을 충분히 공급할 수 있다. 따라서 전마를 정식할 때는 토양, 모래, 강모래 등의 기질에 직접 정식할 수 있고 균재가 필요하지 않다.

실내 재배 시 용기 재배를 한다. 스티로폼 상자, 플라스틱 바구니, 플라스틱 상자, 플라스틱 화분 등을 사용하여 용기를 단일 행으로 배치하는데, 행 간격은 50~80cm로 한다. 용기 안에는 먼저 10~20cm 두께의 강모래, 모래, 흙을 채우고, 전마의 싹이 위로 향하도록 배치하며, 간격은 10~12cm로 한다. 그다음, 흙을 3~10cm 덮고 물을 충분히 준다. 비닐로 덮어 두었다가 꽃대가 자라면 비닐을 제거한다.

실외 재배 시 정식 전에 땅을 평평하게 고르고, 폭 30~60cm의 두둑을 만든다. 두둑 사이에는 50cm 너비의 통로를 남겨 인공 수분 작업을 용이하게 한다.

전마를 심을 때는 싹이 위로 향하게 하고, 사람이 다니는 통로 쪽을 향하게 한다. 전마의 간격은 약 10cm로 하고, 싹 옆에 나뭇가지를 꽂아 표시한 다음, 흙을 5cm 정도 덮는다. 덮는 흙은 반드시 부드럽고, 돌이 없어야 하며, 기계적 압력으로 인해 싹이 나는 데 방해되지 않도록 한다.

봄이 오면, 기온이 12℃ 이상으로 올라갈 때 전마의 싹이 움트기 시작한다. 기온이 15℃에 이르면 싹이 차례로 땅 위로 나오고, 이어 꽃대가 자라난다. 이때 원래 표시한 위치에 길이 약 1.5m의 대나무 막대를 꽂고, 자란 꽃대를 대나무 막대에 묶어 식물이 쓰러지지 않도록 한다.

전마의 꽃대가 싹에서 자라 나와 최대로 자라는 데 걸리는 시간은 일반적으로 20~40일이며, 이는 계절과 온도에 따라 달라진다(그림 6-1).

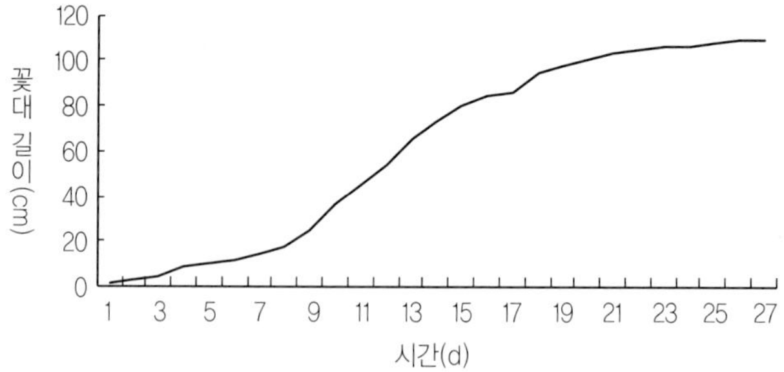

[그림 6-1] 천마 꽃대의 생장

4. 주의 사항

천마 꽃대가 올라온 이후 관리를 위해 유의해야 할 점은 다음과 같다.

(1) **방풍**: 강풍이 불기 전에 울타리를 보강하고, 바람막이 장치를 추가하여 꽃대가 꺾이지 않도록 한다.

(2) **자외선 차단**: 과도한 햇빛과 높은 지온은 꽃대를 손상시킬 수 있고 꽃의 수분을 심각하게 감소시켜 수분과 결실에 영향을 준다.

(3) **폭우 방지**: 비가 너무 많이 오면 꽃이 손상되거나 쓸려 나가기 쉬워져 수분이 어려워진다.

(4) **동물 피해 방지**: 천마의 꽃대는 매우 약하여 쉽게 부러지므로, 생쥐나 가축, 가금류 등의 동물로 인한 손상을 방지해야 한다.

(5) **병충해 방지**: 개화 시기에는 기온이 높고 공중 습도가 높아 각종 해충과 병해가 발생하기 쉽다. 이 시기의 천마는 진딧물, 깍지벌레, 가짜잎벌레, 부패병 등에 의해 꽃대와 꽃이 손상되기 쉬우므로, 적절한 농약을 사용하여 종자 재배지와 주변 환경에 방제 작업을 실시해야 한다.

(6) **보습**: 기온이 급격히 상승해 토양이 건조해지면, 자주 물을 주어 수분을 유지해야 한다. 수분을 유지시켜 수분 장소 내의 공중 습도를 70~80%, 토양 수분 함량을 15~16%로 유지한다.

(7) **통풍**: 실내 재배 시 공기 습도가 너무 높으면 천마와 꽃차례가 곰팡이와 진딧물에 감염되기 쉽다. 따라서 실내 습도가 높을 때는 중간에 기온이 높은 낮 시간을 선택하여 통풍을 시켜야 한다.

(8) **순지르기**: 천마 꽃차례가 거의 완전히 이루어지면 맨 위의 몇 개의 꽃눈을 제거한다. 이러한 꽃들은 수분 후 결실률이 낮고, 종자가 작으며, 발아율이 낮다. 이들을 제거하면 아래쪽의 종자가 충분한 영양을 공급받아 종자 수가 늘고 품질이 향상된다. 보통 한 꽃차례에 50~80개의 꽃이 피지만, 모든 꽃에 수분을 하면 종자가 너무 많아져 천마에 저장된 영양소가 종자 발달에 충분하지 않게 된다. 따라서 하나의 꽃대에 20~25개의 꽃만 남겨두면 종자가 잘 발달하고, 발아율이 높고, 활력이 강해진다.

천마 실내 육종은 관리상의 번거로움을 많이 줄일 수 있지만, 항상 온·습도 조절에 주의해야 하고 일정 기간동안 환기를 충분히 해 주어야 한다. 육종량이 적으면 나무상자나 화분 등에 천마를 심고 인공 수분을 실시하여 종자를 수확할 수 있다.

제3절 인공 수분 기술

1. 천마의 개화

천마 꽃의 구조는 특수하여 꽃가루주머니 또는 꽃가루 덩어리가 합예주(合蕊柱)의 꼭대기에 위치해 있으며, 약모로 덮여 끈적거리는 덩어리 형태로 존재한다. 반면, 주두(柱頭, 암술머리)는 합예주의 기부에 부풀어 오른 형태를 띤다. 이러한 이유로 꽃가루 덩어리가 자동으로 흩어져 자가 수분을 할 수 없어 외부의 도움을 받아야만 수분이 가능하다. 야생 상태에서 천마의 수분은 작은 땅벌의 도움으로 이루어진다. 작은 땅벌의 활동은 기후 변화와 환경 조건에 따라 다르다. 자연환경 조건(예: 숲 그늘, 풀밭 등)에서는 활동이 활발하지만, 인위적인 그늘막에서는 활동이 적고, 맑은 날에는 활동이 많으며, 비 오는 날에는 활동이 적다. 그리고 장마가 지속되면 천마의 활짝 핀 꽃들은 수분이 되지 않거나 수분율이 매우 낮아진다. 또한 실내에서는 곤충이 전혀 수분 활동을 할 수 없다. 따라서 천마 유성 번식을 통해 양질의 종자를 다량으로 얻기 위해서는 반드시 인공 수분이 필요하다.

천마의 꽃차례는 전년도 겨울에 형성되며, 다음 해 여름에 꽃대가 자라 개화한다. 개화 순서는 아래에서 위로 진행된다. 천마의 개화 기간은 3~10일이며, 천마의 크기와 온도, 계절에 따라 차이가 나타난다. 저온은 천마 꽃대와 꽃차례의 성장을 지연시키고, 단일 꽃의 일일 개화량을 감소시킨다.

관찰 결과에 의하면, 주두가 꽃가루를 받아들일 수 있는 시간은 2~3일이다. 만약 꽃이 핀 후 3일 이내에 수분이 이루어지지 않으면 이후에는 수분이 불가능하다. 또한 꽃가루 덩어리가 가루 상태로 변하면 도구로 채취할 수 없게 되고, 수정 능력도 상실한다. 따라서 천마의 인공 수분은 시기를 엄격히 관리하여 수행해야 하며, 개화 전 1일에서 개화 후 3일 이내에 완료해야 한다. 꽃가루 덩어리가 성숙하고, 주두가 가장 활발한 생리 활동을 하는 동안 수분을 해야 높은 결실률을 보장할 수 있다. 너무 일찍 또는 늦게 수분하면 결실률이 낮아진다. 꽃가루 덩어리가 성숙하였다는 표시는 꽃가루 덩어리가 부드럽고 팽창하여, 얇은 막을 약간 밀어 올려 막 가장자리에서 약간의 꽃가루가 보일 때이며, 이때의 꽃가루는 강한 점착성을 띤다.

수분 시간은 일반적으로 오전 10시에서 오후 4시 사이가 좋다. 천마 꽃이 피고 주두의 점성이 가장 클 때가 수분하기에 가장 적합하며, 비 오는 날과 이슬이 마르지 않은 상태에서는 수분을 하지 않는 것이 좋다.

2. 인공 수분 방법

인공 수분에 필요한 도구로는 일반적으로 뾰족한 핀셋, 이쑤시개, 강철 바늘 또는 대나무 바늘 등을 사용한다. 천마의 꽃은 아래가 굵고 위가 가는 주전자 모양이며, 꽃이 피면 입구가 벌어진다. 수분 시 왼손의 약지와 새끼손가락으로 꽃차례를 고정시키고 엄지와 검지로 막 개화한 꽃을 잡는다. 오른손으로 이쑤시개나 수술 핀셋을 사용하는데, 먼저 꽃잎을 제거하면 꽃술의 밝은 주두가 드러난다. 이 밝은 부분은 점액상이고, 주두의 맨 위에는 꽃가루 덩어리가 있다. 이 꽃가루 덩어리 내부에는 약(꽃가루)이 있다. 왼손으로 꽃의 기부를 가볍게 잡고, 오른손으로 핀셋을 사용해 꽃잎을 천천히 눌러 주어 꽃잎을 제거한다. 이때 주두 표면이 다치지 않도록 주의해야 하며, 꽃가루 덩어리가 떨어지지 않도록 한다. 그다음, 핀셋이나 대나무 바늘을 사용해 아래에서 위로 얇은 막을 들어 올려 꽃가루 덩어리를 주두에 부착시킨다. 수분 후에는 기록을 남기는 것이 좋다. 수분이 완료되면 자방의 색이 짙어지고, 열매가 커지는데 만일 열매가 커지지 않으면 수분되지 않은 것이다(그림 6-2, 그림 6-3).

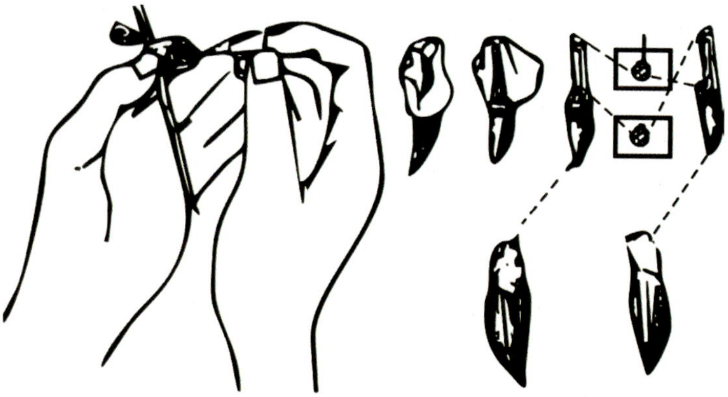

[그림 6-2] 천마 인공 수분 설명도

[그림 6-3] 꽃가루 덩어리의 위치

일반적으로, 수분 후 17~22일이 지나면 열매(삭과)가 성숙하고, 화서축(果序轴, 꽃차례의 축)의 수송 기능이 상실되며, 열매가 갈라지면서 종자가 성숙한다. 열매의 성숙 시간은 주로 기온에 따라 달라지는데, 기온이 낮으면 성숙 시간이 길어지고, 기온이 높으면 성숙 시간이 짧아진다. 각 지역의 조건에 따라 열매의 성숙도를 신중히 관찰하여 적시에 수확해야 한다(그림 6-4, 그림 6-5).

이상의 내용을 토대로 주의 사항을 정리하면 다음과 같다:

꽃가루가 성숙한 시간을 반드시 확인하고, 꽃가루가 성숙한 후에만 인공 수분을 실시해야 한다.

큰 바늘이나 이쑤시개 등 뾰족한 도구로 꽃가루를 채취할 때 주두 표면과 자방을 찌르지 않도록 주의해야 한다.

반드시 이종 식물과 이종 꽃의 수분을 해야 한다. 이렇게 하여 생성된 종자는 활력이 강하고, 번식 개체수가 많으며, 후대에 병충해 및 내한성이 강하다.

주두에 점액이 있을 때 인공 수분을 하는 것이 가장 좋다.

[그림 6-4] 열매의 성장 과정

[그림 6-5] 열매의 성숙과 터짐 현상

3. 천마 교잡 방법

천마 인공 수분을 할 때, 같은 꽃에서 수분할 수도 있고, 같은 식물체 내에서 다른 꽃이나 다른 식물체 간의 꽃으로 수분할 수도 있다. 또한 다른 종류의 천마 꽃을 서로 수분시키는 방법도 있다. 이러한 수분 방식으로 얻어진 종자는 종종 예상치 못한 결과를 가져올 수 있다. 오랜 기간 동안 교잡을 통해, 이주이화 수분(다른 식물의 꽃끼리 수분)이 동주동화(동일 식물의 동일 꽃) 수분보다 결실률이 더 높다는 것이 입증되었다.

교잡 수분은 서로 다른 계통 간에 이루어진다. 예를 들어, 홍대천마 × 오대천마, 오대천마 × 녹대천마, 오대천마 × 홍대천마, 교잡천마 × 홍대천마, 교잡천마 × 오대천마, 교잡천마 × 교잡천마 등 다른 품종간 수분하는 것이다. 이와 같이 여러 차례의 교잡을 통해 천마 종자의 퇴화를 효과적으로 방지하고, 품질이 우수하고, 생산량이 높은 새로운 천마 품종을 선발할 수 있다.

제 4 절 천마 종자의 채취와 보존

1. 천마 종자의 채취 방법

천마가 수분이 되고 나면 꽃받침은 점차 시들고, 자방은 빠르게 팽창하며, 종자는 15~20일 이내에 성숙한다. 수분되지 않은 꽃은 시든 후에도 자방이 약간 팽창하지만, 열매 내의 종자에는 배가 없고, 종자의 세포는 모두 투명한 상태이다. 수분이 정상적으로 완료되면 열매의 하부 색깔이 점차 어두워지고, 세로선이 점점 뚜렷해지는데, 이는 열매가 곧 성숙할 것임을 나타내는 것이다. 천마의 열매는 줄기의 하부에서 상부로, 차례로 성숙한다. 열매의 6개 세로선이 막 갈라지기 시작할 때가 종자를 수확하기에 가장 좋은 시기이다. 만약 수확이 하루라도 늦어지게 되면, 세로선이 갈라져 종자가 밖으로 흩어져 바람에 날려가게 되므로 반드시 적시에 수확해야 한다.

종자를 수확할 때, 갈라진 열매 근처의 아직 갈라지지 않은 3~5개의 열매를 함께 수확하여 종자 주머니나 봉투에 넣어 실내로 가져와 말린다. 그러고 나서 이때의 열매 수를 기록한다. 줄기에 남아 있는 열매가 다시 갈라지기 시작하면, 그때마다 근처의 3~5개의 열매를 함께 수확하여 마지막 열매까지 모두 수확한다. 일반적으로 천마 한 주에서 30~50개의 열매를 수확할 수 있다.

2. 천마 종자의 보존 방법

일반적으로 천마 종자는 수확 즉시 파종하는 것이 좋으며, 오래 저장하는 것은 피해야 한다. 상온에서 천마 종자는 쉽게 활력을 잃어 30℃의 기온에서 종자는 하루 만에 발아력을 잃을 수도 있다. 하지만, 기온이 낮은 산악 지역에서는 천마 종자가 상온에서 4~5일 동안 활력을 잃지 않고 유지 가능하다(그림 6-6).

[그림 6-6] 채취한 열매와 종자

특수한 경우나, 천마 종자를 단기간 보관해야 할 경우, 종자를 유리 용기에 넣어 2~4℃의 냉장고에서 57일 동안 보관할 수 있다. 그러나 너무 오래 보관하면 활력을 잃게 된다. 만약 천마 열매 수확 시기가 비교적 미숙한 상태라면, 열매가 갈라지지 않은 상태에서 보관 기간을 2주까지 연장할 수 있다.

다른 지역으로 씨앗을 이송해야 할 경우, 수확한 비교적 어린 천마 열매를 냉장고에 넣어 5~7℃의 온도를 유지해야 한다. 단거리 운송인 경우에는 천마 열매를 단열성이 좋은 상자나 스티로폼 상자에 넣고, 플라스틱병에 얼음을 넣어 상자와 함께 넣어 둔다. 얼음을 적절히 교체하여 상자 내 온도를 5~7℃로 유지하면 4~5일 동안 씨앗의 활력을 유지할 수 있다.

제 7 장

천마 '0'대 종마 생산 기술

천마 재배를 위해서는 먼저 종마를 생산해야 하며, 생산 과정에서 유성 번식으로 생산한 백마(白麻)를 재배용 '0' 대 종자로 사용한다. 생산 과정은 천마가 개화하고, 결실한 후 수확한 씨앗을 즉시 발아균 균사체와 혼합하여 배양한 다음, 이 혼합물을 생장균의 균상에 파종하여 씨앗이 발아하여 원구경(原球茎)이 되게 한다. 원구경은 생장균과 접촉하여 발달해 미마(米麻)가 되고, 미마는 계속 성장해 백마(白麻)가 된다. 일반적으로 8~16개월 동안 배양하면 재배에 사용할 수 있는 큰 백마를 얻을 수 있으며, 이것이 유성 번식을 통해 얻어진 '0' 대 종자이다. '0' 대 종자를 이용해 대규모 상업적 재배를 하면, 양질의 고수확 천마를 얻을 수 있고, 최대 수확량은 10~19kg/m²에 이를 수 있다.

종마의 생산량은 상품 천마의 생산 면적에 따라 결정된다. 상품 천마 재배에는 1m²당 300~500g 또는 그 이상의 종자가 필요하다.

천마 종자의 생산 장소는 실내 또는 대형 비닐하우스와 같은 시설을 이용하는 것이 가장 좋으며, 이렇게 해야 단위 면적당 수확량이 높아지고, 상업적 재배를 위한 충분한 양의 종자를 제때 생산할 수 있다. 또한 순수 배양 방법을 사용하여 공장화된 생산 시설을 구축해 언제든지 생산 기지에 종자를 공급할 수 있다.

제1절 장소 선택

1. 장소 선택의 원칙

교통: 장소는 대량 재료 운송, 생산 관리 및 종자 판매에 편리해야 한다.

환기 조건: 생산 장소는 좋은 환기 조건을 갖추어야 하며, 밀폐된 방은 피한다.

조명: 종자 생산에는 일반적으로 조명이 필요하지 않으며, 검은 커튼으로 창문을 가릴 수 있어야 한다. 실내에는 작업용 조명만 있으면 된다.

면적: 장소의 면적은 주로 생산량에 따라 결정되며, 일반적으로 10~30m²의 면적에서 1,000kg 이상의 종자를 생산할 수 있다.

바닥: 바닥은 단단해야 하고, 소독 처리가 용이해야 한다.

소독: 실내의 잡동사니를 정리하고, 석회수를 사용하여 바닥, 벽, 천장을 소독해야 하며 애완동물, 가금류, 가축 등이 들어오지 않도록 해야 한다.

지하실이나 낮은 위치의 1층은 선택하지 않는 것이 좋다. 이러한 장소는 습도가 높아 종자 배양 과정에서 잡균에 쉽게 감염되고, 종자가 대규모로 부패할 가능성이 있다.

실외 비닐하우스 주변은 양식장이나 채소밭과 인접하지 않도록 해야 하는데, 이는 잡균과 해충이 종자 생산 장소에 침입하는 것을 방지하기 위함이다. 토양은 배수가 잘 되고 물이 고이지 않아야 한다. 만약 토양이 적합하지 않다면, 씻어낸 강모래, 분쇄된 사암, 버미큘라이트, 벤토나이트 등 다른 수분 보유 및 배수 기능이 있는 고정물을 사용하는 것이 좋다.

2. 장소 선택

대규모 종마 생산을 위해서는 실내 또는 대형 온실 내에서 진행하는 것이 가장 좋다. 천마 종자 생산 장소로는 기존의 방을 사용할 수도 있고 대규모 생산자의 경우 기지 근처에 온실을 설치하는 것도 좋다.

전용 플랜트: 일반적인 플랜트는 규격화된 강철 구조와 판넬로 짓고 바닥은 단단해야 하며, 면적은 필요에 따라 결정하는데, 일반적으로 200~500m²로 하면 된다. 실내에 냉각 장치나 대형 에어컨을 설치하여 실내 온도와 습도를 효과적으로 제어할 수 있어야 한다. 실내는 배양 선반을 설치하며, 층 높이는 50~60cm, 선반의 폭은 40~80cm로 해야 한다.

실내 장소: 교통이 편리하고, 바람을 피할 수 있으며, 통풍이 잘 되고, 넓고 밝은 기존의 유휴 주택, 공장, 사무실 등을 선택할 수 있다. 바닥은 단단해야 하며, 창문이나 환기 장치가 있어야 한다.

실외 대형 비닐하우스: 실외 장소는 교통이 편리하고 넓고 평탄해야 한다. 강철, 강관, 목재, 대나무, 나무 막대 등을 사용하여 간이 대형 비닐하우스를 설치한다. 높이는 3.0~4.5m, 폭은 6~8m이고 길이는 생산량에 따라 결정되는데 일반적으로 100~200m²로 한다. 비닐하우스 상단에는 비닐과 차광망을 덮는다. 비닐하우스 내부의 바닥은 인력이나 기계로 평평하게 다지고 단단하게 해야 하며, 석회 가루로 소독을 해야 한다. 하우스 내에는 배수로도 설치해야 한다. 하우스 주변에는 울타리를 설치하여 내부 그늘이 70% 정도 유지되도록 하고, 종자 생산 장소가 가축이나 가금류의 피해를 받지 않도록 해야 한다.

제2절 시설

1. 배양 시설

천마 종마 생산은 격리가 가능한 용기 내에서 배양하는 것이 바람직하며, 땅에서 직접 배양하면 오염, 물 고임, 해충 등의 문제가 발생하여 수확량 감소 또는 전멸을 초래할 수 있어, 천마의 상업화 생산에 지장을 초래한다.

용기는 플라스틱 화분, 플라스틱 바구니, 스티로폼 상자, 대형 비닐봉지 등을 사용하고, 수량은 생산량에 따라 정한다. 바닥에 구멍이 없는 용기는 전기 드릴로 각 용기에 5~10개 정도 구멍을 뚫어 물이 잘 빠지도록 한다. 목재 용기는 고습 환경에서 잡균에 감염되거나 생장균에 의해 부패하기 쉬우므로 사용하지 않는 것이 좋다.

(40~50)cm × (50~60)cm 크기의 용기 하나로 3~7kg의 종마를 생산할 수 있다.

2. 배양 선반

임시적으로 종마를 생산하는 방은 벽돌로 2~5층을 쌓아 받침대를 만들고, 석회로 소독한 다음 배양 용기를 받침대 위에 올려 두고 생산한다.

공간 활용도를 높이기 위해 실내와 하우스 내에 선반을 설치한다.

장기간 사용하는 종마 배양실은 강철로 선반을 만들어야 좋은데, 선반의 폭은 40~60cm, 층간 거리는 50~60cm로 하고, 길이는 방이나 하우스의 공간에 따라 조정한다. 선반은 무거운 물체를 지탱해야 하기 때문에 1m 간격으로 기둥을 하나씩 용접해야 한다.

제3절 파종

1. 시기

천마 유성 종자의 파종 시기는 종자가 성숙하여 수확하는 시기와 같다. 각 지역의 해발 고도와 기온 등의 조건 차이로 인해 천마의 개화와 추대(抽薹, 꽃대가 길게 자라나는 과정) 시기가 다르므로 종자의 성숙, 수확 시기도 차이가 있어서 파종 시기도 완전히 일치하지 않는다. 일반적인 파종 시기는 5월 초에서 7월 말까지이다.

2. 준비 작업

종자: 구입하거나 직접 생산한다. 천마는 한 개의 열매에 3~5만 개의 종자가 들어 있고 발아율은 10~80%이다. 종자가 발아한 후 원생 구경(原生球茎)이 생장균과 제때에 공생 관계에 돌입하지 못하면 영양을 얻지 못해 죽게 된다. 따라서 발아한 후 소수의 종자만이 천마를 생산할 수 있고, 대부분의 종자는 생산과 연결되지 못한다. 높은 수확을 올리기 위해서는 천마 종자의 파종량을 늘려야 한다. 일반적으로 평방미터당 3~5개의 종자를 파종한다. 대부분의 생산자들이 10개 이상의 종자를 파종하지만, 실제로는 낭비이다.

발아균 종균: 파종하기 10일 전에 발아균 종균을 준비하며, 평방미터당 3~5봉지(병)를 준비한다. 직접 생산할 수 없는 경우, 종균 생산업체에 2개월 전에 미리 예약하여 생산 현장으로 미리 운송해야 두어야 한다.

예비 발아: 종자를 수확한 즉시 발아균 종균 혼합 배양물에 종자를 파종하고 22~25℃ 조건에서 배양하여 5~10일 후 파종한다.

생장균 종균: 파종하기 10일 전에 생장균 종균을 준비하고 평방미터당 2~5개의 봉지(병)를 준비한다. 직접 생산할 수 없는 경우, 종균 생산업체에 2~3개월 전에 미리 예약하여 생산 현장으로 미리 운송해야 한다.

생장균 균재: 파종 20~30일 전에 청강목(青冈木, 참나무)을 미리 베고 가지와 줄기를 모두 사용하기 위해 실외에서 자연 건조한다. 필요량은 평방미터당 10~20kg, 길이 10~30cm, 직경 5~10cm의 나무 20~40개이다. 상자식, 봉지식 재배의 경우, 상자나 봉지의 너비에 맞추어 길이 10~30cm로 자른다. 직경이 10cm를 넘는 원목은 2조각 또는 4조각으로 쪼개야 하며, 직경이 20cm를 넘는 경우에는 원형 톱으로 너비가 5~8cm를 넘지 않도록 자른다. 원형 균재는 접종 전에 칼집 처리를 한다. 방법은 10~15cm 간격으로 나뭇조각의 양쪽 껍질에 비대칭으로 비스듬한 칼집을 내며, 이때 나무껍질을 완전히 뚫고 나무의 심재(心材) 부분에 도달할 하도록 한다. 접종 시 이 칼집에 종균을 배치한다.

생장균 균봉: 파종하기 3개월 전, 즉 그해의 2~3월에 깨끗한 모래 토양에서 생장균 균봉을 배양한다.

모래 토양: 강모래, 암모래, 생토 등을 준비한다. 용기 내에서 요구되는 두께는 20~30cm이며, 생산 면적에 따라 모래 토양의 사용량을 계산한다. 파종 12주 전에 준비하며 2~3일간 햇볕을 쬐어 둔다.

약품: 질산암모늄 또는 질산칼륨을 준비한다. 사용량은 평방미터당 5~10g이며, 이를 1~2% 용액으로 만들어 파종 시 균재에 뿌린다.

파종기: 생수병의 바닥과 입구를 잘라내어 원통형으로 만들고, 한쪽 끝을 얇은 거즈로 덮고 고무줄이나 끈으로 단단히 묶어 사용한다.

3. 방법

천마 종자와 발아균을 파종하기 3~5일 전에 혼합한다. 방법은 발아균 종균 봉투를 찢어 깨끗한 비닐봉지에 넣고, 종균 덩어리를 가능한 한 잘게 손으로 부순다. 천마 종자를 파종기에 넣고, 발아균 균사체에 고르게 뿌린 후 손으로 혼합하여 비닐봉지나 스티로폼 상자에 넣고 밀봉한다. 이를 20~25℃의 실내 환경에서 배양한다. 발아균 종균 1~2봉지에 3~5개의 열매를 사용하며, 종자가 충분히 준비되어 있다면 사용량을 늘릴 수도 있다.

1% 황산구리 용액을 사용하여 배양실의 모든 장소(바닥, 배양 선반, 벽, 천장 등)에 골고루 뿌리고, 문과 창문을 열어 12시간 환기시킨다. 그 후 바닥과 배양 선반에 석회 가루를 한 층 뿌리고, 목재나 대나무 재료에는 석회수를 2~3회 발라 준다.

스티로폼 상자, 플라스틱 바구니, 대형 비닐봉지 등의 용기 바닥에 10~20cm 두께의 모래를 깔고, 청강나무(青冈木, 참나무) 균재를 배치한다. 균재를 촘촘히 배치하거나 또는 2~3cm 간격으로 배치하거나 하며 10cm 간격으로 생장균 균재 5개를 사용한다.

질산암모늄이나 질산칼륨 용액을 2~3회 뿌리는데 이때 용액의 농도는 1~2%, 사용량은 0.50~1.0kg/m²이다. 생장균 균사가 발달한 균봉이 있을 경우 새 균재 사이에 하나씩 배치하고, 생장균 균봉이 없다면 새 균재의 절단부에 생장균 종균을 배치하는데, 이때 사용량은 1평방미터당 2~3병(봉지)이다. 가는 나뭇가지나 톱밥으로 큰 균재 사이의 빈 공간을 채운다.

미리 준비한 발아균 종균과 천마 종자의 혼합 배양물을 생장균 균상에 고르게 뿌리고, 7~10cm 두께의 모래를 덮어 표면을 평탄하게 만든다.

용기 높이가 40cm 이상인 경우, 다시 한 층의 균봉을 배치하고, 한 층 더 종자를 파종한 후 덮는다. 파종이 완료되면 모래 표면에 물을 뿌려 모든 모래가 촉촉해지도록 한다.

물을 뿌린 후, 모래 표면에 검은색 비닐을 덮는다. 실외 비닐하우스에서 생산하는 경우, 그 위에 차광막을 덮는다.

4. 주의 사항

대다수의 생산자들은 종종 나뭇잎이나 부식토(유기물 토양)를 사용하여 배양을 진행한다. 그러나 대규모 생산을 통해 발견된 사실은 나뭇잎을 사용하지 않고도 종자를 배양할 수 있다는 것이다. 그 이유는 첫째, 나뭇잎이 생장균 균사체, 발아균 균사체, 잡균 등에 의해 완전히 분해되어 부패한 상태가 되고 원구경, 미마, 백마가 잡균에 감염되기 쉽기 때문이다. 둘째, 나뭇잎의 무게가 가볍고, 수집이 어렵고, 단가가 높아 대규모로 생산하는 경우에 비용이 높아지기 때문이다. 셋째, 나뭇잎이나 부식토는 통기성이 나빠 천마 종자의 발아율과 수량이 감소하고 성장 속도가 느려져, 백마의 생산량이 낮아지기 때문이다. 나뭇잎을 사용하는 방법은 순수한 원목이나 톱밥을 사용하는 방법보다 효과가 좋지 못하다.

발아균 종균과 천마 종자의 혼합 배양물이 미리 준비되지 않은 경우, 현장에서 고르게 혼합하여 생장균 균상에 펼치고 바로 복토해도 된다.

제 4 절 관리

1. 수분 관리

파종 후 균상 관리는 생장균 균봉 배양 방법과 거의 동일하다. 균상 내는 항상 촉촉하게 유지해야 하며, 파종 시 모래에 충분한 물을 공급한 후에도 모래의 습도 변화를 자주 확인해야 한다. 비닐하우스에서 생산할 경우, 가을철 비가 많이 올 때는 적절하게 비를 가려 주어야 하며, 주변 배수로를 정비하여 토양 표면의 물이 제때 배출되도록 해야 한다.

실내에서 생산할 경우, 모래 입자가 희게 변하지 않도록 수분을 유지해야 하며, 상황에 따라 15~20일마다 한 번씩 물을 보충해 주어야 한다. 수분을 확인할 때는 내부 모래를 파서 아래쪽 모래까지 모두 촉촉한 상태를 유지해야 한다.

용기 바닥에 물이 고이지 않도록 주의해야 하며, 물을 보충할 때는 한 번에 너무 많이 주지 말고, 적은 양을 여러 번에 걸쳐 나누어 주거나 물을 뿌린다.

겨울에는 온도가 낮고 습도가 높아 물 보충 횟수와 양을 줄인다.

봄이 되어 기온이 상승함에 따라 물 사용량과 보충 횟수를 점차 늘려야 한다.

2. 온도 관리

천마 종자의 적정 발아 온도는 22~25℃이며, 파종 초기 온도가 낮으면 비닐이나 볏짚을 덮어 지온을 높여야 한다. 7~8월에 기온이 높을 때는 균상 위에 차광막을 설치하고, 주변에 물을 뿌려 온도를 낮춘다. 비교적 시원한 산악 지역에서는 차광막이 필요하지 않다.

3. 환기 관리

매일 1~2회 문과 창문을 열어 실내 환기를 실시한다. 초기에는 온도가 높기 때문에 3~7일 간격으로 모래 위에 덮인 비닐을 10~20분 동안 걷어내어 환기시킨다. 온도가 낮아지면 환기 횟수와 시간을 줄인다.

4. 공중 습도 관리

여름과 가을철, 특히 장마철 지속적인 비가 내릴 때는 환기를 강화하여 실내의 상대 습도를 낮춰야 한다.

5. 잡균 억제

모래 표면에 곰팡이나 점균이 나타나면, 비닐을 걷어내어 표면의 모래를 건조시켜 잡균의 성장을 억제해야 한다. 잡초가 발생하면 즉시 뽑아 제거한다.

제5절 수확

천마 종자를 파종한 후, 종마를 생산하는 과정에서는 뒤집지 않는 것이 좋다. 뒤집으면 이미 생장균 균사체와 접촉해 있던 미마와 백마 사이에 물리적인 거리가 생겨 생장균에서 떨어지면서 영양 공급이 끊겨, 시들거나 죽을 수 있다. 새로운 미세한 분지가 모체에서 끊어져도 역시 죽을 수 있다. 이는 미마와 백마의 성장을 심각하게 저해할 수 있다. 파종한 해에 모든 조건이 적합하다면, 11월에서 12월 말 사이에 기온이 10℃ 이하로 떨어질 때 천마가 첫 번째 휴면기에 들어간다. 이때는 발아한 원구경이 많은 미마와 적은 양의 소백마로 자라지만 천마는 형성되지 않는다. 이듬해 봄이 되면 생장균이 이미 균재에 가득 차 있어 천마에 많은 영양분을 공급하게 되어, 미마와 백마가 빠르게 성장한다. 다음 해, 11월에서 12월 사이에 천마가 두 번째 휴면기에 들어갈 때 균상을 열어 수확할 수 있다(그림 7-1). 종마 배양 기간은 1년 반으로, 즉 첫해 5월에서 7월 사이에 파종하여 다음 해 11월에 수확하는 것이다.

수확 시에는 균상 주변의 보호 시설을 제거하고, 손이나 철삽으로 표면의 흙을 걷어 낸다. 흙을 제거할 때는 천마가 다치지 않도록 주의하며, 손으로 천천히 파낸다. 천마가 드러나면 손가락이나 브러시를 사용해 천마 종마의 원래 위치를 정리하고, 크고 작은 천마를 꺼내면서 붙어 있는 흙을 제거한다. 한 구역에서 작업이 끝나면 다른 균상을 파내어 천마를 전부 수확한다. 이와 같은 번식 방법으로 생산된 전마와 미마는 균상에서 방사형으로 뭉쳐 자라고, 개체 간에 서로 연결되어 있다. 미마는 덩어리 형태로 수많은 개체가 함께 자란다.

[그림 7-1] 미마, 백마 및 임시 저장

수확한 천마는 실내로 가져와 선별한다. 일반적으로 전마(상품마)의 수확량은 총 수확량의 약 30%를 차지하고, 미마와 백마는 각각 35%를 차지하여, 무성 번식 재배에 필요한 많은 종자를 제공할 수 있다.

이때 수확한 미마와 큰 백마가 일반적으로 말하는 '0대' 종마이다.

수확한 종마나 구입한 종마를 즉시 파종하지 못할 경우, 신선한 모래에 묻어 두고 깨끗한 물을 뿌려 촉촉하게 한 후 비닐을 덮어 두면 20~30일 동안 임시로 저장할 수 있다.

제6절 천마 괴경 순수 배양 기술

모래에서 개방된 상태로 종마를 생산하는 것은 자연조건의 변화와 갑작스러운 악천후, 인위적인 요소 등에 쉽게 영향을 받아 종마의 수량이 감소하고 품질이 보장되지 않을 수 있다. 조건이 갖춰진 생산자는 공장을 설립하여 순수 생장균 균사체를 사용해 잡균이 없는 용기에서 천마 종마를 배양할 수 있다. 이를 통해 무독성이며 잡균이 없는 고품질의 종마를 안정적으로 생산하여 천마의 대규모 재배와 주문식 생산의 급박한 수요를 충족시킬 수 있다.

샘플 채취: 천마 재배 장소에서 신선한 백마와 미마를 채취하여 무균 여과지로 감싸 빠른 시간 내에 실험실로 가져온다.

준비 작업: 신문지로 핀셋을 감싼다. 삼각 플라스크 여러 개에 100~200mL의 물을 담고, 얇은 필름으로 덮어 밀봉한다. 이끼는 1:2의 비율로 물을 섞어 종균병에 넣고, 병 뚜껑을 덮은 후 고압 증기 멸균기에 넣어 121℃에서 25분간 멸균한 후 식혀서 준비한다.

생장균 순수 종균 배양: 사용하는 용기는 250~500mL의 삼각 플라스크, 500mL의 유리병, 750~1,000mL의 조직 배양병이다. 배지는 톱밥, 밀기울, 한천을 혼합한 배지를 사용하고, 멸균 후 접종하여 배양한다. 전체가 생장균 균사로 가득 차면 사용한다.

샘플 처리: 신선한 백마와 미마를 배양 접시에 담고 흐르는 물에 20~30분간 씻고 부드러운 미세모 브러시로 살살 문지르며 표면의 흙과 이물질을 제거한다. 그다음 물기를 빼고 무균 흡수지 위에 올려놓아 수분을 제거한다. 무균 배양 접시에 넣고 클린벤치에서 75% 에탄올로 1분간 담가 처리한 후, 무균수로 신속히 씻어 낸다. 이 과정을 3~4번 반복한 후, 무균수로 20~30번 씻어 낸다. 무균 흡수지를 사용해 백마와 미마 표면의 물기를 제거한다.

접종: 철저히 소독한 후, 생장균 균사체가 자란 배지에 접종한다. 각 병에 3~5개의 미마와 작은 백마를 접종한다. 배지에 작은 구멍을 낸 후 무균 핀셋으

로 천마를 집어 구멍에 넣는다.

배양: 접종 후 고압 증기로 멸균된 이끼를 식혀서 배지 표면에 고르게 덮어 미마와 백마를 덮고, (실내) 22~25℃의 일정한 온도에서 어두운 상태로 배양한다. 접종한 미마와 백마가 배지 위에서 계속 자라는지, 즉 새로운 싹이 나오거나 생장균과 유사한 흰색 균사가 자라는지 관찰하고, 오염이 발생하는지 확인한다(그림 7-2~그림 7-4).

[그림 7-2] 접종한 미마가 자라는 생장균 배지의 변화

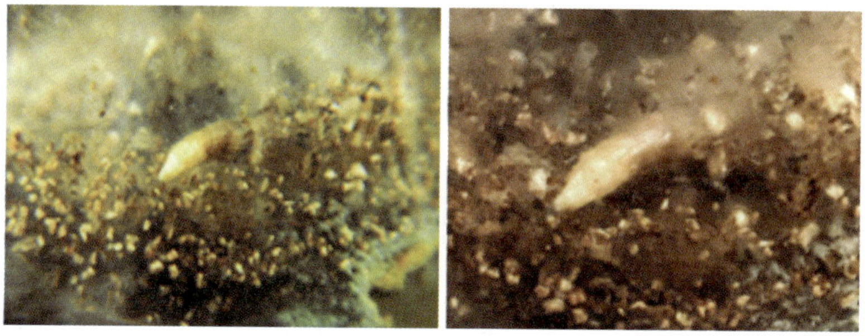

[그림 7-3] 배양 60일 후 미마의 발아

[그림 7-4] 배양 80일 후 미마의 발아

생장균 균사체가 가득 찬 배지에 신선한 미마와 백마를 접종하였더라도, 이들의 처리가 불완전하였다면 배지에 곰팡이 오염이 발생할 수 있다. 3개월 후, 배지가 소화되는 현상이 나타나고, 삼각 플라스크 벽과 분리가 일어나며, 생장균이 가득 찬 배지의 색이 황갈색에서 갈색으로 변하다가 시간이 지나면서 점차 흑갈색으로 변해 최종적으로 배지가 노화되어 말라 죽는다. 생장균만 있는 상태에서는 백마와 미마가 자라지 않는다.

반대로, 오염이 없는 순수한 생장균 균사체만 존재하는 경우, 철저히 소독한 무균 미마와 백마는 빠르게 발아하여 자라기 시작한다. 접종 12개월 후에는 배지 위에서 미마와 백마가 11~15mm 자라나는 것이 관찰되며, 이후 15일이 지나면 미마의 발아 길이가 22~25mm로 자라 전 두 달보다 성장 속도가 빨라지고, 싹의 모양이 뚜렷이 나타난다.

배지에 생장균이 가득 차고 균사체의 상태가 양호한 배지를 사용해 천마 괴경을 순수 배양한다. 즉, 미마의 조직을 배양하기 위해서는 배양 재료를 철저히 세척하고 소독하여야 백마와 미마가 생장균만 있는 상태에서 빠르게 발아하고 증식하여 종마로 성장한다.

새로 자란 무균 종마는 새로운 생장균 병에 계속 접종하여 대량 배양한다. 이와 같은 순환 과정을 통해 무균 번식 시스템을 구축하고, 산업화 및 규모화하여 무균 종마 생산을 실현할 수 있다.

공장에서 무균 종마를 생산함으로써 개방형 종마 생산의 고위험 생산 방식을 완전히 바꿀 수 있다. 이 방법을 통해 생산자는 천마 종마의 바이러스 프리한 순수 배양 시스템을 구축하고, 산업화 및 대규모가 가능한 실내 종마 생산기지를 구축할 수 있다.

제 8 장 천마 시설 재배 기술

천마 재배를 위해 일반적으로 사용하는 방법에는 무성 번식과 유성 번식 두 가지가 있다. 무성 번식 재배법은 천마의 영양 기관인 미마와 백마를 종자로 사용하여 생장균 균상에서 재배하는 방식이다. 이 과정에서 천마 괴경의 무게와 수량을 늘리는 것만으로도 생산 목적을 달성할 수 있으므로 이 재배법을 '영양 번식법'이라고도 한다. 중국의 천마 생산 발전 과정에서 '천마 지하 재배법', '천마 지상 이랑 재배법', '천마 상자 재배법', '천마 화분 재배법', '천마 병 재배법', '천마 절단 재배법', '천마 나무 그루터기 재배법', '천마 지하 방공호 재배법', '천마 못(池) 재배법', '천마 구덩이 재배법', '볏짚, 억새, 옥수수 줄기를 이용한 천마 재배법', '천마 반지하 평이랑 재배법', '천마 유성 번식 사면못(四下池) 재배법' 등 다양한 방법이 개발되어 천마 재배 효과를 지속적으로 향상시켰다. 무성 번식법으로 수확한 천마 중 전마는 상품으로 판매하고, 다량의 미마와 백마는 다음 재배를 위한 종자로 사용된다. 하지만 이 방법이 계속 반복되면서 천마 종자의 품질이 점차 퇴화하여 천마 괴경이 원래의 타원형에서 점점 더 길어지고, 단위 생산량이 감소하며, 품질도 급격히 떨어져 생산 효율이 점점 감소하는 문제가 발생하였다.

천마 종자의 발아균이 발견되면서, 천마의 유성 번식 재배 기술이 개발되었다. 이 방법은 천마의 개화, 인공 수분, 결실, 천마 종자 수확을 통해 유성 번식을 진행하는 것이다. 천마 종자를 발아균을 이용하여 원구경 형성을 유도한 후, 생장균의 균상에 파종하여 상업적인 재배를 진행한다. 이를 통해 단위 면적당 수확량이 점점 증가하고, 천마 품질이 안정적으로 유지된다. 이 유성 번식 재배 방법은 현재 널리 사용되고 있으며, 생산 효과가 좋은 주요 방법으로 인정받고 있다.

수십 년 동안 기술적으로 천마 종자의 발아 문제를 해결하고, 고수확 유성 번식 기술을 발전시켜 왔다. 그 결과, 단위 면적당 수확량도 매우 높은 수준에 도달하여 신선한 천마의 단위 면적당 수확량이 10~20kg/m²에 이르렀으며, 경제적 수익은 20~30위안/m², 심지어 더 높을 때도 있다. 그러나 천마 재배 주기가 매우 길어서 일반적으로 1~2년의 시간이 필요하다. 재배 과정에서 빛, 온도, 수분, 비료, 공기, 생물 등 여러 요소가 자연조건에 큰 영향을 받으므로 이러한 성장 조건을 효과적으로 통제하여 천마가 최적의 성장 환경을 갖추도록 하고, 불리한 요소들을 통제해야만 좋은 생산성과 수익을 얻을 수 있다.

전통적인 천마 재배 장소는 대부분 실외이고 일부는 지하실, 방공호, 동굴 내 등에서 재배되고 있다. 하지만 전국 천마 재배 면적의 99% 이상은 야외의 빈 땅, 숲, 재배지 등에서 노지 재배로 이루어지며, 보호시설 없이 재배되는 경우도 많다. 노지 재배는 배수 시설이 부족해 바람, 서리, 비, 눈, 동해, 병충해 등으로 인한 피해를 막기 어렵다. 이러한 재배 방식은 규모화된 생산지의 단위 수확량, 총 수확량, 천마의 품질을 보장하기 어렵고, 자연재해로 인해 대규모 흉작이나 수확 실패가 발생하여 큰 손실을 입을 수 있다. 그로 인해 대부분의 재배자들은 경제적 수익이 매우 낮아 기대했던 목표를 달성하지 못하기도 한다.

노지 재배의 단점을 극복하기 위해 지난 10년 동안 각 지역의 과학 기술자들은 본 지역의 자연조건에 맞는 시설 재배 기술을 개발하여 실험 및 시범을 거쳐 대규모로 보급하였다. 이를 통해 재배자들은 양호한 경제적 수익을 얻을 수 있었다.

천마 시설 재배는 인공적으로 건축된 주택, 철골 구조의 대형 온실, 대나무와 목재로 만든 온실 등에서 이루어진다. 시설 내에서는 천마 성장에 필요한 다양한 환경 조건을 효과적으로 통제하여 유해 생물의 피해를 줄이고, 천마 재배의 고수확, 안정성, 우수한 품질, 높은 효율성을 달성할 수 있다. 시설 재배 기술이 더욱 발전하면, 온도, 수분, 습도, 빛, 비료, 공기, 생물 등의 조건을 인공적으로 제어하는 공장형 시설로 구축하여 천마의 공장화 및 연중 생산을 실현할 수 있다.

제1절 장소 및 원료 준비

1. 장소 선택

천마 재배를 위한 장소의 선택은 천마를 심은 후의 성장과 수확량에 큰 영향을 미친다. 적절한 장소를 선택하면 생장균과 천마의 성장을 위한 좋은 자연환경을 제공받을 수 있다. 예를 들어, 온도, 낮과 밤의 온도 차이, 습도, 수분 등이 좋은 환경 조건이 되어야 다양한 기술 조치가 효과적으로 적용될 수 있다.

일반적으로 지형이 평탄하고, 교통이 편리하며, 수원지가 있고, 바람을 피할 수 있고, 햇볕이 잘 드는 곳에 재배지를 구축하는 것이 좋다.

1) 지형

대규모 천마 생산을 위해서는 지형이 평탄하고 배수가 잘 되는 장소를 선택해야 한다. 해발 고도가 높은 곳이 낮은 곳보다 더 좋다.

천마가 환경에 적응하는 능력과 각 지역에서의 재배 경험에 따르면, 해발 고도가 높고 온도가 낮으며 습도가 높은 지역에서는 산악 지역의 해발 고도가 높을수록 좋다. 해발 1,500m 이상의 경우, 음지가 없는 햇볕이 잘 드는 평지를 선택하는 것이 좋다. 해발 1,100~1,600m의 중간 지역에서는 재배 지역의 기후 조건에 따라 음지가 없는 양지 산비탈이나 드문드문한 숲속을 선택하는 것이 좋다. 해발 800~1,000m의 고온 건조 지역, 여름에 연속적으로 고온 건조한 지역에서는 반음지 비탈이나 음지 비탈의 숲속에서 재배하는 것이 좋다. 관리의 편의를 위해 야생 천마가 자라는 지역에서는 야생 천마가 자라는 곳보다 해발이 100~200m 낮은 곳에서 천마를 재배하는 것이 좋다. 조사에 의하면 인공 재배 천마 생산지의 해발 고도는 야생 주산지보다 평균 200m 낮고, 온도는 1.5~2.0℃ 높다.

토양의 배수성이 좋고 침투성이 강한 경우, 완만한 경사를 가진 곳이 좋다. 토양 침투성이 좋지 않은 경우, 경사가 더 가파른 산비탈을 선택해야 하지만, 일반적으로 경사가 급한 지형은 천마 재배에 적합하지 않다.

지형이 낮고 배수가 원활하지 않으며, 작은 시내나 강에 가깝고, 산사태나 진흙사태가 발생하기 쉬운 곳이나 산사태 퇴적물이 많은 지역은 적합하지 않다.

2) 토양

대규모 천마 재배를 위해서는 하천 모래, 분쇄한 사암 자갈, 원시 토양, 황무지 토양 등이 가장 좋다. 유기물이 풍부하고, 토양이 부드럽고, 배수 및 보습이 좋은 사질양토의 황무지가 좋다. 재배지의 경작된 토양은 천마의 상업적 재배에 적합하지 않다.

다양한 재배를 통해 원시 토양과 경작된 토양에서의 천마 재배 수확량에 큰 차이가 있음을 알 수 있었다. 원시 토양에 심은 천마는 경작된 토양보다 수확량이 더 많은데, 그 이유는 두 가지이다. 첫째, 경작된 토양은 오랜 경작으로 인해 유해 미생물의 수가 원시 토양보다 훨씬 많아 생장균과 경쟁하는 다른 미생물이 많아지기 때문이다. 반면, 원시 토양에서는 생장균이 기본적으로 우세균으로 자리 잡아 천마에 충분한 영양을 공급한다. 둘째, 원시 토양은 유기물이 많고, 토양이 부드럽고, 통기성, 배수성, 보습성이 좋아 생장균의 성장을 위한 좋은 영양 기반을 제공한다.

임간 처녀림에서 재배하는 천마는 위에서 언급한 우수한 조건 외에도 기후의 영향을 덜 받고, 온도와 습도가 상대적으로 안정적인 장점이 있어 생장균과 천마의 성장 발달에 유리하다.

천마 재배는 같은 재배지에서 연속적으로 재배하지 않는 것이 좋다. 연속 재배를 할수록 수확량이 감소한다. 이러한 현상은 천마 재배지에서 자주 발생하지만, 사람들은 이를 크게 신경 쓰지 않는 편이다. 같은 재배지에서 연속 재배하면 수확량이 감소하는 이유는 두 가지이다. 첫째, 생장균이 성장하는 동안 스스로의 성장을 억제하는 항생물질 등을 분비하는데, 연속 재배는 이러한 물질의 축적을 초래한다. 둘째, 병충해 등의 발생을 야기시켜 생장균의 성장이 약해지고, 천마의 병충해 발생률이 증가하게 된다.

3) 교통

재배지 선택 시 원료의 운송, 인력 이동, 제품의 수확 및 운송이 용이하도록 도로가 포장된 곳을 선택해야 한다.

4) 물과 전기

좋은 천연 수원이 있는 곳이 좋다. 예를 들어, 연못, 깊은 우물, 수로 등이다. 수원이 없거나 장거리 운반이 필요한 곳을 선택해서는 안 된다. 원료를 처리하기 위해 전기톱 등의 도구를 사용해야 하므로 재배지에는 380V의 동력 전원을 사용하는 것이 좋다.

5) 바람

현지의 바람길과 방향을 관찰해야 한다. 재배지는 자연 지형의 바람길에서 멀리 떨어져 있어야 하며, 바람을 직접 받는 위치에 시설을 설치해서는 안 된다. 바람에 의해 시설이 갈라지거나 무너지면 큰 손실이 발생한다.

2. 원료 준비

균재(菌材): 일반적으로 사용하는 나무 종류는 다양한 참나무류로, 목질이 단단하고 영양분이 풍부하여 생장균과 천마의 성장에 필요한 영양을 오랫동안 공급할 수 있다. 단층 재배에 사용하는 목재의 양은 10~20kg/m²이다. 재배에 사용하기 20~40일 전에 나무를 베어 내고, 현장에서 가지와 잎을 제거한 후 30~40cm 길이로 자르면 운반과 배치가 용이하며, 자연 건조시킨다(그림 8-1). 잘라낸 단목의 절단면을 1~2%의 석회수 또는 황산구리 용액으로 1~2회 세척하여 잡균의 침입을 방지한다. 파종할 때 절단면에 1~2mm의 가는 균열이 있어야 한다. 직경 1cm 이상의 가지도 모아 천마 재배에 사용한다.

단목의 필요량은 20~30kg/m²로 길이 30~40cm, 직경 5~10cm의 단목이 30~40개 필요하다. 직경이 10cm를 넘는 원목은 2~4조각으로 쪼개고, 직경이 20cm를 넘는 원목은 원형 톱으로 잘라 폭이 8cm를 넘지 않는 나무판으로 만든다. 원형으로 자르지 않은 균재는 접종 전에 10~15cm 간격으로 나무 양쪽 껍질에 비대칭으로 깊이 1.0~1.5cm의 칼집을 내어, 나무의 목질부를 상하게 한 다음 접종 시 이 칼집 부분에 종균을 배치한다.

[그림 8-1] 잘라낸 목재의 건조

대규모 재배일 경우 일반적으로 나뭇잎을 사용하지 않는데, 이는 나뭇잎을 모으는 비용이 매우 많이 들기 때문이다. 또한 생장균의 균상에서 나뭇잎을 많이 사용하면 잡균 오염이 쉽게 발생한다. 동시에 실제 작업도 매우 번거로워 노동력과 비용이 많이 들어가므로 효율적이지 못하다.

모래: 일반적으로 하천 모래, 암석을 부순 모래, 황무지의 흙 등을 사용한다. 재배 상자 두둑 표면의 두께는 20cm이며, 1무(亩)당 재배 유효 면적 400m²를 기준으로 계산했을 때 모래의 필요량은 100~120m³이다. 파종 전에 미리 재배 장소로 운반해 둔다.

피복 재료: 차광막, 미세 플라스틱 필름, 찢어진 천 등의 재료를 덮개로 사용하며, 사용량은 1무당 500~600m²의 면적에 사용할 재료가 필요하다. 대부분의 생산자들이 나뭇잎, 톱밥, 솔잎, 가지 등을 피복재로 사용하지만, 이는 다양한 잡균의 오염원이 되며, 구매와 피복 작업 비용을 증가시키므로 가급적 사용을 피하는 것이 좋다.

관수 시스템: 대규모 재배 시 물 관리의 편의를 위해 재배지에 관수 시스템을 설치하는 것이 좋다. 시설 내에 미세 살수 시스템을 설치할 수 있으며, 1무당 비용은 120~150위안이다. 여건이 되는 생산자는 시설 내에 살수 장치를 설치하여 물 관리에 편리함을 더할 수 있으며, 1무당 설치 비용은 400~600위안이다. 저지대에서 재배할 경우, 여름철 30℃ 이상의 날씨에서는 온도를 낮추기 위해 시설 지붕에 살수 장치를 설치하는 것이 좋다.

이러한 재료와 설비를 활용하면 천마 재배의 효율성과 품질을 크게 향상시킬 수 있다.

3. 종마 준비

상업적으로 천마를 재배할 때 사용하는 종자는 전마(箭麻)의 개화, 수분, 결실 후에 얻은 종자를 발아균 균사체 위에서 발아시켜 원구경(原球茎)을 발생시키고, 이 원구경을 생장균 균상에서 배양하여 얻어진 결과물인 '0'대 백마(白麻)와 미마(米麻)를 사용하는 것이 가장 좋다. '0'대 백마를 1회 재배하여 전마를 수확한 후 남은 대형 및 중형 백마도 종자로 사용할 수 있다. 그러나 2대 이상의 백마는 다세대 무성 번식체로 퇴화할 가능성이 있으므로 더 이상 종자로 사용하지 않아야 한다. 여기서 말하는 종자 선택은 주로 백마의 선택을 의미한다.

종자를 선택할 때 다음 사항에 주의해야 한다:

(1) 백마의 크기는 손가락 크기 정도이며, 무게는 10~30g이 적합하다. 너무 큰 백마는 퇴화의 징후일 수 있으며, 좋은 종자가 아닐 수 있다. 미마는 매우 좋은 번식 원천으로 번식 계수가 높지만, 심은 후 2년이 지나야 백마나 전마로 성장할 수 있다.

(2) 종마는 황백색이고, 신선하며, 수분이 부족하지 않은 것이 좋다.

(3) 병충해가 없는 종마를 선택해야 하며, 특히 깍지벌레가 있는 종마 또는 썩어서 검게 변한 종마, 외형이 가늘고 긴 종마는 제외해야 한다. 깍지벌레가 있는 종마는 발견하기 어려워 재배 상자에 들어가면 전 상자 또는 전 시설에 해충이 퍼질 수 있다. 검게 변한 백마는 내부에 박테리아나 곰팡이의 감염이 있어, 재배 과정에서 쉽게 썩을 수 있다. 가늘고 긴 종마는 퇴화의 위험이 매우 크다.

(4) 종마 표면에 생장균 균사가 감염되지 않은 것을 선택해야 한다. 감염된 천마는 생리적 퇴화로 인해 균사가 감염된 것이거나, 전년도의 종자로서 생장균이 종마를 완전히 감염시키지 못해 종마가 제대로 자라지 못하고 소멸된 것이다.

(5) 종마의 껍질이 온전하고, 긁히거나 찢어진 부분, 썩은 껍질이 없어야 한다. 천마 종마를 수확할 때 대개 대나무 바구니, 플라스틱 상자나 플라스틱 통에 담아 실내로 운반한 뒤 선별하고 나서 다시 재배지에서 옮겨 심는다. 이러한 과정에서 연약한 종마가 쉽게 손상될 수 있으며, 육안으로 확인되지 않는 상처도 재배 후 손상 부위에 검은 반점이 생기고 결국 부패하게 된다. 따라서 종마를 다룰 때는 반드시 주의 깊게 다루고, 기계적 손상을 방지해야 한다.

종자 선택에 있어 추가로 주의해야 할 사항은 무성 번식을 여러 세대 반복하면 천마가 퇴화하는 현상이 나타난다는 것이다. 퇴화된 천마는 접균 속도가 느려지고 접균율이 감소하여 최종적으로 생산량이 줄어들게 되므로, 이런 천마는 종마로 사용해서는 안 된다. 야생 천마 종마는 무성 번식과 유성 번식 종자가 섞여 있는데, 그중에는 일정한 양의 유성 1대, 2대 후대가 포함되어 있다. 그로 인해 채집된 야생 종마는 2~3년간 계속 종자로 사용할 수 있고, 여전히 높은 수확량을 얻을 수 있는 것이다. 인공적으로 배양한 유성 번식 '0'대의 백마, 미마는 활력이 가장 강하며, 다세대 무성 번식으로 얻은 종마보다 1~3배 높은 수확량을 기대할 수 있다. 따라서 유성 번식 '0'대의 백마가 무성 번식 재배에서 상품 천마를 생산하기 위한 가장 이상적인 종마이다. 불가피한 경우에만 1대 또는 2대 천마 종마를 사용하고, 3대 종마는 사용하지 않도록 해야 한다.

4. 생장균 균봉 준비

상업적으로 천마를 재배할 때, 생장균 균봉을 전량 구매하여 재배하면 비용이 많이 든다. 1m²당 3~4병(봉지)의 종균이 필요하며, 비용은 10위안 이상으로 1무당 5,000위안 이상의 비용이 필요하다. 생산자는 천마를 재배하기 3~6개월 전에 소량의 생장균 종균을 미리 구입하여 균재에 접종할 수 있다. 이후, 천마를 재배할 때 균사체와 균삭이 잘 자란 균봉을 새로운 균재에 접종하면 많은 비용을 절약할 수 있다. 이 방법은 예로부터 재배자들이 자주 사용하는 방법이기도 하다.

준비된 균재를 잘라 통일된 규격으로 만드는데, 일반적으로 길이는 30cm, 40cm, 50cm로, 짧을수록 작업이 편리하다. 직경이 10cm 이상인 균재는 2조각으로 쪼개고, 20cm를 초과하는 균재는 3~4조각으로 나누어 너무 큰 균재는 사용하지 않는다(그림 8-2).

[그림 8-2] 생장균 균삭이 균재 표면과 절단면을 덮고 있는 모습

깊은 구덩이, 얕은 구덩이, 평지 등에서 균을 발생시킬 수 있으며(그림 8-3~그림 8-5), 구체적인 방법은 생산지의 조건에 따라 결정한다. 균 발생은 시설 내 또는 실내에서 하는 것이 좋다. 야외에서 생장균을 배양하면 자연조건의 영향을 많이 받아 균사의 품질이 저하될 수 있다.

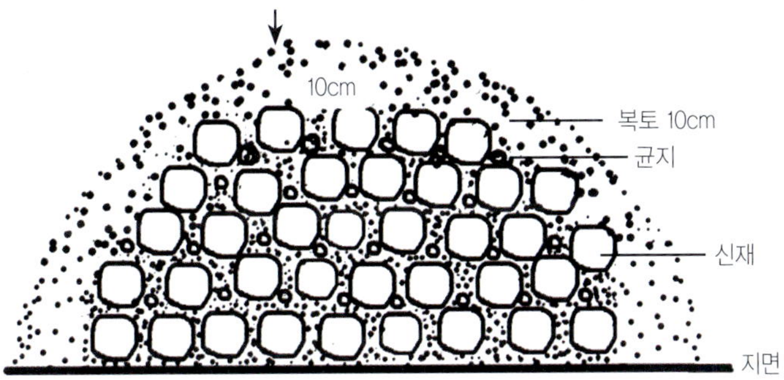

[그림 8-3] 지면(地面) 생장균 균봉 배양법

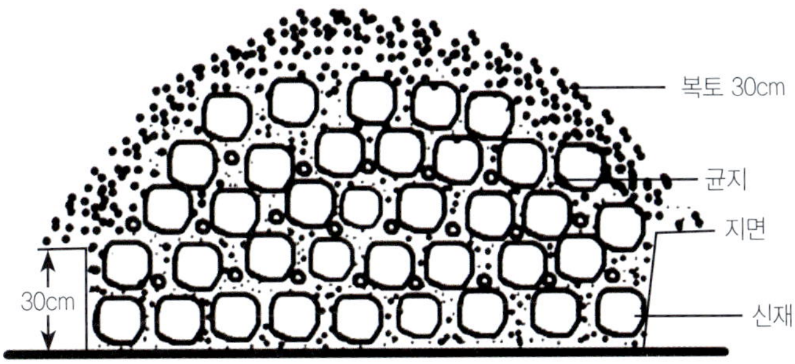

[그림 8-4] 반구덩이식(半坑式) 생장균 균봉 배양법

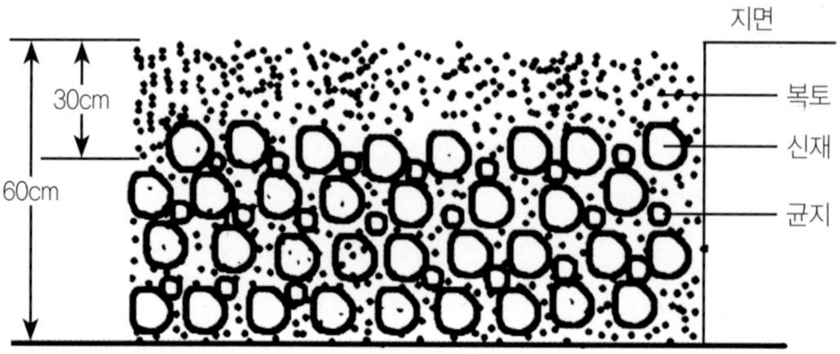

[그림 8-5] 구덩이식(坑式) 생장균 균봉 배양법

건조하고 비가 적은 지역에서는 깊은 구덩이 방식을, 비가 많이 오는 지역이나 지대가 낮은 곳에서는 평지식이나 얕은 구덩이식(반구덩이식)을 사용하는 것이 좋다. 주변에 배수로를 잘 만들어 여름철 폭우로 인한 침수 및 웅덩이로 인해 생장균 균삭이 죽는 것을 방지해야 한다.

지면과 구덩이 바닥을 평탄하게 하고 단단히 다진 다음, 석회 등으로 소독 처리한다. 지면에 두께 4~8cm의 모래층을 깔고, 그 위에 균봉을 촘촘히 배열한 뒤, 2~3회 질산칼륨 또는 질산암모늄 용액을 뿌린다. 생장균을 접종할 때는 1제곱미터당 2~3병(봉지)을 사용하며, 5~8cm 두께의 모래층을 덮고, 다시 한 층의 균재를 배열한 후 물을 뿌려 준다. 이러한 방식으로 4~5층의 균재를 쌓을 수 있으며, 표면은 모래의 붕괴를 방지하기 위해 거북등 모양으로 만든다. 마지막 층은 20~30cm 두께로 흙을 덮어 준다. 접종 작업이 완료된 후에는 충분히 물을 주고, 비닐을 덮는다. 10일마다 한 번씩 상태를 확인하고, 물이 부족할 경우 모래 속의 수분을 보충한다.

제2절 시설물 구축

천마 시설 재배의 주요 특징은 기존의 시설을 활용하거나 새로운 시설을 구축하여 재배하는 것이다. 여기에는 유리 온실, 강철 구조물로 된 대형 온실, 대나무와 목재로 된 대형 온실 및 다양한 방식이 포함된다.

1. 강철 구조 온실

1) 고형 온실

강철, 목재, 시멘트 기둥 등을 사용하여 프레임을 만들고, 상단을 강철 패널로 덮어 지붕을 만든다. 온실의 높이는 3~6m이고, 면적은 지형에 따라 정해지는데, 일반적으로 1~5무이다. 사방이 개방되어 있어 그늘망이나 철망 등을 사용해 주변을 둘러싼다.

바닥은 지면을 평탄하게 다져 견고하게 한다. 온실 주위에 배수로를 설치하고, 면적이 큰 경우 중앙 축선을 따라 등고선과 수직으로 1~2개의 배수로를 만든다. 즉, 경사면 꼭대기에서 경사면 외곽 방향으로 배수로를 설치하며, 온실 내부에는 등고선 방향으로 배수로를 만들지 않는다(그림 8-6).

[그림 8-6] 강철 구조 온실

2) 아치형 온실

산악 지역에서는 수십 미터, 몇 평, 몇십 평 면적의 평지를 찾기 어렵고, 보통 10m 이내의 계단식 밭이나 완만한 경사지가 대부분인데, 이러한 지역에서는 지형에 따라 적절한 너비의 아치형 온실을 구축하여 생산할 수 있다.

강철 파이프를 사용하여 아치형 구조를 만들며, 강철 파이프의 직경은 5~10cm이다. 파이프 간격은 1.0~1.5m이고, 온실의 높이는 2.0~2.5m이며, 너비는 6~8m로 너무 넓지 않도록 하여 눈이 많이 내릴 때 온실이 무너지는 것을 방지해야 한다. 온실의 길이는 지형에 따라 결정된다. 상부는 차광막과 비닐을 덮어 단단히 고정한다. 각 온실 외부에는 배수로를 설치해야 하며 지면을 평탄하게 하고 단단히 다져 준다(그림 8-7).

[그림 8-7] 강철 구조 온실의 외관과 내부 재배 방식

2. 대나무 목재 온실

1) 고형 온실

대나무, 목재, 시멘트 기둥 등을 사용하여 구조를 세우고 지붕을 덮는다. 기둥의 직경은 20~40cm, 온실의 높이는 2~3m이고, 면적은 지형에 따라 결정되며, 일반적으로 30~50m^2로 너무 크지 않게 한다. 온실 주변은 차광막과 철망 등으로 둘러싸야 한다. 온실의 사방에는 모두 배수로를 만들어야 하고, 산비탈 쪽으로는 폭 50~80cm, 깊이 50cm의 큰 배수로를 만들어 산사태로 인한 온실의 피해를 예방해야 한다. 지면을 평탄하게 하고, 견고하게 다져야 한다(그림 8-8~그림 8-10).

[그림 8-8] 목재 구조 온실

[그림 8-9] 대나무 구조 온실

[그림 8-10] 대나무 구조 온실 내부의 재배 방식

2) 아치형 온실

대나무를 사용하여 아치형 구조를 세우는데, 대나무 간격은 1.0 ~ 1.1m, 온실의 높이는 2.0 ~ 2.5m, 너비는 4 ~ 6m로 하여 너무 넓지 않게 하고, 눈이 많이 쌓여 온실이 무너지는 것을 방지한다. 길이는 지형에 따라 결정한다. 지붕은 차광막과 비닐로 덮어야 하고 온실 사방에는 모두 배수로를 만들어야 한다. 지면을 평탄하게 하고 견고하게 다져야 한다.

3) 저형 온실

고도가 높은 산악 지역에서는 지형이 가파르고 바람이 많이 불기 때문에 넓은 평지를 찾기가 어렵다. 이런 경우에는 지면에서 1m가량의 낮은 온실을 설치할 수 있다. 온실의 높이는 80 ~ 100cm, 너비는 80 ~ 120cm이며, 길이는 제한이 없다. 온실의 사방에는 모두 배수로를 만들어야 한다.

재료로는 대나무, 목재, 철근 등을 사용할 수 있다. 기둥의 길이는 130 ~ 140cm, 간격은 100 ~ 120cm로 하며, 지면에 구멍을 뚫어 기둥을 30 ~ 40cm 깊이로 고정하고 사방을 견고하게 다져야 한다. 기둥 사이를 상단부에서 가로대로 연결하고, 직경 1.0 ~ 1.5cm의 대나무 막대나 대나무 조각을 사용해 상부를 보강하며,

교차 지점에서 철사로 단단히 묶는다. 그 위에 차광막을 덮고, 다시 그 위에 비닐을 덮는다. 겨울에는 비닐을 잘 덮어 냉해를 방지하고, 여름에는 비닐을 말아 올려 빗물 유입을 방지한다.

온실 사방에는 모두 배수로를 만들어 비가 온실 내부의 생장균 균상으로 스며드는 것을 방지해야 한다.

4) 평형 온실

재료로는 대나무, 목재, 강철 파이프, 시멘트 기둥 등을 사용할 수 있다. 기둥의 직경은 10~20cm, 길이는 250~300cm이며, 간격은 300~400cm로 한다. 지면에 구멍을 뚫어 기둥을 50~80cm 깊이로 고정하고 사방을 견고하게 다져야 한다. 기둥 사이를 상단에서 부드러운 철사를 사용하여 십자 모양의 격자 구조로 연결하고, 교차 지점에서 철사로 단단히 묶는다. 그다음, 격자망 위에 차광막을 덮는다. 비가 많이 오는 지역에서는 그 위에 비닐을 덮을 수 있지만, 사방을 비닐로 둘러싸지는 않는다(그림 8-11, 그림 8-12).

온실의 사방에는 모두 배수로를 만들어야 하며, 면적이 큰 온실의 내부에는 십자 모양으로 교차하는 큰 배수로를 만들어 배수가 원활하도록 해야 한다. 지면을 평탄하게 하고 견고하게 다진 후 재배한다.

[그림 8-11] 강철 구조 평형 온실

[그림 8-12] 대나무 구조 평형 온실

3. 실내 재배

농촌 지역의 많은 빈집을 활용하여 실내 재배를 할 수 있다. 일반적으로 1층이나 지하 1층을 사용하며, 2층 이상의 경우 재료나 모래 등의 운반이 힘들어 사용하기 어렵다. 또한 강철, 패널 등의 재료를 사용하여 새로운 재배 시설을 구축하면, 그 안에서 대규모 재배가 가능하다.

4. 유리 온실

새로운 유리 온실을 건설하는 데는 큰 비용이 들기 때문에 기존의 유리 온실을 활용하여 천마를 재배할 수 있다. 정부의 오랜 자금 지원 덕택에 각 지역에 많은 온실이 건설되었지만, 여러 가지 이유로 많은 온실들이 유휴 상태에 놓여 있다. 유리 온실은 구조가 견고하고, 지붕과 사방이 밀폐되어 있어 보온 및 보습이 뛰어나며, 바람, 비, 햇빛, 눈, 서리로부터 보호할 수 있는 매우 완벽한 재배 시설이다. 하지만 유리 온실은 구조적으로 뛰어나고 밀폐성이 강하며 규모가 커서 열 방출과 환기 성능이 좋지 않다. 내부 온도가 35~40℃에 도달하면 겨울철 채소 재배에는 적합하지만, 28℃ 이하에서만 자랄 수 있는 생장균과 천마에게는 적합하지 않다. 따라서 유리 온실에서 천마를 재배하려면 강력한 환기 장치가 필요하며, 지붕에는 자동으로 조절 가능한 차광막을 설치하여 여름철 실내 온도를 30℃ 이하로 안정적으로 낮출 수 있어야 한다.

유리 온실은 배수가 잘되는 지대에 설치해야 하며, 주변에는 배수로를 만들어야 한다.

제3절 파종

1. 파종 시기

재배 시기는 천마의 수확량에 중요한 영향을 미치므로, 적절한 재배 시기를 선택하는 것은 천마 고수확을 위해 매우 중요하다. 저지대에서는 일반적으로 겨울철에 재배를 진행하고, 고지대에서는 봄철 재배가 주로 이루어진다. 시설 재배는 자연조건의 제한을 극복할 수 있으며, 파종 시기는 시설물의 상황, 다양한 종균 및 재료 준비 상황에 따라 달라질 수 있다. 5~7월에 천마 종자가 성숙할 때 종자를 직접 파종하여 재배할 수 있으며, 10월부터 다음 해 5월까지는 '0대' 천마 종마를 사용하여 파종할 수 있다(그림 8-13).

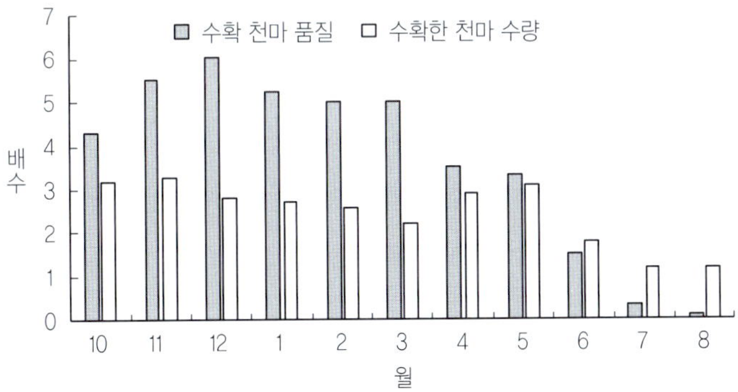

[그림 8-13] 자연조건하에서 파종 시기가 생산량에 미치는 영향

'0대' 천마 종자를 사용하여 재배할 경우, 첫해의 10월부터 다음 해 4월까지 재배한 천마의 수확량이 가장 높다. 4월 이후에는 기온이 점차 상승하면서 재배 시기가 늦어질수록 수확량이 감소한다. 11월 이전에 파종하면 이 시기의 기온이 생장균 성장에 적합하여 생장균이 종마의 표피 세포에 침투하여 종마 내부의 영양소를 소모하는 활동을 시작한다. 이때 천마 내부의 대사 활동이 더욱 활발해지면 생장균이 천마의 심층 세포로 깊이 들어가 천마의 영양을 소모하는 활동을 중지시키고, 천마가 생장균의 영양을 흡수하는 과정으로 전환될 수 있다. 그러나 실제로는 기온이 점차 낮아지기 때문에 천마의 성장이 더 이상 진행되지 않으며, 종마의 대사 활동이 점차 약해져 휴면 상태로 들어가게 되므로 생장균의 성장을 유도하는 데에는 한계가 있다. 생장균의 휴면 온도는 천마보다 낮기 때문에 생장균은 오랜 기간 동안 종마 내부의 영양을 흡수하는 생리 단계에 머물게 되고, 이로 인해 종마는 영양분을 잃게 된다. 반면, 휴면 상태에 들어가기 전에 너무 일찍 파종하면, 종마가 대사 활동을 멈추지 않아 생장균이 종마를 소화하지 않더라도 종마 내부의 대사 활동으로 인해 자체적으로 일부 영양분을 소모하게 된다. 반대로 파종이 너무 늦어지면 종마 내부의 대사 활동이 시작된 후 오랜 시간 동안 생장균의 영양 공급을 받지 못하게 되어 자체 영양을 많이 소모하게 되는데, 이는 종마의 발육과 수확량에 영향을 미친다.

따라서 생장균이 성장 발육이 느려지고 천마가 휴면 상태에 들어가는 시기가 천마 재배에 가장 적합한 시기이며, 일반적으로 10월 하순부터 다음 해 4월까지이다. 남부의 추위가 심하지 않은 지역에서는 10~11월에 파종하는 것이 좋다. 이 시기에 파종하면 냉해를 방지할 수 있을 뿐만 아니라 종마 저장의 번거로움도 줄일 수 있다. 북부의 추운 지역에서는 종마가 냉해를 입을 수 있으므로 봄철 4월에 재배하는 것이 좋다. 온도를 완전히 조절할 수 있는 시설에서는 연중 재배가 가능하다.

2. 파종 방법

재배 장소를 준비한 후 지면을 평탄하게 하고, 도구를 사용해 표토를 단단히 다진 다음 파종한다. 시설 재배의 구체적인 방법으로는 백마 종마 전신료 재배법, 백마 종마 전생장균 균봉 재배법, 백마 종마 반신료 재배법, 천마 종자 종균 균재 동시 재배법, 천마 종자 전균봉 재배법 등이 있다.

1) 백마 종마 전신료 재배법(白麻麻种全新料栽培法)

이 방법은 생장균 균재, 생장균 종균, 백마를 함께 동시에 땅에 심는 재배 방법이다. 시설 내에서 천마를 재배할 때는 도랑이나 구덩이를 파지 않고, 지면에 직접 재료를 깐다. 재배 상자(이랑)의 너비는 80~90cm로 설치하고, 작업이 편리하도록 너무 넓게 하지 않는다. 통로의 너비는 30~35cm로 가능하면 넓게 하여 관리 작업을 편리하게 한다.

가림판 설치: 건축 자재로 사용되는 플라스틱판을 사용해 이랑의 너비에 맞게 사방에 가림판을 세우는데, 이때 가림판의 높이는 15~20cm로 한다. 사방을 짧은 대나무나 뾰족한 나무로 고정한다(그림 8-14).

[그림 8-14] 가림판 및 재배 구획

소독: 0.1~0.15%의 이염화/삼염화 이소시아누르산 나트륨 용액을 사용해 한 번 분사한 후, 석회 가루를 한 번 뿌린다. 파종 전에 1% 황산구리 용액을 사용해 지면과 이랑, 재배 구조물 등을 소독한다.

균재 배열: 먼저 지면에 5~8cm 두께로 모래를 깔고, 그 위에 균재를 배열한다. 큰 균재 간의 간격은 5~10cm로 하고, 작은 균재는 큰 균재 사이에 배치한다. 모래를 사용해 균재의 하부를 채우되, 빈틈이 생기지 않도록 한다.

비료 살포: 배열된 균재 위에 1~2%의 질산암모늄 또는 질산칼륨 용액을 2~3번 뿌린다.

생장균 배열: 1제곱미터당 3~5병(봉지)의 생장균을 사용한다. 균재에 고르게 배열하고, 각 절단면에 1개의 종균 조각을 배치한다. 간격은 5~10cm로 하며, 균재에 밀착시킨다.

종마 배열: 1제곱미터당 300~500g의 종마를 사용하며, 각 균재에 10~15g의 백마를 5~6개 배치하고, 간격은 5~6cm로 한다. 미마의 경우 10~12개를 2~3cm 간격으로 배치한다. 백마의 크기에 따라 탄력적으로 배치한다. 종마의 배치 위치는 생장균 조각의 근처 0~2cm 이내로 하고, 비대칭으로 균재의 양쪽에 배치하여 생장균이 천마에 고르게 영양을 공급할 수 있도록 한다. 백마의 싹은 위로 향하게 하되, 약간 기울어지게 하며, 꼬리 부분을 균재의 균삭 밀집 부위에 가깝게 둔다. 만약 균재가 적거나 균삭의 양이 적다면, 추가로 균재를 보충하여 생장균의 양을 증가시킨다 (그림 8-15).

[그림 8-15] 종마 배열

복토: 종마를 배치한 후 모래를 덮는다. 덮는 두께는 10~15cm로 하며. 신선한 모래를 사용해 균재의 상부 나무껍질과 같은 높이로 덮은 후, 다시 한 겹의 신선한 균재를 올리고, 균재와 신선한 종마 사이의 빈틈을 흙으로 채운 다음 마지막으로 두꺼운 흙층으로 덮는다.

관수: 복토 후, 즉시 깨끗한 물로 이랑 내의 모래에 물을 충분히 준다.

피복: 모래 표면을 보습하고 수분을 유지하기 위해 차광막이나 마대 자루, 검은 비닐 필름 등으로 덮는다(그림 8-16).

[그림 8-16] 재배 이랑면 피복

수확: 백마는 1년에 한 번 수확할 수 있다. 봄에 파종한 경우, 수확 시기는 10~12월로, 상품 전마의 비율이 70% 이상이고, 나머지는 백마와 미마로 따로 이식하여 재배할 수 있다.

2) 백마 종마 전생장균 균봉 재배법(白麻麻种全蜜环菌菌棒栽培法)

이 방법은 생장균 균봉을 미리 배양해 두고, 가을이나 겨울에 백마를 수확한 후, 균상에 직접 백마를 배치하여 재배하는 방법이다. 종마를 심으면 이미 다량의 생장균 균사체와 균삭이 자라 있어, 종마와 곧바로 접촉할 수 있다. 생장균 균사가 천마의 생장과 발육에 필요한 영양을 공급하여 천마의 성장이 더 빨라지고, 생산량도 더 많아질 수 있다. 다만, 이 방법은 미리 반년간 땅을 점유해야 하므로 생산 주기가 길어지는 단점이 있다.

재배 구조물 설치: 평지를 준비하고, 소독 후 재배상을 만든다. 방법은 이전과 동일하다.

준비: 봄 3~4월에 나무를 먼저 베고, 잘라서 건조시킨다. 자른 나무를 준비한 후 바로 종자를 파종한다.

생장균 균봉 배양: 재배상에 한 층의 모래를 깔고, 촘촘히 균재를 배치한다. 1~2%의 질산칼륨 또는 질산암모늄 용액을 2~3회 분무한 후, 생장균 종균을 균봉 위에 뿌리고 흙을 덮는다. 물을 충분히 준 후 피복재를 씌운다.

천마 종마 파종: 생장균 균봉 위의 흙을 걷어내고 백마를 배치한다. 다시 흙을 덮고, 물을 주고, 비닐을 덮는다.

수확: 이듬해 가을에 수확이 가능하며, 천마의 생산량은 80% 이상이다.

3) 백마 종마 반신료 재배법(白麻麻种半新料栽培法)

이 방법은 미리 배양된 생장균 균봉을 준비하여, 가을이나 겨울에 백마를 수확한 후, 균상에 새로운 균재를 추가하고 백마를 배치하여 재배하는 방법이다. 균상에는 이미 다량의 생장균 균사체와 균삭이 자라고 있어, 종마가 흙 속에 묻히면 곧바로 생장균 균사와 접촉할 수 있다. 생장균 균삭이 천마의 생장과 발육에 필요한 영양을 공급하므로 천마의 성장이 더 빨라지고, 생산량도 더 많아질 수 있다. 균재 위의 생장균이 종마와 영양 관계를 형성하면서, 동시에 새로운 균재로 전파된다. 원래의 균재에서 영양이 모두 흡수되고 나면, 새로운 균재가 생장균에게 영양을 제공하여 천마의 성장을 보장한다. 다만, 이 방법도 미리 반년간 땅을 점유해야 하므로 생산 주기가 길어진다(그림 8-17).

생장균 균봉 배양: 봄 3~4월에 나무를 먼저 베고, 잘라서 건조시킨 후, 재배 구조물을 설치하고 기질을 평탄하게 한 다음 소독 후 재배 상을 만든다. 재배상에 한 층의 모래를 깔고, 촘촘히 균봉을 배치한다. 1~2%의 질산칼륨 또는 질산

암모늄 용액을 2~3회 분무한 후, 생장균을 균봉 위에 뿌리고 흙을 덮는다. 물을 충분히 준 후 피복한다.

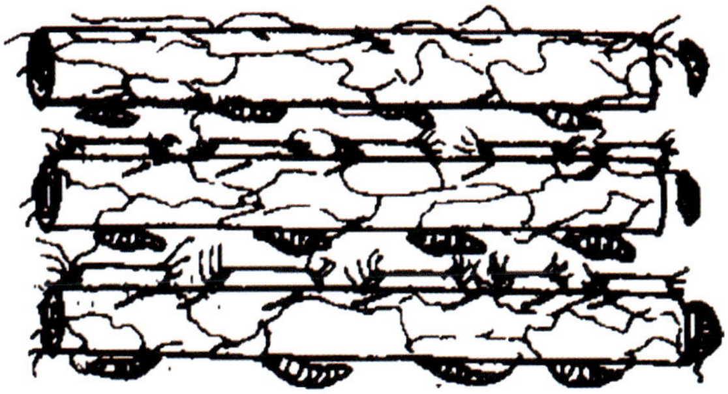

[그림 8-17] 반신료 재배법

파종: 덮은 흙을 걷은 후, 간격마다 한 개의 균봉을 빼내고, 그 자리에 새로운 균재를 추가한다. 빼낸 생장균 균봉은 재배상에 배치하고, 새로운 균재를 일정한 간격으로 배열 후, 백마를 놓고 흙을 덮는다. 이후 작업은 이전과 동일하다.

수확: 이듬해 가을에 수확할 수 있다.

이 방법으로 천마를 재배할 경우, 수확 시기에 새로 추가된 균재가 아직 완전히 썩지 않아서 생장균의 성장이 여전히 왕성하게 진행된다. 이러한 균봉을 이용해 새로운 균상의 생장균으로 재사용할 수 있다.

4) 천마 종자 종균 균재 동시 재배법(天麻种子菌种菌材一次性栽培法)

이 방법은 균재, 생장균 종균, 발아균 종균, 천마 종자 등을 한 번에 땅에 심는 재배 방법이다. 천마는 봄에 개화하고, 수분 및 결실 과정을 거쳐 5~7월에 종자를 수확할 수 있다. 수확 즉시 발아균과 혼합하여 7~10일 동안 예비 배양한 후, 곧바로 파종한다. 재배상 위에 새로운 균재를 배치하고, 생장균 종균 접종 후, 천마 종자와 발아균 종균의 혼합 배양물을 뿌리고 모래를 덮는다. 이듬해 가을에 소량의 천마를 수확할 수 있으며, 3년 차 봄에 대량의 천마를 수확할 수 있다. 이 방법은 백마의 배양 시간을 절약하고, 천마의 재배 주기를 단축시킬 수 있어 현재 많은 생산자들이 이 방법을 사용하여 상업적으로 생산하고 있다.

5) 천마 종자 전균봉 재배법(天麻种子全菌棒栽培法)

이방법은 봄에 생장균 균재와 종균을 미리 접종하여 균봉으로 배양한 후, 5~7월 천마 종자가 성숙하면 채취하여 즉시 발아균 종균과 혼합하여 7~10일 동안 예비 배양한 다음, 이미 생장균 균삭이 자란 균봉에 파종하는 방법이다.

이듬해 가을에 수확하지 않고 3년째 봄에 수확한다. 전체 생산량의 70% 이상은 성마이고, 동시에 수확한 미마와 백마도 '0'대 종마이므로 종마 판매와 대규모 재배에 사용될 수 있다.

3. 주의 사항

이랑의 방향 문제: 산간 지역에서 천마를 재배하면 아무리 평탄한 곳이라도 어느 정도 경사가 있기 때문에 배수에 특히 주의해야 한다. 이랑을 만드는 방향은 등고선 방향에 수직이 되도록 해야 한다. 즉, 경사 방향을 따라야 한다. 등고선 방향으로 이랑을 만들면, 그 방향의 도랑에 물이 고여 배수가 원활하지 않아 천마 균상 내에 물이 고이게 된다. 배수가 원활하지 않으면 물이 많이 고이고, 시간이 지나면 천마가 썩어 손실이 크다(그림 8-18).

[그림 8-18] 등고선에 수직인 재배지와 등고선에 평행한 재배지

천마 식재 후에는 사람과 가축이 밟지 않도록 주의해야 한다. 겨울에는 나뭇잎이나 마른 가지를 덮고, 봄 3~4월에는 마른 가지와 낙엽을 제거하여 햇빛으로 지온을 높여 생장균의 성장과 전파를 촉진한다. 여름의 고온 건조한 계절에는 나뭇가지를 잘라서 햇빛을 가린다. 가을 이후에 날씨가 흐리고 비가 계속 내려 기온이 떨어지면 차광막을 벗겨 내고 햇빛을 많이 비추게 하여 지온을 높이고, 지표 증발량을 증가시켜서 토양의 습도를 낮춰야 한다. 정기적으로 토양 습도와 천마가 자라는 상황을 살펴야 하며, 토양이 건조하면 물을 주고, 토양이 너무 습하면 차광막을 일부 제거해야 한다.

제 4 절 관리

1. 수분 관리

천마 및 생장균의 성장과 번식에는 모두 충분한 토양 습도를 필요로 한다. 오랜 가뭄으로 토양의 습도가 부족할 때에는 적기에 물을 주고, 제초 후에 풀로 덮어 습기를 유지해야 한다. 가뭄은 천마의 어린싹을 대량으로 죽게 할 수 있는데, 특히 천마가 가장 왕성하게 자라는 7~8월에는 손실이 더욱 크다. 적당한 토양 습도는 어린 종마의 정상적인 발육을 보장할 수 있다.

실내에 수분이 너무 많으면 토양이 단단해지고, 통기성이 나빠져 생장균이 산소 부족으로 죽고, 천마 괴경이 썩어 다른 미생물이 창궐하게 된다. 천마 원산지에서 사람들이 흔히 '침수보다 차라기 가뭄'이라고 말하는 것은 수분이 너무 많으면 천마 생산의 위해가 매우 심각하다는 것을 말해 준다.

2. 온도 관리

여름 기온이 30℃에 달하면 반드시 더위를 막고 온도를 내려 주어야 한다. 중국 남부 지역에서는 고온의 날씨가 항상 고습과 동반하므로 병충해가 잘 발생하기 쉽다. 고온 건조한 날씨에는 고온을 방지해야 할 뿐만 아니라, 자주 물을 주어 건조를 예방해야 한다.

남부 지역에서는 10~12월에 천마를 재배하는데, 강설 및 한파 등의 연속 저온 날씨에 직면할 수 있다. 제때에 동해를 방지하지 않으면 심은 종마가 동해를 입기 쉽고 국부적으로 조직 괴사가 일어날 수 있으며, 심지어는 전 마체가 부패할 수도 있다. 북부 지역에서는 4월 봄에 심는 경우가 많은데, 지속적인 저온과 습기로 인해 지하의 종마에 피해를 주기도 한다. 따라서 천마를 재배한 후에는 반드시 비닐이나 건초를 덮어 보온하고 동해를 방지해야 하며, 온도 변화를 주의 깊게 관찰하고 조절하는 조치를 취해야 한다. 온도가 너무 낮거나 높으면 천마의 생장과 발육에 불리하게 작용한다.

3. 환기 관리

시설 재배 시 평균기온이 20℃보다 높으면 재배상 표면의 비닐, 그늘막을 벗겨서 통로 안에 놓고 재배상을 환기시킨다. 밤에는 하우스 양 끝의 문과 창문을 열어서 환기하고 열을 식혀야 하며, 낮에는 하우스 사방의 비닐을 걷어 올린다. 평균기온이 20℃ 이하일 경우, 2~3일 간격으로 비닐을 열어 적절히 환기시킨다. 겨울철에는 기온이 낮으므로 비닐을 덮어 보온 위주로 해야 한다. 장마철이나 비가 계속 내리는 계절에는 양쪽 문과 창문을 모두 열어 환기를 강화한다.

4. 공중 습도 관리

시설 내에서 재배할 때는 시설이 밀폐되어 있으므로 환기 관리를 철저히 하여 재배상 표면과 시설 내 공중 습도를 낮추고 병충해 발생을 최소화해야 한다. 장마철이나 비가 오지 않는 날에는 양쪽 문과 창문을 열어 환기를 강화하고 습도를 낮춘다.

5. 잡초 억제

시설 재배의 경우 온실 내부의 빛이 매우 약하고 차광막, 흑색 비닐 등이 덮여있어 일반적으로 잡초가 많이 발생하지 않는다. 그러나 온실 가장자리에 있는 재배상에는 소량의 잡초가 발생할 수 있어서 잡초가 자라나면 어릴 때 즉시 뽑아 주어야 한다. 그러나 일반적으로 제초제를 사용할 필요는 없다.

6. 잡균 억제

시설 내에서 천마를 재배할 때, 높은 습도와 안정적인 온도로 인해 천마 재배상 표면에 다양한 점균, 곰팡이, 대형 진균 등의 피해가 발생하기 쉽다. 이를 제때에 통제하고 예방해야 하며, 자유롭게 발생하여 확산되도록 내버려두어서는 안 된다. 구체적인 방법은 제9장에 소개한다.

또한 사람과 가축이 발로 밟거나, 들쥐, 개미, 병충해 등의 피해를 방지해야 하고, 모든 생산 단계에서 반드시 이러한 문제에 주의를 기울여야 한다.

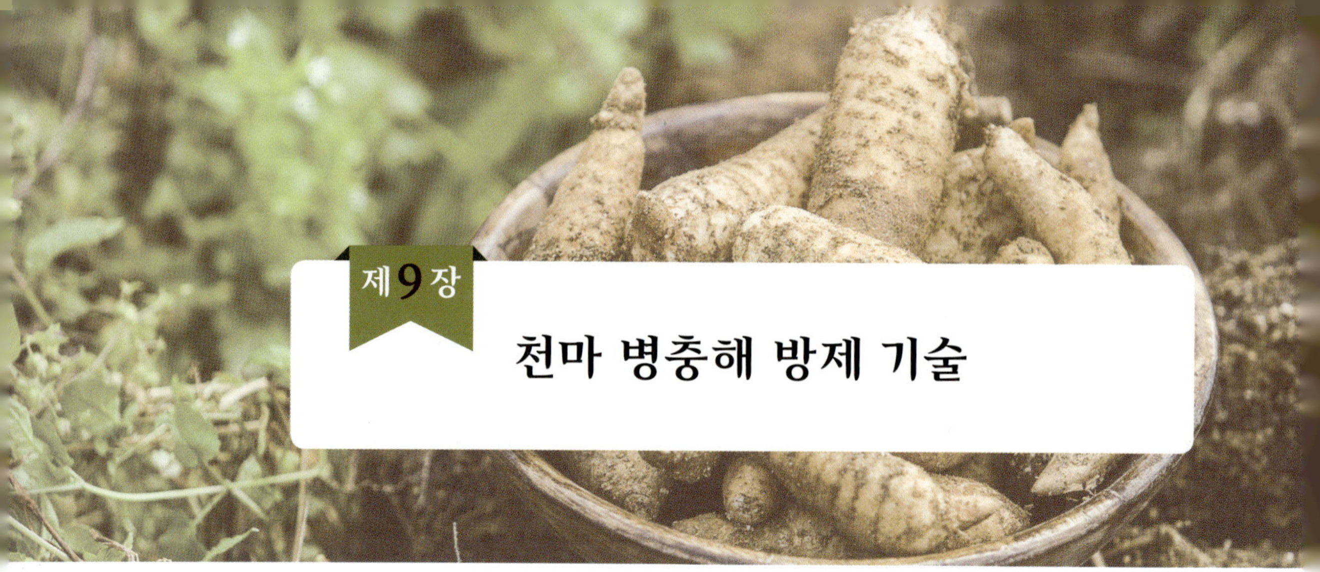

제9장 천마 병충해 방제 기술

제1절 천마의 주요 병해

천마 시설 재배 과정에서 발생하는 주요 병해는 재배상에서 발생하는 점균류, 곰팡이류, 대형 진균류에 의한 피해이다. 천마 괴경이 부패병, 썩어 껍질만 남기는 등의 병에 걸리기 쉽고, 천마 줄기는 일소병이 잘 발생한다.

1. 점균의 피해

천마 시설 재배사는 비교적 밀폐된 환경이다. 많은 시설 재배자들은 재배상 위에 톱밥, 나뭇가지, 덩굴, 볏짚 등 다양한 유기물을 덮는다. 이러한 유기물들은 물을 흡수하여 높은 수분 함량을 보유하게 되는데, 이로 인해 천마 재배 과정에서 재배상 표면에 대규모의 점균류가 자주 발생한다. 초기에는 미끌미끌한 노란색 또는 밝은 노란색 액체로 시작되는데, 이 액체가 점차 팽창하여 면적이 커지다가, 표면이 점차 건조해지면서 수축하고 색깔이 희게 변한다. 건조된 후에는 거의 흰색의 가루 상태가 되며, 마지막에는 검은색 가루나 회색 가루로 변한다. 처음에는 점 형태로 발생하지만, 2~3일 후에는 큰 면적을 차지하게 되며, 심한 경우 천마 재배상 전체 표면을 덮을 수 있다.

주요 종: 격벽검뎅이먼지 *Fuligo septica* (L.) F. H. Wigg., Prim. fl. holsat. (Kiliae): 112 (1780) var. *septica*, *Fuligo septica* var. *flava* (Pers.) Morgan, *Fuligo rufa* Pers; *Fuligo candida* Pers. 등

분류학상 위치: 원생동물계(Protoctista), 아메바문(Amoebozoa), 점균아문(Mycetozoa), 내포점균강(Myxogastrea), 주점균아강(Columellnia), 망사점균목(Physarida), 망사점균과(Physaraceae)

형태적 특징: 자실체가 작다. 복합낭종이 모여 쿠션 모양을 이루며 폭은 1.5~3.0cm 또는 그 이상이고, 두께는 1~3cm이다. 색상은 흰색, 갈색, 녹색, 분홍색, 짙은 붉은색, 보라색 등 다양하다. 피층은 석회질이고 비교적 두꺼우며 부서지기 쉽고 분리도 쉽게 된다. 포자는 무색이고 가늘며 옅은 노란색 석회 덩어리와 연결되어 있다. 포자 덩어리는 흑회색을 띤다(그림 9-1).

[그림 9-1] 천마 재배상에서 발생한 점균

생태적 습성: 점균류는 유기물이 풍부한 습한 환경이나 어두운 환경에서 잘 발생한다. 봄부터 가을까지 부패한 나무, 식물체, 나뭇잎, 이끼, 토양, 자갈, 쓰레기 등에 발생한다. 점균류는 포자와 원형질체(변형체)를 통해 공기, 물, 토양, 곤충, 피복재, 변형체 자체의 빠른 움직임 등을 통해 전파된다. 또한 전 세계적으로 분포한다.

생장 조건: 점균류는 온도 20~30℃, 상대 습도 95~100%, pH 5.5~6.5 환경에서 잘 자란다. 시설 재배사 내의 고온, 고습, 환기 불량, 재배지 표면에 물방울이나 얇은 수막이 있는 상태가 점균류의 폭발적인 성장을 촉진한다.

피해: 점균류는 원생동물로서, 세포벽이 없는 원형질 덩어리로 이루어져 있으며, 형태가 일정하지 않고 점액질로 되어 있어서 고체나 액체 표면을 기어다닐 수 있고, 성장 속도도 빠르다. 세균, 진균의 균사, 진균의 포자를 포식하며, 생장균의 균사와 균삭의 성장을 위협한다. 점균류가 대량으로 번식하면 천마 괴경이 부패하게 되어 병해를 유발하며, 포자가 형성되면 재배지에 장기간 머물며 휴면하다가 여름이나 가을의 고온 다습한 조건에서 다시 대규모로 발생하기도 한다.

방제 방법: 점균류가 소량 발생한 경우, 즉시 마른 석회 분말로 덮고 환기를 시켜 건조 상태를 유지한다. 재배상에 덮인 유기물을 제거하여 재배장 밖에서 소각한다. 또는 0.1~0.2% 세제를 희석한 물, 0.2~0.3% 소금물을 2~3회 가볍게 분무한 후, 빠르게 건조시켜서 점균류를 제거한다.

2. 곰팡이 피해

천마 재배는 개방형 시스템으로, 천마 재배 과정에서 특히 생장균 배양 및 천마와 생장균의 공생 과정 중, 토양 및 목재 원료에 존재하는 다양한 부생성(腐生性) 곰팡이에 쉽게 감염될 수 있으며, 이는 천마 재배 실패의 주요 원인 중 하나이다. 이러한 경쟁성 곰팡이들은 주로 다양한 토양 사상균(絲狀菌)으로 구성되어 있다.

재배상 표면의 피복재와 모래 위에는 여러 종류의 곰팡이가 번식하기 쉬운데, 다음과 같은 곰팡이들이 주로 발생한다:

- 트리코더마(*Trichoderma* spp.)
- 페니실리움(*Penicillium* spp.)

- 리조푸스(*Rhizopus* spp.)
- 무코르(*Mucor* spp.)
- 아스퍼질러스(*Aspergillus* spp.)
- *Sarocladium strictum* (W. Gams) Summerb., in Summerbell, Gueidan, Schroers, Hoog, Starink, Arocha Rosete, Guarro & Scott, Stud. Mycol. 68: 158 (2011), 이명: *Acremonium* strictum W. Gams, Cephalosporium artige Schimmelpilze (Stutgart): 42 (1971)
- *Diehliomyces microspores* (Diehl & E.B.Lamb.) Gilkey, *Mycologia 46*: 790 (1954), 문헌 중의 학명 오류: *Diehiumyces microsporus* 등이다.

이들 곰팡이는 재배상 표면에서 발생한 후 내부로 침입하여 균재 및 천마 괴경에 피해를 주며, 감염과 수확 실패를 초래하기도 한다.

피해 증상: 곰팡이는 재배상 표면의 피복재와 모래에서 자라기 쉽고, 내부로 침입하면 균재나 천마 표면에 판상 또는 점상으로 분포한다. 일부는 점성이 생기고 곰팡내가 나며, 생장균 및 천마의 정상적인 성장을 방해하고, 천마의 부패를 유발하여 생산량에 심각한 영향을 미친다. 이러한 곰팡이는 천마에 큰 해를 끼치므로 제때 예방하지 않으면 심각한 손실을 초래할 수 있다. 따라서 잡균의 감염 방지는 천마 생산 과정 전반에 걸쳐 반드시 신경 써야 하며, 단계마다 방심할 수 없다.

방제 방법: 잡균 감염을 방지하는 핵심은 생장균이 요구하는 환경 조건을 충분히 충족시켜 생장균의 왕성한 성장을 촉진하고, 생태계에서 생장균이 우위를 점하도록 하여 잡균의 성장을 억제하는 것이다. 구체적인 방제 방법은 다음과 같다.

(1) **재배상 표면 소독**: 파종 작업이 완료된 후 재배상 표면에 석회 가루를 뿌리고, 적절히 환기시킨 다음 비닐을 덮는다. 이후 정기적으로 환기시켜 모래 표면이 비교적 건조한 상태를 유지하여 재배상 표면의 곰팡이 감염을 억제한다.

(2) **피복재의 선택과 소독 처리**: 나뭇잎, 나뭇가지, 톱밥 등 곰팡이에 감염되기

쉬운 재료는 재배상 피복재로 사용하지 않도록 한다. 이전에 사용한 적이 있는 차광막이나 비닐을 덮개로 사용할 경우, 미리 소독제로 소독해야 한다. 0.1% 디클로로이소시아누르산 나트륨 용액을 2~3회 분무하여 소독한 후 건조시킨 다음 피복한다.

(3) **재배 장소와 주변 환경의 선택**: 잡균의 전파 경로는 다양하지만, 특히 토양을 통해 전파되는 경우가 많다. 오랫동안 경작한 토양은 일반적으로 모두 잡균을 가지고 있다. 어떤 환경에서는 잡균 발생이 심각한 반면, 어떤 환경에서는 약한 경우도 있다. 재배 장소를 선택할 때는 잡균이 거의 없는 황무지를 선택해야 한다. 시설 재배에서는 황무지에서 모래를 굴착하여 지반 평탄화 및 천마 재배에 사용해야 하며, 가능하면 경작에 사용되었던 토양을 피하고 신선한 토양으로 복토하는 것이 좋다.

(4) **종균 사용의 엄격한 관리**: 종균이 오염되어 잡균이 섞이면 잡균의 번식 속도가 빨라져 대규모 오염을 초래할 수 있다. 따라서 잡균이 포함된 1차, 2차, 3차 종균을 생산에 사용하는 것은 금지해야 한다. 특히, 이미 균사가 자란 균봉을 재배에 사용할 때는 균봉을 신중히 선택해야 한다. 일부 생장균 생산자가 생산하는 종균 중에는 다량의 액체가 포함되어 있어 운송 과정에서 쉽게 병 밖으로 흘러나올 수 있다. 병을 다시 세우면 외부 액체가 병 안으로 유입되어 병 외부의 잡균이 내부로 들어가게 되어 접종 후 재배지에서 잡균이 발생하기 쉬워진다. 따라서 천마 재배 농가는 다량의 액체가 있는 생장균 종균을 사용하지 않는 것이 좋다.

(5) **균상의 크기와 깊이 조정**: 균상은 너무 크거나 깊지 않도록 적절히 조절하고, 균상에 배치된 균재(菌材)의 양도 적당해야 한다. 특히, 균상 내부에 물이 고이거나 환기가 불량한 조건에서는 혐기성 잡균이 성장하기 쉽기 때문에 주의해야 한다.

(6) **생장균 성장 조건 조성**: 생장균 종균의 사용량을 늘려 생장균이 재배상에서 빠르게 성장할 수 있도록 하고, 짧은 시간 안에 왕성하게 성장하여 우위를

점하도록 해야 한다. 이로 인해 다른 잡균들은 충분한 영양을 얻지 못해 생존하지 못하게 된다.

3. 대형 진균의 피해

천마 시설 재배 과정에서 재배상이나 노출된 균재에 다양한 대형 진균이 발생하기 쉽다(그림 9-2). 주요 대형 진균은 다음과 같다:

- 치마버섯 *Schizophyllum commune* Fr. [as 'Schizophylluscommunis'], *Observ. mycol.* (Havniae) 1: 103 (1815).
- 구름버섯 (운지) *Trametes versicolor* (L.) Lloyd, *Mycol. Notes* (Cincinnati) 65: 1045 (1921) [1920], 일명 *Coriolus versicolor* (L.) Quél., Enchir. fung. (Paris): 175 (1886).
- 유사 생장균 *Desarmillaria tabescens* (Scop.) R .A. Koch & Aime, inKoch , Wilson, Séné, Henkel & Aime, BMC Evol. Biol.17 (no.33): 12 (2017), 일명: *Armillaria tabescens* (Scop.) Emel, Le Genre Armillaria (Strasbourg): 50 (1921); *Armillariella tabescens* (Scop.) Singer, Annls mycol. 41 (1/3): 19 (1943), 모두 비합법적인 학명임
- 붉은난버섯 *Pluteus cervinus* (Schaeff.) P. Kumm., Führ. Pilzk. (Zerbst): 99 (1871).
- 흰주름구멍버섯 *Antrodia albida* (Fr.) Donk, Persoonia 4 (3): 339 (1966), 일명: *Trametes albida* Lév., in Zollinger, Plantae Javanicae: no. 2089 (1847).
- 미로구멍버섯 *Cerioporus mollis* (Sommerf.) Zmitr. & Kovalenko, *International Journal of Medicinal Mushrooms* (Redding) 18 (1): 33 (2016), 일명: *Trametesmollis* (Sommerf.) Fr., Hymenomyc. eur. (Upsaliae): 585 (1874).
- 흰둘레줄버섯 *Bjerkandera fumosa* (Pers.) P. Karst., *Meddn Soc. Fauna Flora fenn.* 5 : 38 (1879).

- 구멍장이버섯 *Polyporus* spp.
- 느타리버섯 *Pleurotus* spp.
- 눈물버섯 *Psathyrella* spp.
- 좀주름찻잔버섯 *Nidula* spp.
- 볏짚버섯 *Agrocybe* spp.
- 먹물버섯 *Coprinus* spp.
- 말뚝버섯 *Phallus* spp. 등

눈물버섯

좀주름찻잔버섯

운지버섯

구멍장이버섯

[그림 9-2] 천마 재배상에서 발생한 대형 진균

이들 대형 진균은 목재나 재배상에서 대량의 자실체를 형성하여 생장균과 영양분을 경쟁하고 생장균의 균사 성장을 약화시키므로 천마가 충분한 영양 공급을 받지 못하게 되어 생산량이 감소한다.

그중에서도 유사 생장균(*Desarmillaria tabescens*)의 균사 및 균삭은 목재 표면에 부채꼴 모양으로 분포하며, 형광을 발하지 않는다. 이들 잡균은 생장균의 성장을 억제하여 천마가 영양을 얻지 못해 죽게 만든다. 잡균과 생장균을 정확히 구분하는 것은 잡균 감염을 방지하는 기초이다. 잡균과 생장균의 주요 구별 특성은 <표 9-1>과 같다.

〈표 9-1〉 생장균과 잡균의 구별

항목	생장균	잡균
균사	백색, 연분홍색	백색 또는 기타 색깔
균재에 나타나는 균사 형태와 분포	균사는 대부분 나무껍질 내부에 분포하며, 백색 가루 모양. 균사를 손으로 만졌을 때 부드러운 느낌이 나며, 균재의 표면에서는 볼 수 없고, 균재의 단면에 균삭이 있으며 온도와 습도가 적절할 때 균사 생장이 왕성함	균재 표면에 순백색의 균사가 다발 또는 판상으로 뚜렷하게 보이며, 일부 균사는 전체 균사를 덮을 정도로 생장이 왕성함
균재 표면의 균삭 형태와 분포	균재 표면에 불규칙한 그물 모양으로 나타나며, 나무뿌리와 유사한 둥근 형태를 가짐	일부 잡균은 균재 표면에 부채 모양으로 분포하며, 균사는 납작하고 둥근 형태를 가짐
발광 여부	발광함	발광하지 않음
생활 습성	조건부 기생성	대부분 부생성

방제 방법: 나뭇가지, 목재를 전염원으로 하는 잡균이 많이 존재한다. 특히, 부패한 나무는 다양한 대형 진균의 번식에 적합하다. 따라서 배양이나 재배에 사용할 나뭇가지나 목재를 선택할 때 신선하고 잡균이 없는 나무를 사용해야 한다. 부패한 나뭇가지, 나무줄기, 이미 많은 잡균이 존재하는 오래된 목재, 톱밥, 나뭇잎 등은 사용하지 않는 것이 좋다. 목재를 자른 후, 단면을 1~2%의 석회수로 1~2회 세척하고, 잡균 발생이 심각한 지역에서는 1~2%의 황산구리 용액으로 1회 세척하여 대형 진균이 균재에 침입하여 균봉을 감염시키는 것을 방지해야 한다. 균재에 칼집을 낼 때는 도구와 기계를 소독하고, 칼집을 낸 후 즉시 접종하며, 상처를 낸 다음에는 오랫동안 방치하지 말아야 한다.

잡균 제거: 생장균과 천마 괴경을 배양하는 과정에서 잡균이 발생하면, 국지적으로 발생한 경우 잡균의 자실체를 제거하고, 석회수나 황산구리 용액으로 잡균이 자란 목재 부분을 처리하여 목재 내부의 잡균 균사 성장을 억제해야 한다. 균상에서 노출된 목재는 즉시 모래로 덮어 장기간 공기 중에 노출되어 잡균이 번식하지 않도록 해야 한다. 제거할 수 없는 일부 잡균에 오염된 균재는 발굴하여 폐기하고, 새로운 균재로 교체해야 한다.

4. 괴경 부패병

괴경 부패병이 발생한 천마 괴경의 표피는 누렇게 변색되고, 중심부가 부패하여 내부에서 악취가 난다. 일부 괴경의 조직 내부에는 노란색, 흰색 또는 갈색의 생장균 균사가 가득 차 있으며, 일부에서는 자주색 반점이 나타나기도 한다. 손으로 눌렀을 때 흰색의 점액질이 나오는 경우도 있다. 이는 주로 여러 가지 병원균에 의해 발생한 것으로, 고온 다습한 환경에서 심각하게 확산된다. 종마가 해충이나 기계적 손상을 입었을 경우, 이 병이 발생할 가능성이 높다.

1) 흑부병(黑腐病)

흑부병의 주요 병원균은 *Fusarium poae*이다. *Fusarium poae* (Peck) Wollenw., in-Lewis, Maine Agr. Exp. Sta. Bul. 219: 256 (1913). 분류학상 위치: 균물계 (Fungi), 자낭균문(Ascomycota), 주발버섯아문(Pezizomycotina), 동충하초강(Sordariomycetes), 동충하초아강(Hypocreomycetidae), 동충하초목(Hypocreales), 알보리수버섯과(Nectriaceae).

천마 흑부병을 일으키는 또 다른 원인균에는 녹색 트리코더마 속 곰팡이 *Trichoderma viride* Pers., Neues Mag. Bot. 1: 92 (1794); 볏짚버섯 *Agrocybe praecox* (Pers.) Fayod, Annls Sci. Nat., Bot. ser. 79: 358 (1889) 등의 병원균도 있다.

형태적 특징: PDA 배지에서 자란 이 병원균의 낫형 분생포자는 균락이 흰색이고 균사가 무성하게 자란다. 배지의 하부는 연한 자주색 또는 청보라색을 띤다. 현미경 관찰 시 많은 낫형 분생포자가 보이며, 균사는 흰색으로 종종 생장균의 균재 표면에 기생하며, 판상형으로 분포하고, 성장 속도가 빠르다. 이 병원균이 천마 괴경에 감염되면, 초기에는 검은 반점이 나타나는데, 이로 인해 흑부병(검은 반점병)이라고 명명되었다. 병이 진행되면 괴경이 부패하고, 심한 경우에는 천마 전체가 검게 변하며, 맛이 매우 써진다. 흑부병은 천마 재배에 심각한 피해를 준다(그림 9-3).

[그림 9-3] 천마 흑부병

방제 방법: 종마를 선택할 때 병에 걸린 종마를 절대 사용해서는 안 된다. 초기 단계에서 썩거나 미세한 검은 반점이 있는 종마는 모두 버려야 한다. 우수한 균재를 선택하고 재배지를 잘 준비해야 하며, 재배 환경의 온도와 습도를 적절히 조절하여 관리해야 한다. 특히, 배수가 잘되지 않는 환경에서는 재배하지 않아야 한다.

2) 녹부병(锈腐病)

천마 녹부병을 일으키는 병원균은 *Ilyonectria destructans* (Zinssm.) Rossman, L. Lombard & Crous, in Lombard, vander Merwe, Groenewald & Crous, Stud. Mycol.

80: 217(2015)이다. 이 병원균의 이전 학명은 *Cylindrocarpon destructans* (Zinssm.) Scholten, Neth. JlPl. Path. 70 (suppl.2): 9 (1964) 및 *Ramularia destructans* Zinssm., Phytopathology 8 (11): 570 (1918)이다. 이 병원균은 분류학적으로 균물계, 자낭균문(Ascomycota), 주발버섯아문(Pezizomycotina), 동충하초강(Sordariomycetes), 동충하초아강(Hypocreomycetidae), 동충하초목(Hypocreales)에 속하고 과는 미정이다.

이 병이 발생하면 치료할 수 있는 약이 없다. 예방법은 같은 장소에서의 재배(연작)를 엄격히 피하는 것이다. 이 병원균을 PDA 배지에서 배양하면 자좌체(子座体)는 다갈색을 띠며, 기생 균사는 처음에는 백색을 띠다가 나중에는 갈색으로 변한다. 두꺼운 포자들이 줄지어 있거나 결절 모양으로 나타나며, 다갈색을 띠는데 직경은 6~16μm이다. 분생포자경은 단생 또는 분지, 원통형이거나 난원형이고, 여러 개의 유두상 돌기가 있으며, 무색투명하고 격막이 있다. 연작 재배지 및 다세대 무성 번식을 통해 퇴화된 천마는 병에 쉽게 감염되고, 중심부에 위치한 유관속을 따라 병원균에 감염된다. 감염된 천마는 횡단면 중심부에 작은 검은 반점이 나타나는데, 종마가 가장 심하게 감염된다.

발병 증상은 두 가지 유형으로 나뉜다. 하나는 습부형(湿腐型)이다. 병변 부위가 물에 젖은 것처럼 보이고, 녹 반점이 생기지 않으며, 병변이 빠르게 확산되어 부패를 일으키지만, 악취는 발생하지 않는다. 다른 하나는 연화형(软化型)이다. 병변 부위가 수분을 잃고 표면이 주름지며, 일부는 갈색으로 변하고 녹 반점이 생긴다.

방제 방법: 이 병이 발생하면 약제로 치료할 수 없다. 예방 방법으로는 동일한 장소에서 천마를 연작하지 않도록 해야 하며, 불가피하게 같은 장소에서 재배해야 한다면 새로운 보충재를 사용해야 한다. 다세대 무성 번식을 통해 퇴화된 종마는 사용하지 말고, 유성 번식 종마를 적극적으로 사용해야 한다. 좋은 품질의 종마를 선택하고 병든 종마를 절대 사용하지 말며, 재배 관리를 철저히 하여 천마의 생장에 적합한 생태 환경을 조성해야 한다.

3) 갈부병[褐腐病]

천마 괴경이 갈색으로 변하게 하는 썩음병 유발균은 오이 잿빛곰팡이병원균인 *Botrytis cinerea* Pers., Syn.meth.fung. (Göttingen) 2: 690 (1801)이다. 이 병원균은 분류학적으로 진균계, 자낭균문(Ascomycota), 주발버섯아문(Pezizomycotina), 두건버섯강(Leotiomycetes), 두건버섯아강(Leotiomycetidae), 고무버섯목(Helotiales), 균핵버섯과(Sclerotiniaceae)에 속한다.

피해 증상: 피해 초기에는 표면에 회갈색의 중앙이 함몰된 오목한 원형 반점이 생기고, 반점이 여러 개 합쳐져 불규칙한 큰 갈색 반점이 된다. 괴경 내부가 썩어서 흰색, 유백색 물질로 변하지만, 껍질은 여전히 남아 있다. 습도가 높을 때는 병 발생 표면에 회백색 균사가 자라고, 이 균사는 검은색의 작은 균핵을 형성하는데, 균사가 병든 천마 표면에 달라붙어 있어 쉽게 벗겨진다.

방제 방법:

(1) 재배지 선택을 철저히 해야 한다. 지대가 낮고 토질이 점질인 곳에서는 괴경이 썩는 현상이 발생하기 쉽다.

(2) 종마와 종균을 철저히 선택해야 한다. 종마 선택 시 종마에 부패점이 작더라도 사용해서는 안 되며, 잡균이 있는 종균도 사용하지 않아야 한다. 병든 종마를 절대 재배지에 심어서는 안 된다.

(3) 배양토 및 보충재를 철저히 취급해야 한다. 깨끗하고 잡균이 없는 유기질 토양, 나뭇잎, 톱밥 등 통기성이 좋은 보충재를 선택하고, 사용 전에 반드시 충적, 소독, 건조 과정을 거쳐야 하며, 재배 시 빈틈없이 채워야 한다. 너무 단단히 압착하지 말고, 빈 곳 없이 채워야 천마가 양분을 충분히 공급받고 잘 자랄 수 있다.

(4) 엄격한 관리와 통제가 필요하다. 재배 중 적절한 온도와 습도를 유지하고, 재배상 내에 장기간 물이 고이거나 건조하지 않도록 관리해야 하는데, 이는 부패병 발생을 방지하는 데 매우 효과적이다.

5. 생장균 생리적 병해

1) 증상

천마와 생장균 사이에는 영양적 공생 관계가 있다. 천마의 생장에 필요한 수분량은 생장균보다 적다. 토양의 수분 함량이 높을 때는 생장균의 성장에 적합하지만, 천마의 성장에는 적합하지 않아 생장균의 성장 우위가 강화되고, 천마의 성장은 억제된다. 이로 인해 생장균의 정상적인 생리적 감염 균형이 깨져서 생장균이 천마의 모마뿐만 아니라 신생마도 감염시켜 천마 괴경의 중주층으로 침입하여 천마를 부패시킨다. 또한 천마 생장에 불리한 조건에서는 균삭이 모체의 영양번식경을 통하여 신생마로 침입한다. 신생마가 부패하면 몸속에 생장균 균사체가 가득 차게 되고 굵은 균삭이 천마 괴경의 표피층에 부착되어 일부 화학 물질을 분비하여 표피층이 짓무르고 색이 검게 변한다. 그 결과, 천마의 생산량과 품질에 심각한 영향을 미치게 된다.

2) 방제 방법

배수가 잘되고, 통기성이 좋은 유기질 토양이나 사질양토를 재배지로 선택하고, 유성 번식을 통해 생산된 백마나 미마를 종마로 선택하여 천마의 생장력을 강화하며 천마의 내성을 높여야 한다. 재배 과정에서 배수로를 마련하고, 특히, 폭우가 지속된 후에는 재배지 내에 고인 물을 즉시 제거해야 한다. 가을 말과 겨울 초에는 물을 잘 빼고, 자주 구멍을 파서 천마의 상태를 점검해야 한다. 천마가 생장균에 의해 피해를 입은 경우, 조기에 수확해야 한다.

6. 천마 썩음병(烂窝)

발생 조건 및 증상: 천마 썩음병은 주로 고온에 의해 발생하는 생리적 병해이다. 고온으로 인해 천마의 생리적 활성이 저해되는데, 처음에는 신생마의 색이

어두워지고 광택이 사라지며, 이후 다양한 형태의 조직 괴사가 발생한다.

방제 방법: 기후가 서늘한 고지대를 천마 재배의 주요 기지로 선택한다. 기온이 높은 저지대에서는 가능한 한 그늘지고 서늘하며 습한 장소를 선택하여 천마를 재배해야 안전하게 여름을 보낼 수 있다. 만약 부적절한 장소를 선택하여 여름철 재배지의 온도를 낮출 수 없는 경우, 재배지를 시원한 장소로 옮겨 관리해야 한다. 이때 균재와 함께 이미 엉킨 발아된 천마를 함께 옮겨 가능한 한 균과 천마의 결합 상태를 잘 유지해야 한다. 여름 동안에는 수분 관리를 강화하고, 매일 13시 이전과 14시 이후에 소량씩 여러 차례 물을 주어 증발 작용으로 온도를 28℃ 이하로 낮추어야 한다. 피복재 두께를 두껍게 하고, 지하수가 낮은 곳에 재배지를 조성하여야 온도를 낮추고 안정화시킬 수 있다. 재배지를 좁고 작게 하여 통풍과 채광 조건을 개선하고, 재배지 온도를 28℃ 이하로 유지해야 하며 습도 관리를 강화하여 과습을 피해야 한다.

7. 천마 속이 빈 괴경(空窩)

발생 증상: 천마 괴경의 속이 비는 현상은 주로 종마가 피해를 입어 부패하면서 발생하는 생리적 병해를 말한다. 발생 원인은 천마 수확, 종마 운반 과정에서 기계적 손상이 발생했거나, 수확 시기가 늦어져 수확 또는 저장 중에 동해를 입었거나, 병든 종마를 사용한 경우이다.

방제 방법: 천마를 수확할 때, 상처가 나지 않도록 주의한다. 건전한 종마를 선택하고, 햇빛에 하얗게 될 때까지 말려 일부 병균을 제거하고, 수분을 감소시킨다. 이는 종마의 운반과 저장을 용이하게 하며 발아를 촉진시킨다. 종마를 운반할 때는 너무 큰 포장을 피하여 압박에 의한 손상을 방지해야 한다. 천마의 생장 후반기에는 수분과 온도를 잘 조절하여 고온다습으로 인해 발생하는 병해를 방지해야 한다. 종마를 수확할 때는 철저히 검사하고 선별하여 병이 있거나 의심스러운 종마를 제거해야 한다.

8. 천마 줄기 일소병(日灼病)

천마의 꽃대가 지면 위로 올라온 뒤 그늘이 부족하여 햇빛에 직접 노출되면 일소병이 발생할 수 있다.

피해 증상: 천마를 재배할 때, 천마 꽃대가 지면 위로 올라오면 햇빛을 직접 받게 되는데, 이때 피해 부위의 색이 진해지고 검게 변하며, 심하면 점차 말라 죽을 수 있다. 특히, 장마철처럼 비가 많이 오는 날씨에는 공중 습도가 높고 통풍이 잘되지 않기 때문에 곰팡이가 발생하여 줄기가 쓰러질 수 있다.

방제 방법: 가장 좋은 방법은 실내에서 천마를 재배하여 햇빛이 직접 닿지 않도록 하는 것이다. 이렇게 하면 피해를 예방할 수 있다. 야외에서 천마 종자를 생산하고자 할 때는 그늘이 있는 장소나 나무 그늘 아래에서 재배해야 하며, 천마 줄기 옆에 대나무 막대를 세우고 줄기를 묶어 주어야 햇빛으로 인한 피해를 최소화하고 줄기가 쓰러지는 것을 방지할 수 있다.

제2절 천마의 충해

1. 땅강아지(蝼蛄)

땅강아지는 절지동물문(Arthropoda), 곤충강(Insecta), 메뚜기목(Orthoptera), 귀뚜라미상과(Grylloidae), 땅강아지과(Gryllotalpidae), 땅강아지속(*Gryllotalpa*)에 속하는 곤충을 말한다. 땅강아지는 흔히 랍랍고(拉拉蛄), 지랍고(地拉蛄), 천루(天蝼), 토구(土狗) 등의 이름으로 불리고, 광범위하게 분포하며 잡식성이다. 낮에는 숨어 지내다가 밤에 활동하며, 빛을 좋아하고 달콤한 음식을 선호한다. 봄과 가을에 활동이 활발해지며, 성충과 유충이 천마 재배지의 표토층 아래에 굴을 파고, 천마의 괴경을 갉아 먹어 천마와 생장균의 영양 공급 관계를 파괴한다. 그로 인해 천마 괴경이 영양을 잃을 뿐만 아니라 다양한 잡균에 감염된다.

땅강아지는 1년에 1세대가 발생하며, 4월에 활동을 시작하고, 6~7월에 교미하여 천마 재배지의 25~30cm 깊이에 알을 낳는다. 그 후, 약 25일이 지나면 유충으로 부화되고, 다시 15일이 지나면 밤에 활동을 시작한다. 성충이나 유충은 토양에서 월동한다. 땅강아지의 피해는 평소에 쉽게 발견되지 않는다

방제 방법에는 두 가지가 있다.

① **빛 유인 퇴치**: 땅강아지가 빛에 강하게 반응하지만, 비행 능력이 약한 특성을 이용해 검은빛 유인등을 설치하여 성충을 유인해 퇴치할 수 있다. 검은빛 유인등을 재배상 표면에서 20~30cm 높이에 설치하고, 너무 높지 않도록 한다. 무덥고 비가 오기 전날 밤에 불을 켜두면 유인 퇴치 효과가 뛰어나다.

② **독미끼 퇴치**: 5kg의 밀기울을 반쯤 익히거나, 5kg의 밀기울, 콩가루 등을 혼합하여 향이 나게 볶은 후, 90% 미곡린지(美曲膦酯) 150g을 30배액으로 섞어 독성 미끼를 만든다. 바람이 없는 덥고 습한 저녁에 독성 미끼를 땅강아지가 활동하는 구간의 '굴'에 뿌려 유인해 퇴치할 수 있다.

2. 풍뎅이(金龟子)

풍뎅이의 분류학적 위치는 딱정벌레목(Coleoptera), 풍뎅이상과(Scarabaeoidea)에 속하며, 풍뎅이상과는 이 과에 있는 모든 종의 총칭이다. 풍뎅이 유충은 주요 지하 해충 중 하나로, 피해가 심하게 나타나기도 하는데, 식물의 새싹을 물어뜯어 고사하게 하는 경우가 많다. 굼벵이(蛴螬)는 풍뎅이 유충의 총칭으로, 속칭 지잠(地蚕), 토잠(土蚕) 등으로 불리기도 한다. 중국에는 종이 다양하고 그 분포도 넓다. 굼벵이가 밭에서 천마 괴경을 갉아 먹어 구멍을 내거나 발달 중인 천마의 싹을 손상시켜 상품 품질을 저하시킨다. 또한 천마 괴경에 병해를 유발하여 심각한 수확량 감소를 초래하고, 심한 경우 썩은 구멍이나 빈 구멍을 만들기도 한다. 굼벵이는 또한 균재(木材)에 구멍을 뚫고 그 안에서 월동하며, 균재를 손상시킨다.

방제 방법: 파종이나 식재 전, 50% 신황인유(辛硫磷乳) 유제 30배 용액을 재배상 바닥과 벽에 살포한 후, 이를 보충재에 섞는다. 재배 후에 충해가 발생한 경우, 700~1,000배액을 지하에 관주한다. 천마 재배지 근처에 전등, 랜턴, 검은빛 유인등을 설치해 성충을 유인해 퇴치한다.

3. 가루깍지벌레(粉蚧类)

가루깍지벌레는 작은 흡즙 곤충으로, 분류학적으로 동시목(Homoptera), 가루깍지벌레과(Pseudococcidae), 가루깍지벌레속(Pseudococcus)에 속한다. 전 세계적으로 분포하며 다양한 환경에 적응한다. 암컷은 타원형으로 움직임이 느리고, 길이는 약 1cm이며 체외에 흰색의 끈적한 가루가 있다. 주로 각종 과수, 화훼, 다육식물 등에 피해를 입히며, 가지와 잎, 열매에 무리를 지어 살고, 식물의 즙을 빨아 먹고 산다. 피해가 심하면 식물이 죽을 수 있다. 가루깍지벌레의 성충과 유충은 잎 뒷면에 무리를 지어 서식한다. 수컷 성충은 중흉부에 발달된 한 쌍의 앞날개가 있고, 몸의 끝에 발달된 생식기가 있다. 이 곤충은 농작물, 과수, 원예, 산림 및 목초지에 해롭다. 가루깍지벌레는 주로 천마 괴경에 피해를 입힌다. 일반적으로 균재나 새로운 목재 등이 재배지에 들어오면서 함께 유입된다. 겨울철에는 유충이나 성충이 천마 괴경이나 균재 위에 무리를 지어 겨울을 난다. 무리가 천마에 피해를 주면, 괴경의 색이 짙어지고 성장이 저해되어 약해진다. 피해를 입은 후에는 천마의 성장세가 약해지고 품질이 저하된다.

방제 방법: 가루깍지벌레는 방제가 어려우므로 주로 격리 소멸 방법을 사용한다. 균재를 선택할 때, 우선 재배지 주변에 깍지벌레가 없거나 적은 지역을 선택하고, 깍지벌레가 없는 목재를 선택하여 균재를 배양하는 것이 중요하다. 만약 한 개의 재배상에서 해충이 발생했다면, 해당 재배상을 파내고 1% 세제+1% 소금 용액을 뿌려 가루깍지벌레 유충을 죽인 후, 균재를 전부 제거하고 파기해야 하며, 해당 재배상은 다시 사용할 수 없다. 만약 재배 구역 전체가 해

충 피해를 입었다면, 그 재배 구역에서는 더 이상 천마 생산을 할 수 없다. 깍지벌레가 발생한 지역에서 수확한 천마는 종마로 사용할 수 없고 반드시 모두 가공 상품으로 제조하여야 한다.

4. 진딧물(蚜虫)

천마에 피해를 주는 진딧물의 종류는 다양하며, 모두 노린재목, 진딧물과(Aphidoidea)에 속하는 곤충이다. 일반적으로 이들은 이벌레(腻虫), 꿀벌레(蜜虫) 또는 천유자(天游子)라고 부르기도 한다. 진딧물은 지구상에서 가장 파괴적인 해충 중 하나로, 그중 약 250종은 농업, 임업, 원예업에 심각한 피해를 입힌다. 진딧물의 크기는 다양하여 몸길이가 1~10mm에 이른다. 또한 진딧물은 전 세계적으로 분포하는데, 주로 온대 지역에 집중되어 있으며, 진딧물의 종 다양성은 열대 지역보다 온대 지역에서 더 높다. 진딧물은 바람을 타고 멀리 이동할 수 있으며, 번식력이 매우 강해 매년 10~30세대를 번식한다. 이들은 보리밭, 풀밭 등에서 서식하며, 5~6월에는 성충과 유충이 천마의 꽃대와 꽃송이에 몰려들어 천마 조직의 즙을 빨아 먹는다. 천마가 피해를 입으면 성장이 멈추고, 키가 작아지며, 꽃대가 휘어지고 개화 및 결실에 영향을 미쳐 열매가 작고 성숙한 종자 수가 적어진다.

방제 방법: 진딧물이 발생하면 가용 2.5% 어성초 추출물, 40% 황산니코틴 800~1,000배액, 0.04% 고삼 추출물 400배액, 48% 클로르피리포스 유제 1,000배액, 20% 멸소리유(灭扫利乳) 유제 2,000배액, 5% 내복령유(来福灵乳) 유제 2,000배액, 50% 항아위(抗蚜威) 2,000배액, 50% 멸아송(灭蚜松) 1,000배액 등의 생물학적 또는 화학적 살충제를 사용해 살포 방제할 수 있다.

대규모 천마 인공 수분 작업을 하는 장소는 복숭아나무, 자두나무 등 진딧물이 겨울을 나는 기주 식물이나 봄철 유채꽃이 피는 곳과 멀리 떨어져 있어야 한다. 먼저 주변의 잡초를 제거하고, 재배지 주변에 진딧물 퇴치제를 살포하여 겨울을 나는 해충의 출현과 이주를 줄여야 한다.

5. 흰개미(白蚁)

흰개미는 바퀴목, 흰개미차상과(Termitidae)에 속하는 곤충이다. 천마에 피해를 주는 흰개미 종류로는 주로 검은날개흰개미, 거친목흰개미, 노란날개큰흰개미, 노란가슴흰개미, 집흰개미 등이 있으며, 이 중에서도 검은날개흰개미가 가장 공격적이다. 이 검은날개흰개미는 피해 속도가 빠르고, 피해 정도가 심하며, 범위도 넓다. 흰개미는 균재를 갉아 먹어 통로를 만들고, 재배지 안에 개미집을 만들어 생장균의 균사와 균재를 모두 먹어 치우며, 생장균과 천마의 원구경 및 괴경도 갉아 먹는다. 피해가 경미할 경우에는 수확량이 줄어들고, 심각할 경우에는 수확이 전혀 이루어지지 않을 수 있다.

방제 방법:

① **개미집 제거 및 재배지 정리**: 천마를 심기 전에 흰개미의 피해 중심지를 기준으로 흰개미의 최대 피해 반경 내에서 흰개미집을 찾아 모두 제거한다.

② **독성 토양 격리법**: 흰개미를 모두 제거한 후, 재배 지역 가장자리에 100cm 깊이와 30cm 너비의 깊은 도랑을 파고, 염소제(또는 콜타르)와 방부유를 1:1 비율로 혼합하여 흙과 함께 섞어 도랑에 뿌려 흰개미의 침입을 차단한다.

③ **균재의 해충 제거**: 천마를 재배할 때 해충이 있는 목재를 사용하지 않도록 하며, 목재에 해충이 있을 경우 약제로 처리한 후 사용해야 한다. 흰개미 가루 50g을 물 50L에 녹여 만든 용액, 90% 결정형 미곡린지(美曲膦酯) 800배액 또는 3% 카보퓨란 1,000배액을 사용해 목재를 나무 통에 15~30분간 침지하거나, 목재를 비닐에 싸서 3~5일간 밀폐해 두거나, 목재를 다발로 묶어 물에 1~2일간 담그는 방법으로 흰개미를 효과적으로 제거할 수 있다.

④ **구덩이를 파서 유인해 제거하는 방법**: 흰개미가 활동하는 곳에 구덩이를 파고 흰개미가 좋아하는 식물로 만든 독성 미끼를 놓아 유인한다. 예를 들어,

500mL의 흰개미 퇴치제에 옥수숫가루와 소나무 톱밥 각 500g을 섞어 만든 독성 미끼를 사용하거나, 백반을 적절히 섞은 먹이를 흰개미가 자주 드나드는 곳에 놓는다. 흰개미가 이 먹이를 먹고 나머지를 개미집으로 가져가면, 다른 흰개미들도 독에 중독되어 죽게 된다. 또한 흰개미를 유인한 후 흰개미 퇴치제, 흰개미 퇴치왕, 흰개미 퇴치 연고 등의 약제를 사용해 흰개미를 제거할 수 있으며, 80% 비소산에 15% 살리실산, 5% 산화철을 혼합하여 직접 흰개미집에 투입하여 흰개미를 제거할 수 있다.

⑤ **소명 유인 제거**: 흰개미가 빛을 좋아하는 특성을 이용해 흰개미가 비행하는 4~7월에 매일 아침저녁으로 흰개미가 있는 곳에 유인등을 설치하여 날개 달린 흰개미 성충을 유인해 제거한다.

6. 도충(跳虫)

도충은 톡토기아강(Collembola)에 속하는 날개가 없는 하등 소형 해충으로, 일반적으로 천마이(天麻虱子), 재면지벌레(烟灰虫), 톡토기(弹尾虫)라고도 불린다. 천마에 피해를 주는 도충의 주요 종류에는 뿔톡토기, 가시톡토기, 보라톡토기 등이 있다. 도충은 주로 높은 습도에서 생존하며, 20~25℃에서 가장 활발하게 활동한다. 장강 이남 지역의 봄과 여름철은 비가 많아 도충의 번식이 왕성한 시기이다. 도충은 1년에 6~7세대를 번식할 수 있고, 겨울에도 토양 속에서 지속적으로 천마에 피해를 입힌다.

도충은 주로 균재, 종균, 천마 괴경에 모여들어 무리를 지어 서식하며, 수십에서 수백, 수천 마리까지 번식하고 생장균의 균사와 균삭, 천마 괴경을 먹는다. 천마 재배상 내에서 균봉에 있는 생장균 균사체를 먹어 균의 성장을 억제하고, 병균을 옮겨 병해를 퍼뜨리기도 하며, 생장균의 번식과 균사 형성을 방해하고 천마의 생장점을 직접적으로 해친다. 이로 인해 천마의 새싹이 피해를 입으면 성장 부진이나 변색, 괴사로 이어질 수 있다. 천마 괴경 표면에 부패한 상처가 있을 경우, 도충이 그 상처 부위에 무리를 지어 모여 천마 괴경을 갉아 먹어 부패시킨다. 그 결과, 괴경에 구멍이 생기고 악취가 발생한다. 또한 도충이 균봉의 표면을 갉아 먹어 상처가 생기고 균봉이 검게 변하기도 한다.

방제 방법:

① **해충이 없는 재배지 선택**: 기존 재배지든 새로운 재배지든 우선적으로 해충이 숨어 있는지를 세심하게 관찰하여, 해충이 없는 재배지를 선택해 피해를 예방한다.

② **재배지 약제 처리**: 천마를 심을 때, 평방미터당 5% 디클로르보스 입제 10~20g을 적당량의 건조한 황토와 혼합하여 재배지 표면과 주변에 뿌린다.

③ **해충이 없는 종마 선택**: 톡토기가 발생한 종마나 균재는 사용하지 않으며, 특히, 외지에서 종자를 맹목적으로 들여오는 것을 피해야 한다.

④ **균봉의 적절한 처리**: 균봉을 모아 두고 25% 사이퍼메트린 2,000배액을 살포한다. 각 층마다 고르게 약제를 1회 뿌리고, 마지막으로 농업용 비닐로 4~6일간 밀봉하면 방제 효과가 뛰어나다. 또는 약액에 균봉을 12분간 침지시키거나 해충이 있는 균봉과 균재를 2~3일간 햇볕에 말려 해충이 스스로 도망가도록 한다.

⑤ **배수로 파기**: 배수로를 파서 재배지의 습도를 낮춰 도충이 생존하기 어려운 환경을 만든다.

⑥ **발생 시기의 약제 방제**: 첫째, 피복재를 벗긴 다음 20% 사이퍼메트린 유제 2,500배액 또는 4.5% 사이퍼메트린 유제 2,000배액을 재배상에 뿌리고, 평방미터당 5kg의 약액을 살포하거나 약제를 혼합한 독성 토양을 만든 다음 재배상 내에 뿌린다. 둘째, 생수병으로 간이 깔때기를 만들어 재배지의 네 귀퉁이와 대각선이 교차하는 정중앙에 평방미터당 1kg의 비율로 붓는다. 셋째, 분무기의 분사 헤드를 제거하고, 재배지의 여러 지점에 약액을 주입한다. 분사봉을 재배지 깊숙이 삽입하여 평방미터당 1kg의 약액을 주입하면 이상적인 방제 효과를 얻을 수 있다.

7. 구더기(蛆虫)

여러 종류의 곤충 유충을 구더기라고 한다. 구더기는 천마 괴경에 피해를 주며, 모기, 파리 등의 유충이 이에 속한다. 피해를 입은 천마 괴경 표면에는 뚜렷한 벌레 구멍이 생기는데, 괴경에 직경 5~8mm인 1~3개의 구멍이 생겨 구더기가 유발하는 병해로 인해 천마가 썩어 상품 가치를 잃게 된다. 따뜻하고 습한 환경, 부식질이나 나뭇잎 피복재가 많은 재배지에서는 쉽게 발생하지만, 배수가 잘되는 사질 토양, 통풍이 잘되는 장소에서는 구더기 피해가 적고, 썩는 경우도 적다.

방제 방법:

① **검역 강화**: 종자를 도입하거나 선별 및 교환하는 과정에서 검역을 강화하여 해충이 묻어 있는 천마 종자가 새로운 재배 구역이나 재배 농가로 전파되지 않도록 해야 한다.

② **농업적 방제**: 오래된 천마 종자, 오래된 균봉, 오래된 재배지를 사용하여 천마를 재배하는 것을 피해야 한다. 특히, 구더기 피해가 발생한 장소에서는 연작을 피하는 것이 중요하다. 천마를 수확하거나 재배할 때 피해를 입은 천마나 구더기, 유충, 번데기를 발견하면 해당 재배지와 천마 등을 살충제로 처리한 후 모든 재료를 제거하고 다시 살충제를 살포하여 재배지 전체를 철저히 정리한 다음 재배를 시작해야 한다.

③ **약제 방제**: 봄과 가을에 성충이 알을 낳고 부화하는 초기 단계에, 3% 호지정(护地净) 입제 5~6g/m² 또는 5% 독사비(毒死蜱) 입제 3~5g/m²을 10배의 고운 모래나 고운 흙과 골고루 섞어 천마 재배지의 표면과 주변에 뿌리고, 1cm 두께의 고운 모래로 덮는다. 세탁 세제물이나 세제와 소금을 섞은 물을 재배지 주변의 고인 물에 뿌려 오염된 물속의 해충을 제거한다. 또한 적당량의 적설탕:식초:쌀뜨물:미곡린지(美曲磷酯):톱밥의 비율을 100:100:200:0.5:5로 혼합하여 만든 유인제를 플라스틱 용기에 담아 재배지의 곳곳에 배치해 성충을

유인해 제거한다. 이렇게 함으로써 구더기가 재배지에 침입하는 것을 방지할 수 있다.

8. 개미(蚂蚁)

개미는 살충제로 죽일 수 있다. 또한 고기 껍질, 고깃덩어리, 닭고기, 생선 뼈 등을 개미가 있는 천마 재배지 근처에 묻어 두었다가 2일이 지나 열어 보고 개미가 모여든 것을 확인한 후 뜨거운 물로 부어 제거한다.

9. 잎벌레붙이(伪叶甲)

잎벌레붙이 성충은 천마 괴경에 구멍을 뚫어 피해를 준다. 천마의 괴경 형성 기간이 짧고, 잎벌레붙이 성충의 개체수가 많지 않아 피해가 심각하지는 않지만, 피해가 발견되면 아침저녁으로, 손으로 직접 잡아서 제거한다.

10. 기타

그 외에도 흔히 발생하는 기타 해충으로는 거세미(그림 9-4), 방아벌레 유충(金针虫), 백선충, 하늘소, 돈벌레, 생쥐 등이 있다.

[그림 9-4] 거세미나방 유충

방제 방법: 이 종류의 해충은 유채깻묵을 가루로 분쇄한 후, 미곡린지(米曲磷酯)와 혼합하여 재배지 위에 뿌린 다음 살충제로 처리하거나 독성 미끼를 사용하여 유인 살충한다. 그러나 강한 농약의 사용은 최소화하거나 피해야 한다. 또한 가축과 가금류에 대해서는 철저히 관리해야 하며, 노출된 천마 괴경은 즉시 배양재로 덮어 해충을 유인하지 않도록 해야 한다.

제 10장 천마 가공 기술

제1절 천마의 수확

1. 수확 시기

천마의 번식은 유성 번식과 무성 번식으로 나뉜다.

유성 번식을 이용한 대규모 생산 방식은 단 한 번의 파종과 재배만으로도 이루어지고 작업 횟수가 적어 노동력을 절약할 수 있어서 많은 천마 생산 지역에 널리 보급되고 있다. 겨울철에 전마(箭麻)를 채취하여 봄에 꽃이 필 때까지 보존하고, 인공 수분을 통해 유성 번식으로 천마 종자를 얻는다. 그다음, 이 종자를 발아균과 혼합하여 원구경(原球茎)으로 발아시킨 후, 5~7월에 생장균 함께 파종하여 18개월 후, 즉 이듬해 11~12월에 수확한다. 만약 파종 시기를 4월 하순이나 5월 상순으로 앞당긴다면, 종자가 발아한 후 생장균에 바로 접종되어 그해 11월에 이식 가능한 백마와 미마를 얻을 수 있다. 그러나 전마는 수확할 수 없다. 이때는 다시 이식을 해야 하며, 그렇지 않으면 재배지에서 백마와 미마의 과도한 밀도로 인해 대부분 이듬해 생장균과 연결되지 못해 죽을 수 있다.

무성 번식을 이용한 대규모 생산은 '0'대 백마를 종마로 선택하여 번식하는 방식이다. 일반적으로 겨울에 심고, 이듬해 겨울이나 그다음 해 봄에 수확한다. 봄에 심는 경우, 그해 겨울이나 이듬해 봄에 수확하며, 겨울에 수확하는 것을 '동마(冬麻)'라 하고, 봄에 수확하는 것을 '춘마(春麻)'라고 한다.

중국의 천마 생산 지역은 넓게 분포되어 있어 자연조건, 재배 시기 및 재배 방법이 모두 다르다. 따라서 수확 시기는 해당 지역의 자연조건, 재배 시기 및 재배 방법에 따라 결정해야 한다. 일반적인 원칙은 천마의 성장이 멈추거나 휴면기를 거친 후 성장이 재개되기 전에, 즉 천마 품질에 영향을 미치지 않고 동해를 방지하며 재배에 유리한 시기에 수확하는 것이다. 너무 일찍 수확하면 천마가 여전히 성장 중이므로 수확량이 줄어들고 품질에도 영향을 미치며, 너무 늦게 수확하면 동해나 지하 해충 및 설치류의 피해를 입기 쉽다. 또한 열악한 환경 조건에서는 생장균이 반소화 현상을 일으켜서 천마 내의 영양분을 흡수하여 천마의 수확량과 품질에 부정적 영향을 미칠 수 있다.

중국 북부나 고지대 지역에서는 천마의 연간 성장 기간이 짧아 보통 9월 하순에서 10월 초순에 성장이 멈추고, 10월 하순에 휴면에 들어가므로 겨울철 한파로 인한 동해를 방지하기 위해 11월 초에 수확해야 한다. 남부와 저지대 지역에서는 천마의 연간 성장 주기가 길어 보통 10월 하순에서 11월 상순에 성장이 멈추고, 겨울철 기온이 떨어지는 속도가 늦어 그다지 춥지 않아 천마가 늦게 휴면에 들어가므로 11월 하순에서 12월 사이에 수확할 수 있으며, 이듬해 3월 하순까지 수확이 가능하다. 종마로 사용할 천마는 수확 후 바로 파종할 수 있다.

2. 수확 방법

수확할 때는 먼저 표층의 흙이나 피복물을 제거하고, 천마가 자라는 층에 가까워지면 천천히 흙을 파낸다. 천마를 발견하면 천마가 자리 잡은 곳을 따라 흙을 파내면서 천마를 조심스럽게 꺼낸다. 그다음, 균재를 제거하고 천마를 수확하여, 재배지 내의 미마, 백마와 전마를 모두 수확한다(그림 10-1, 그림 10-2).

수확 시 천마는 이미 성장이 멈춘 상태로 외부 환경에 대한 저항력이 약하여 쉽게 세균에 감염되어 부패할 수 있으므로 천마 외관이 손상되지 않도록 주의해야 한다. 특히, 종자로 사용할 종마는 비료, 소금, 알칼리, 산 등을 담았던 용기에 담아서는 안 된다. 수확이 끝나면 종자로 사용할 전마, 백마와 미마를 골라내고, 나머지는 모두 가공할 준비를 한다.

[그림 10-1] 천마 수확

[그림 10-2] 수확한 천마

3. 천마 수확 시 주의 사항

천마 외관이 손상되지 않도록 주의한다. 수확할 때는 반드시 피복물, 배양재, 모래 등을 조심스럽게 걷어 내고, 균재를 들어 올려 천마를 조심스럽게 꺼내야 한다. 특히, 종자로 사용할 백마와 미마는 더욱 주의해서 다루어야 한다.

주변을 철저히 살펴 천마를 빠뜨리지 않도록 한다. 주변에 생장균이 잘 발달되어 있는 경우 천마가 많을 수 있으므로, 주변을 철저히 탐색해야 한다.

수확한 전마는 신속히 가공해야 하며, 백마와 미마는 서둘러 재배하거나 저장해야 한다. 저장 기간이 길어지면 천마의 용균효소(溶菌酵素)가 약해져 생명력이 저하될 수 있다.

제2절 생천마의 보존 및 판매

전통적으로 상품 천마는 주로 건조품 형태로 가공된다. 하지만 생천마는 건천마에 비해 맛과 영양 가치가 훨씬 우수하다. 또한 바로 신선한 식재료로 사용할 수 있어 냉채, 볶음 요리, 찜, 조림, 국 등 다양한 요리에 쓰인다. 이러한 소비 방식은 건천마로는 불가능하다. 최근 들어 사람들은 생천마를 점점 더 선호하고 있으며, 시장에서의 판매량도 증가하고 있다. 가격도 일반적으로 60~180위안/kg으로 건천마보다 3~5배나 비싸서 생산자들은 생천마 판매를 통해 더 높은 경제적 이익을 얻을 수 있다. 생천마에 대한 수요가 점점 증가함에 따라 생천마의 판매량은 계속 증가할 것이며, 천마 제품의 주요 소비 방식 중 하나로 자리 잡아 연중 판매가 이루어질 것이다.

실내에서 재배하거나 인공적으로 온도와 습도를 조절하여 재배하는 천마는 언제든지 파종하고 수확할 수 있어, 주문에 따라 생천마를 매일 공급할 수 있다. 하지만 생산 비용 등의 문제로 인해 현재 이러한 생산 방식으로 생산되는 천마의 양은 매우 적어 시장 수요를 충족시키기에는 부족하다.

현재 중국에서 상업적으로 대규모로 재배되고 있는 천마는 99% 이상이 전통적인 방법을 사용하여 실외, 노지 또는 간이 시설 내에서 생산된다. 이러한 전통 재배 방법으로 수확한 천마는 계절성이 강하고, 소비 시장과의 거리 문제, 생산 장소의 분산 문제 등으로 인해 봄과 가을, 겨울철의 짧은 기간 동안만 수확이 이루어진다. 대도시와의 거리는 수백에서 수천 킬로미터에 이르며, 각각의 개별 생산지의 생산 면적도 그다지 넓지 않기 때문에 연중 천마 신선품에 대한 시장의 수요를 충족시키기 어렵다. 이러한 공급 기간의 제한을 해결하고 시장의 연중 생천마 수요를 충족시키기 위해 수확한 천마를 신선하게 보존하는 방법을 연구하여 생천마의 시장 공급 기간을 최대한 연장해야 한다.

생천마의 유통기한이 매우 짧아 상온에서 1주일을 넘기지 못하기 때문에 생천마의 판매에는 기술적 어려움이 따른다. 또한 생천마의 판매를 위해서는 매일 공급할 수 있는 물량을 확보하고, 단기간 내에 신선도를 유지하며, 운송 중에도 부패하거나 변질되지 않도록 새로운 가공 기술이 필요하다.

1. 생천마의 보존

1) 실내 모래 저장

소규모 생산지에서 생천마의 수량이 적은 경우, 생천마 판매를 위한 단기간 저장이 필요하고, 집중 구매 시기에 판매해야 하므로 수확한 천마를 지하실이나 1층 실내에서 보관한다. 바닥과 벽을 석회수와 석회 가루로 소독한 후, 천마를 강모래나 흙에 묻고 물로 적셔 습기를 유지시킨 상태에서 표면을 비닐로 덮는다. 겨울에는 2~3개월, 여름에는 1~2개월 동안 보관할 수 있으며, 언제든지 꺼내어 지역 내에서 신선 판매를 할 수 있다.

2) 냉장 저장

대량으로 수확한 생천마는 바구니에 비닐을 깔고, 바닥에 강모래나 일반 모래를 깐다. 그 위에 세척하지 않은 생천마를 넣고, 다시 강모래로 덮은 후 물을 뿌려 모래 전체가 습기를 유지하도록 한 다음, 비닐로 덮어 냉장 저장을 한다. 냉장고는 미리 석회 가루, 트리클로로이소시아누르산나트륨($C_3Cl_3N_3O_3$) 등의 소독제로 소독해야 하며, 냉장고 온도 0~4℃, 공기 습도 60% 이하로 유지시킨다. 이 방법으로 3~4개월 동안 보관이 가능하며, 언제든지 냉장차로 원거리까지 신선 판매를 할 수 있다.

모래로 묻는 방법은 대규모 생산에는 적합하지 않다. 대량으로 저장해야 하는 경우, 생천마를 일정량 미세공 보존 봉투에 넣어 선반에 정리하고, 0~4℃ 조건에서 보존 봉투가 통풍 상태를 유지하도록 한다. 이때, 봉투 내부의 습도와 CO_2 농도가 너무 높지 않아 천마의 호흡이 원활하게 이루어지도록 해야 한다. 이 방법으로 30~40일 동안 보관할 수 있다.

생천마를 바로 비닐봉지에 진공 포장하여 저온 보관하는 것은 적합하지 않다. 봉투 내의 습도와 CO_2 농도가 너무 높아지면 천마의 호흡이 원활하지 않아 7~10일 후에 부패하기 쉽다.

3) 냉동 저장

가정이나 식당에서 구매한 소량의 생천마는 세척한 후 비닐봉지에 바로 넣어 냉동실에 보관할 수 있다. 이 방법으로 1년 이상 보관이 가능하다. 다만, 냉동 보관된 천마는 해동 후 세포 파괴가 많아 내부가 부드러워질 수 있어 냉채나 볶음 요리에는 적합하지 않으며, 썰어서 찜 요리나 국 요리 등에 사용하는 것이 좋다. 영양물질과 약용 성분은 손실되지 않는다.

2. 천마 보존액 활용 저장

중국의 기관에서 천마 보존 기술에 대한 특허를 받은 경우는 매우 적다. 이와 관련하여 개선된 몇 가지 방법을 소개하고자 한다.

방법 1 유산균, 초산균, 식초산균 등 몇 가지 유기산 균주를 선택하여 배양액을 준비하고, 접종 후 배양하는 과정을 거친다. 정지된 상태에서 혐기성 발효를 통해 유기산을 생산하며, 발효액의 pH를 2.5 이하로 낮춘다. 발효액을 10분 동안 고압 살균하여 배양액 내의 미생물 균체를 사멸시킨 다음 생천마 외관의 보존에 사용한다. 보존 처리 과정은 다음과 같다: ① 생천마를 세척하고 표면의 물기를 제거한다. ② 생천마를 보존액에 담가 처리한다. ③ 밀봉하여 상온 또는 저온에서 저장한다. 이 방법은 천연 원료로 미생물을 배양하여 다양한 천연 복합 유기산을 생성하며, 유해 물질이 잔류하지 않고 생천마의 자연적인 풍미와 품질을 유지할 수 있다. 또한 안전성이 뛰어나고, 가공 공정이 간단하며, 가공 비용이 적고, 산업화 생산에 적합하다. 상온 보관 시 보존 기간은 2개월 이상이며, 진공 포장을 사용하여 0~4℃ 저온에서 보관하면 유통 기간은 12개월까지 가능하다.

방법 2 보존액의 배합: 구연산 100~150g, 초산 100~200g, 이소비타민 C나트륨 20~30g, 키토산 60~80g, 물 100~200kg. 이 보존액에 천마를 담가 살균 처리한 후 사용한다. 이 보존액은 각 성분 간의 시너지 효과를 통해 주요 유효 성분을 최소 24개월 동안 거의 변하지 않게 하고, 외형도 부패하지 않아 천마의 모양과 색상을 완전히 유지할 수 있으며, 천마 특유의 떫은맛을 제거하여 더 나은 맛과 식감을 제공한다. 보존액의 성분 사용량이 적고, 비용이 저렴하며, 유해한 성분이 거의 생성되지 않아 생천마와 거의 차이가 없는 안전한 제품 생산이 가능하다.

방법 3 보존액의 배합: 구연산 50~60g, 초산 100~200g, 소르빈산 칼륨 20~30g, 메타중아황산나트륨 0.1~0.6g, 이초산나트륨 40~50g, 물 100~200kg. 이 보존액에 천마를 담가 살균 처리한 후 사용한다. 이 보존액을 사용한 천마는 SO_2 잔류량이 낮고, 원료 비용이 저렴하다. 처리된 천마는 색상이 흰색이고, 질감이 단단하며, 신선도 유지율이 높다. 천마 유효성분 및 다당류의 보존 기간도 길어지며(1~6개월), 유지가 잘 된다.

방법 4 천마를 수확하여 세척한 후 0~6℃ 조건에서 0~5℃로 예냉한다. 천마 전용 보존 팩에 포장한 후 직접 쌓거나 박스에 담아 냉장고에 보관한다. 저장 기간 동안 냉장고 온도는 5±0.5℃로 유지하고, 온도 변동은 ±0.5℃ 이하로, 상대 습도는 65% 이하로 유지한다. 또한 CO_2 농도는 10~15%, O_2 농도는 2~5%

로 유지한다. 이 방법의 장점은 조작이 간단하고 구현이 용이하다는 것이며, 이 방법으로 천마를 약 100일 동안 보관할 수 있고 상품화율은 90% 이상이다.

방법 5 복합 보존액 제조: 중량 비율에 따라 하고초 추출물, 민들레 추출물, 달걀흰자 추출물, 키토산, 증류수로 구성된다. 선택한 생천마를 복합 보존액에 담가서 건져낸 후 물기를 빼고, 서늘하고 통풍이 잘되는 곳에서 건조시킨다. 그 다음, 진공 보존 팩에 넣고 신선 보존제를 충진하여 용기나 PE 보존 팩에 넣어 저장한다. 이 방법으로 천마의 부패 및 변질을 지연시키고, 천마의 품질 손실률, 부패율 및 말론디알데하이드(MDA) 함량, 세균 균수를 줄이며, 천마 유효 성분의 감소를 억제하고, 우수한 영양 가치와 상품성, 색감, 식감을 유지할 수 있다. 최대 12개월 이상 보존할 수 있어 계절적 수요 균형을 맞추고, 시장 공급 기간을 연장하며, 제품 구조를 다양화하여 생천마의 소비 수요를 충족시킬 수 있다.

방법 6 수확한 천마를 세척한 후 식용 유기산(초산, 구연산, 유산 등)으로 농도 약 1%의 혼합 유기산 용액을 조제하여 침지 처리를 한다. 어느 정도 시간이 지나면 천마를 건져내어 자연 건조시킨 다음 일정한 두께의 보존 팩에 넣고, 진공 포장하여 밀봉한 후, ^{60}Go γ-선을 천마에 조사한다. 조사된 천마를 냉장고에 보관한 후 3단계로 예냉을 진행한다. 예냉이 끝나면 냉장고 온도를 2±0.5℃, 상대 습도를 85~90%로 유지한다. 저장 과정에서 매일 4회씩 오존을 주입하고, 보존 창고 내의 오존 농도가 80~120mg/L에 도달하면 주입을 중단한다. 이 방법으로 천마 괴경 부패병 및 잡균 감염 등을 효과적으로 방지하고, 천마의 영양 품질을 유지하며, 방사선량을 줄일 수 있다. 천마의 유효 저장 기간은 180일에 달하며, 상품화율은 85% 이상이다. 이 방법은 손상된 천마의 보존에도 적합하고 간단하고 효율적이며 친환경적인 안전한 천마 저장 및 보존 방법이다.

3. 천마의 살균 보존

생천마를 살균 처리한 후 비닐봉지에 보관하여 슈퍼마켓 진열대에서 판매하면, 진열대에서의 유통기한을 2~3개월 연장할 수 있다. 구체적인 과정은 다음과 같다.

세척 및 건조: 구입한 생천마를 가공 공장에서 세척한 후 건져 내어 표면의 물기를 말리고, 무게에 따라 등급을 나눈다(그림 10-3).

[그림 10-3] 건조

포장: 정량을 보존용 비닐봉지에 넣고 포장한 후, 진공 포장기로 진공을 하고 봉합한다. 100g/봉지, 200g/봉지 또는 개별 포장한다(그림 10-4).

[그림 10-4] 개별 포장한 천마

살균: 진공 포장한 생천마 봉지를 끓는 물에 8~10분간 끓인다. 구체적인 시간은 천마의 크기에 따라 정한다.

냉각: 살균 처리한 천마를 즉시 흐르는 찬물에 넣어 내부가 완전히 식을 때까지 냉각시킨 후, 찬물에서 건져 내어 건조시킨다(그림 10-5).

보관: 살균 후 천마를 냉장고에 넣고 0~4℃에서 보관한다.

운송: 냉장차로 전국의 대형 슈퍼마켓에 배송한다.

판매: 슈퍼마켓의 냉장 진열대에서 판매한다.

[그림 10-5] 냉각

4. 천마의 빠른 배송 판매

바로 수확한 천마, 모래에 저장된 천마, 냉장 보관된 생천마는 모두 택배로 판매할 수 있다. 세척하지 않은 천마를 낱개로 습한 종이로 감싸고, 이를 스티로폼 상자에 정돈하여 넣는다. 상자 하나에 생천마 1,000g을 담고, 천마 사이의 틈을 에어캡과 같은 부드러운 재료로 채운다. 습한 종이를 1~2겹 덮고, 아이스팩 1~2개를 넣는다. 스티로폼 상자의 덮개를 닫고 밀봉하면 택배 발송이 가능하다. 이렇게 하면 2~3일 동안 신선도를 유지할 수 있다.

주의할 점은 아이스팩이 천마와 직접 접촉하지 않도록 하는 것이다. 또한 운송 중 단단한 얼음이 천마를 찔러 외관을 손상시키고 품질을 저해하지 않도록 주의해야 한다. 생수병을 아이스팩으로 사용하는 것은 피해야 한다. 생수병이 천마에 직접 닿으면 천마가 부딪히거나 압력을 받아 손상될 수 있다.

제3절 건천마의 가공 기술

수확한 전마와 큰 백마는 품질을 보증하기 위해 신속하게 가공해야 한다. 오랜 시간 방치하면 병균에 감염되어 부패하고 품질이 저하되어 손실이 발생할 수 있다.

1. 전통적인 일반 가공 공정

1) 등급 분류

생천마를 등급별로 분류하는 목적은 가공 및 등급별 판매를 용이하게 하기 위해서이다. 일반적으로 천마의 무게에 따라 1~4등급으로 나누는데, 경우에 따라 1~3등급으로 나누기도 한다. 생천마의 등급 기준은 <표 10-1>과 같다.

〈표 10-1〉 생천마의 등급 기준

등급	1등급	2등급	3등급
무게	200g 이상/개	150~200g/개	100~150g/개
형태	형태가 굵고 곧으며 타원형 또는 장타원형	장타원형이며 일부는 굽은 형태	형태가 비교적 가늘고 굽은 형태
병충해 흔적	없음	없음	약간의 병해충 흔적 허용
외피 상처	없음	없음	일부 파손 허용
색깔	황백색	황백색	황백색, 약간의 갈색 허용
싹	싹이 완전함	싹이 완전함	싹이 불완전하거나 약간의 갈색 허용

2) 세척

등급별로 분류된 천마는 깨끗한 물로 세척한다. 장시간 물에 담가 두면 천마의 유효 성분이 물에 녹아 나와 제품이 변색되고 품질이 저하될 수 있으므로 주의해야 한다.

일부 지역에서는 '명천마(明天麻)'로 가공하는 관습이 있는데, 이는 주로 수출 또는 특별한 요구에 따라 이루어진다. 명천마는 대나뭇조각, 얇은 철조각 또는 모래에 문질러 천마의 비늘과 표피를 제거하고 썩은 부분을 깎아내는 방식으로 가공한다. 화학 분석 결과에 따르면, 비늘과 표피를 제거한 후 가공한 천마의 유효 성분의 함량은 큰 변화가 없으며, 약효에도 큰 영향이 없다. 일반적으로 특별한 요구가 없는 천마 상품은 껍질을 제거할 필요가 없다.

3) 찌기 및 삶기

찌거나 삶는 것은 천마 가공의 중요한 공정이다. 천마의 유효 성분이 물에 잘 녹기 때문에 찌는 방법이 좋다. 등급별로 나누어 찜통에 넣고 5~30분간 찌며, 1등급 천마는 15~30분, 2등급은 10~15분, 3등급은 5~10분, 그 외 품목은 5분간 찐다. 찌는 시간은 천마의 상태에 따라 조절하고, 빛에 비추어 검은 중심이 보이지 않거나 천마를 부러뜨렸을 때 하얀 심이 없으면 완료된 것이다.

삶는 방법을 사용할 경우, 물이 끓으면 천마를 넣고 약한 불에서 천천히 삶는다. 찌거나 삶는 시간이 너무 길면 천마가 부드러워지고 유효 성분이 많이 손실되어 건조율과 상품 품질에 영향을 미칠 수 있다. 일반적으로 6~7kg의 생천마를 가공하여 1kg의 건천마를 얻을 수 있으며, 건조율은 천마의 종류, 무성 번식 횟수, 산지, 수확 시기 및 가공 방법에 따라 다르다.

물에 삶는 방법은 한 번에 대량을 처리할 수 있어 대규모 생산에 적합하다. 그러나 이 방법은 천마의 수용성 유효 성분이 유실되어 약용 성분이 일부 손실될 수 있기 때문에 찌거나 삶는 방법을 사용할지는 상황에 따라 결정해야 한다.

쌀뜨물에 삶는 방법: 쌀 5%와 깨끗한 물을 솥에 넣고 끓인다. 끓으면 천마를 넣고, 쌀뜨물이 천마를 완전히 덮을 정도로 물을 부어 준다. 150~200g의 큰 천마는 10~15분, 100~150g의 중간 크기 천마는 8~10분, 100g 이하의 작은 천마는 3~5분 동안 천마를 계속 뒤집어 가며 삶는다. 천마가 충분히 익으면 즉시 건져낸다.

명반(明礬)에 삶는 방법: 1% 명반수로 천마를 삶는 방법은 쌀뜨물에 삶는 방법과 동일하다. 삶은 후 즉시 건져내어 냉각시킨다. 이 방법을 사용한 후에는 명반수에 다시 담글 필요가 없다.

4) 침지

찌거나 삶은 천마를 명반수에 일정 시간 침지하거나 삶을 때 물에 명반을 첨가하여 천마의 외관 품질을 개선한다. 일반적으로 10kg의 생천마에 200g의 명반을 첨가한다. 화학 분석 결과, 가공 중 명반 사용 여부가 천마의 내적 품질에 큰 영향을 미치지 않는 것으로 나타났다. 침지 후, 천마를 빠르게 건조시키기 위해서 2~3mm 두께로 얇게 썰어 건조시키면 된다.

5) 황산가스 훈증

찐 천마를 훈증실에 넣고 황산가스로 20~30분간 훈증하면 상품의 색상이 하얗고 깨끗해지며, 외관 품질이 좋아지고 해충으로부터 보호된다.

6) 건조

천마를 건조할 때는 화덕, 오븐 또는 건조실을 사용할 수 있는데, 화력이 너무 강하지 않도록 주의해야 한다. 화력이 강하면 외부는 건조되더라도 내부는 여전히 부드러운 상태인 '반숙 달걀' 상태가 될 수 있다. 처음 건조시킬 때는 50~60℃의 온도에서 천마의 수분이 빠르게 증발되도록 하고, 70~80% 건조되면 꺼내어 평평하게 누르고 다시 건조를 계속한다. 이때 온도를 70℃로 유지하고, 80℃가 넘지 않도록 하여 천마가 과도하게 건조되어 품질이 저하되지 않도록 해야 한다. 건조가 완료된 후에는 신속하게 꺼내야 하며, 건조 시간이 너무 길면 천마가 타서 품질이 저하된다. 반대로, 건조가 적절히 이루어지지 않으면 곰팡이가 생기거나 변색, 부패할 수 있다. 천마의 양이 많으면 기계적 가공 방법을 이용한다.

7) 포제

천마의 포제는 주로 건열법(乾熱法)과 습열법(濕熱法)을 사용하며, 일부 지역에서는 생강즙, 술, 밀기울 등을 보조 재료로 사용하기도 한다. 여기서는 건열법과 습열법 중에서 일반적으로 사용되는 방법을 소개한다. 열사로 굽는 것과 습열사로 굽는 것은 큰 차이가 없다. 열사로 굽는 것은 건열법으로 천마를 크기별로 분류하고, 적당량의 강모래를 냄비에 넣고 중간 불에서 휘저어 흰 연기가 날 때까지 천천히 가열한다(80~120℃). 모래가 적당히 뜨거워지면 천마를 넣고 약한 불로 열을 유지하여 천마가 부드러워질 때까지 묻어 둔 후 뜨거워지면 바로 꺼내어 얇게 자른다. 습열사로 굽는 것은 습열법으로 모래를 가열해 건조해질 때(80~120℃) 약한 불로 열을 유지한다. 차가운 물을 부어 모래를 촉촉하게 만들고 천마를 넣어 부드러워질 때까지 묻어 둔 다음 뜨거운 상태에서 얇게 자른다. 화학 분석 결과에 따르면, 건열법으로 가공하는 것이 좋은 것으로 나타났다.

2. 각 지역에서 흔히 사용하는 가공 방법

천마를 가공하기 전에는 반드시 잔여 줄기를 제거하고, 화살눈을 보존해야 한다. 천마에 묻은 흙과 모래를 깨끗이 씻어 내고, 균삭과 비늘을 손으로 문질러 제거한 후 깨끗한 물로 세척하여 찜기에 넣어 찐다.

이때, 화력이 강해야 하고 찜기 뚜껑을 단단히 닫아야 천마 조직의 세포를 빠르게 죽이고, 내부의 효소 활동을 억제하며, 즙액의 외부 유출을 방지할 수 있다. 큰 천마는 30분, 작은 천마는 5~15분간 찌며, 속까지 익어 하얀 부분이 없을 때까지 찐다. 만약 과도하게 부풀어 오른 천마가 있다면 대나무 바늘로 구멍을 내어 공기를 빼 준다. 이후, 화로 또는 건조실에서 건조하거나 햇볕에 말린다. 일반적으로 생천마 4~5kg으로 완제품 1kg 가공이 가능하다.

1) 민간에서 흔히 사용하는 가공 방법

화덕 건조: 천마를 화덕에서 건조할 때는 온도를 엄격히 조절해야 한다. 처음에는 불이 너무 강하지 않도록 주의하며(연료는 석탄이나 장작이 좋음), 온도를 점진적으로 상승시켜 50~60℃를 유지하도록 한다. 2~3시간 동안 온도를 서서히 올려 천마 내부의 수분이 빠르게 증발하도록 한다. 처음부터 온도가 너무 높으면 천마 표면이 빠르게 건조되어 껍질이 딱딱해지고, 내부의 수분이 배출되지 못해 건조 시간이 길어진다. 천마가 70~80% 정도 건조되었을 때, 나무판으로 눌러 납작하게 만든다(너무 세게 누르면 약효가 손실될 수 있으니 주의). 이후 다시 화덕에 넣어 50~60℃의 온도로 건조를 계속한다. 천마가 80~90% 건조되었을 때 화덕에서 꺼내어 다시 촉촉해지도록 두는데, 이때 낮은 온도의 장소에 쌓아 두고 이불이나 두 겹의 마대 자루로 덮어 10시간 이상을 유지시켜 천마 내부의 수분이 외부로 배출되도록 한다. 그다음 다시 화로에 넣어 완전히 건조시킨다. 이때 온도는 약 50℃로 유지한다.

건조실 건조: 찐 천마를 건조 판에 평평하게 놓고(겹치지 않도록 주의), 문과 창문을 밀폐한 후 처음에는 40~50℃로 온도를 조절한다. 이후 점차 70℃로 온도를 높이고, 건조실 내부의 온도와 습도의 변화를 고려하여 적절히 배기시키며, 천마가 70~80% 건조되었을 때 나무판으로 눌러 납작하게 한 다음 배기를 중단하고 완전히 마를 때까지 건조시킨다.

2) 사천(四川) 통강현(通江县)의 민간 가공 방법

천마를 깨끗한 물로 씻은 후 볏짚이나 미강으로 비늘을 문질러 제거한다. 그 후 무연 밀폐형 화덕에 넣고 빠르게 구워 천마가 부드러워지고 속까지 익어 단단한 부분이 없어질 때까지 굽는다. 이후 밀폐구를 열고 약한 불로 천천히 구우면서(40~50℃), 부드러워진 천마를 눌러 납작하게 만든다(너무 부풀었을 경우 대나무 바늘로 구멍을 내어 공기를 뺌). 천마가 단단해질 때까지 구운 다음, 화덕에서 꺼내어 다시 촉촉해질 때까지 둔다. 이후 다시 화덕에 넣어 약한 불로 천천히 구워 단단해질 때까지 굽는다. 천마를 서로 부딪쳤을 때 맑고 경쾌한 소리가 나면 화로에서 꺼내어 약 일주일간 쌓아 둔다. 천마가 더 이상 부드러워지지 않으면 완전히 건조된 것으로 간주하고 상자에 포장하여 저장한다.

3) 호북(湖北) 이천시(利川市)의 민간 가공 방법

천마의 남은 줄기를 제거하고 화살눈은 보존하면서 흙과 모래를 씻어낸 후 얇은 철판으로 껍질을 긁어낸다(내부 조직이 손상되지 않도록 주의). 즉시 깨끗한 물에 넣고 끓인다. 물이 끓기 시작하면 5kg의 천마에 백반 100g을 넣고 물이 천마를 덮을 정도로 채운 후, 나무 막대기로 천천히 저어 가며 고르게 가열한다. 속이 익을 때까지 계속 끓이는데(대나무 바늘로 찔러 보거나 빛에 비추어 확인), 크기에 따라 큰 천마는 15~20분, 작은 천마는 7~9분 정도 끓이면 충분하다. 적당히 익어야 천마의 건조율을 크게 향상시킬 수 있다. 끓이는 동안 과도하게 부풀어 오른 천마는 즉시 대나무 바늘로 구멍을 내어 공기를 빼고, 살짝 눌러 평평하게 만든다. 익힌 천마는 즉시 건져 내어 찬물에 식힌 후 건조시키거나 햇볕에 말린다. 80~90% 건조되었을 때, 황산구(硫黄球)로 1회 훈증 처리한다(숯불에 황산구를 넣고 처리하며, 황산구는 황토 70~80%, 황 20~30%를 섞어 오리알 크기로 뭉쳐 말린 것임). 이렇게 하면 천마의 껍질 색이 황백색으로 변하고, 해충 방지 효과가 있다. 완전히 건조되면 완제품이 된다.

4) 호북(湖北) 윤현(郧县)의 민간 가공 방법

고운 모래나 장작의 재를 큰 솥에 넣고 가열한 후 천마를 넣고 볶는다. 천마가 터지는 소리가 나기 시작하면 즉시 솥에서 꺼내 찬물에 담궜다가 뜨거울 때 대나무 칼로 거친 껍질과 비늘을 벗겨 내고, 깨끗이 씻어 백반 물에 담근 다음, 다시 깨끗한 물로 헹구고 찜기에 넣어 20~30분간 찐다. 속까지 익었으면 꺼내어 햇볕에 말리거나 화로에서 건조시킨다. 60~70% 건조되었을 때, 나무판으로 눌러 납작하게 만든다(너무 세게 누르면 즙이 빠져나갈 수 있으니 주의). 기포가 있을 경우 대나무 바늘로 구멍을 내어 공기를 빼고, 이후 숯불에서 건조시키거나 황산구로 훈증하여 완전히 건조시키면 된다.

5) 산동성(山东省) 연태시(烟台市)의 민간 가공 방법

천마 표면의 흙과 모래를 깨끗한 물로 씻어 내고, 크기에 따라 대, 중, 소로 나눈 후, 먼저 솥에 5%의 쌀뜨물을 천마가 잠길 정도로 붓고 가열하여 끓기 시작하면 각각의 크기별로 천마를 넣는다. 대형 천마(150g 이상)는 10~15분, 중형 천마(100~150g)는 8~10분, 소형 천마(80g 정도)는 3~5분간 끓이며, 계속 저으며 천마가 충분히 익을 때까지 끓인 후 즉시 건져 내어 깨끗한 물로 헹구고, 떠 있는 거품을 제거한 다음 예열된 화덕에 올린다. 처음에는 50~60℃로 2~3시간 동안 건조시키고, 이후 70~80℃로 온도를 높여 60~70% 정도로 건조시킨다. 그다음, 꺼내어 나무판으로 눌러 평평하게 만든 후, 마지막으로 숯불과 황산구로 훈증하여 완전히 건조시키면 상품용 천마가 완성된다.

햇볕에 건조시키는 방법으로 가공이 가능하지만, 시간이 너무 오래 걸리기 때문에 거의 사용하지 않는다.

3. 천마 정밀 가공 방법

천마는 수확한 후 즉시 가공해야 한다. 보관 시간이 길어지면 천마의 내용물이 유출되어 건조율이 낮아지기 때문이다. 특히, 봄철에 수확한 천마는 보관 기간이 길면 안 된다. 봄에는 기온이 높아 제때 가공하지 않으면 천마가 썩을 수 있다. 가공할 때는 먼저 수확한 천마를 깨끗한 물로 씻어 흙과 모래를 제거한 다음, 천을 사용해 물기를 닦아 내고, 솥에 넣어 고운 모래와 함께 볶는다. 솥의 크기(1호 또는 2호 솥)에 따라 솥마다 고운 모래 4.0 ~ 7.5kg, 천마 1.5 ~ 2.5kg을 넣는다. 천마의 크기에 따라 등급을 나눠 가공해야 한다. 크기에 따라 등급을 나누지 않으면 가공 과정에서 어떤 것은 이미 바삭하게 볶아졌는데 어떤 것은 아직 덜 볶이져시 최종 제품의 품실에 영향을 미칠 수 있다. 가공할 때는 강한 불로 가열하여 솥 안의 모래가 붉게 변할 때까지(종이 조각, 나뭇잎 등을 넣으면 즉시 불이 붙는 정도가 적당하다) 철삽으로 끊임없이 뒤집어 가며 볶는다. 볶는 시간이 짧아야 하며, 천마가 겉은 바삭하고 속은 익지 않은 상태가 되어 팝콘이 튀는 소리가 날 때까지 볶는다. 소리가 작아지면 즉시 꺼내어 미리 준비한 찬물에 넣는다. 열이 식지 않은 상태에서 대나무로 만든 칼(지름 3.3cm 정도의 작은 대나무를 4 ~ 6개로 쪼개어 만든 대나무 칼로, 날카로워 천마 껍질을 벗기는 데 아주 용이하며 천마 가공에서 흔히 사용됨)을 이용해 천마의 거친 껍질을 부드럽게 긁어내고, 깨끗이 씻은 후 명반수에 약 10분간 담갔다가 꺼낸다. 그다음, 건조시켜 물기를 제거하고, 크기별로 분류하여 건조망에 놓아 건조실 선반으로 이동한다. 처음에는 실내 온도를 50 ~ 60℃로 설정하고, 2 ~ 3시간 동안 건조시킨 후, 70 ~ 80℃로 올린다. 천마가 60 ~ 70% 건조되면 꺼내어 나무판으로 눌러 평평하게 한다(부풀어 오른 부분이 있으면 대나무 바늘로 구멍을 내어 공기를 빼고 다시 눌러 평평하게 한다.) 마지막으로 숯불에 유황을 더해 완전히 건조시켜 반투명한 유백색의 천마를 완성한다.

이 가공 방법의 장점은 고온으로 볶은 후 긁어 내기 때문에 천마의 겉껍질만 제거되며, 내부의 무늬는 그대로 유지되고 색상이 선명하다는 것이다. 또한 물에 삶지 않기 때문에 천마 내부의 약용 성분이 손상되지 않아 완제품의 품질이 뛰어나다. 이로 인해 '설천마(雪天麻)'라고 불린다.

4. 생천마 직접 건조

전통적인 천마 가공 방법은 어느 정도 제한성이 있다. 현재는 다양한 기계식 건조기가 있고 가격도 저렴하기 때문에 생산자에게 생천마를 직접 건조하는 방법을 사용할 것을 권장한다.

세척: 수확한 천마를 깨끗한 물로 씻는다. 등급별로 분류한 천마를 손으로 문지르거나, 부드러운 스펀지를 사용해 천마 표면의 균사와 기타 얼룩을 제거하여 하얀색을 유지하게 한다. 물로 여러 번 씻어 깨끗해질 때까지 세척하고, 표면의 물기를 제거한다.

슬라이스: 천마를 손으로 또는 다기능 슬라이스기를 사용하여 2~3mm 두께의 얇은 편으로 자른 후, 깨끗이 세척된 전용 건조 트레이에 한 겹으로 배열한다. 일반적으로 스테인리스 스틸이나 대나무로 만든 건조 트레이를 사용한다.

건조: 슬라이스한 천마를 건조기에 넣고, 가열 및 통풍하여 건조한다. 온도 상승 속도는 46℃/h로 설정하고, 온도 상승이 너무 빠르지 않도록 한다. 45시간 이내에 60℃까지 온도를 올린 후, 2~3시간 동안 온도를 유지하여 천마 편이 바삭하게 될 때까지 건조한다. 건조기 안의 열을 이용해 새로운 생천마를 계속 투입하여 건조할 수 있다.

냉각: 건조기에서 꺼낸 천마를 건조한 실내에서 잠시 냉각시킨다. 산업용 선풍기를 사용해 2~5분 동안 빠르게 냉각시켜 재습을 방지한다.

포장: 열이 남아 있는 상태로 대형 포장 봉투에 넣고 밀봉하여 보관한다.

5. 천마 분말 가공

건조된 천마 제품은 매우 단단하여 오랜 시간 동안 끓이거나 탕을 끓여도 여전히 씹기가 어렵고, 인체에서 모두 소화 흡수되지 않는다. 그러나 천마를 분말로 가공하면 물에 타서 쉽게 먹을 수 있어 인체가 천마의 약효 성분을 모두 이용할 수 있다. 또한 다량의 다당류와 식이섬유를 함유하고 있고, 모든 연령층을 대상으로 할 수 있어서 미래 시장에서의 수요가 매우 클 것으로 전망된다. 또한 천마를 분말로 가공한 후에는 판매 가격이 더 높아져 경제적 효과를 극대화할 수 있다. 천마 분말 가공 방법에는 몇 가지가 있다.

건조: 분쇄용 천마 슬라이스는 완전히 건조되어야 하고 수분 함량이 5% 이하로 낮아야 한다. 서서히 온도를 올려 60~80℃에서 5~6시간 동안 유지하여 충분히 건조시킨다.

소규모 생산: 건조된 천마 슬라이스를 즉시 일반 분쇄기를 사용해 분쇄한 후, 100~300메시의 체로 걸러 천마 분말을 얻는다. 이를 PP 플라스틱 통 또는 비닐봉지에 정량 포장한다.

대규모 생산: 완전히 건조된 천마 슬라이스를 일반 분쇄기로 1차 분쇄한 후, 1,000~6,000메시의 초미세 분쇄기로 2차 분쇄하여 천마의 미세한 천마 분말을 얻는다. 이를 PP 플라스틱 통 또는 비닐봉지에 정량 포장한다.

저장: 천마의 초미세 분말은 0~4℃의 저온 저장고에 보관하며 판매한다.

가정용 소규모 가공: 건조된 천마 슬라이스를 전자레인지에서 3~5분 동안 건조시킨 후, 즉시 가정용 분쇄기로 분쇄하고, 체로 쳐서 천마 분말을 얻을 수 있다.

제4절 천마 제품의 분류

1. 생천마의 분류

생천마 판매를 위해서는 반드시 등급을 나누어야 한다. 일반적으로 등급의 기준은 크기에 따라 분류된다.

특급 천마: 5~6개/kg, 개당 150~200g, 크기가 균일하다. 품질은 1등급 천마와 동일하다.

1등급 천마: 7~10개/kg, 개당 100~150g, 크기가 균일하다. 괴경은 편평하고 긴 타원형으로 거친 껍질을 제거한 후의 표면이 황백색이며, 조직이 단단하고, 밀도가 높고 반투명 상태이다. 싹은 흰색이며, 맛은 약간 달고 성질은 미온하다. 구멍이 없고, 부서지거나 탄 자국이 없으며, 벌레 먹은 흔적이나 곰팡이도 없다.

2등급 천마: 10~14개/kg, 개당 75~100g, 크기가 균일하다. 괴경은 긴 타원형으로, 편평하고 표면이 약간 구부러져 있다. 표면은 흰색 또는 황갈색이며, 조직이 단단하고 반투명 상태이다. 절단면은 각질 상태이고, 싹은 흰색 또는 갈황색이다. 구멍이 없고, 부서지거나 탄 자국, 벌레 먹은 흔적이나 곰팡이가 없다.

3등급 천마: 15~20개/kg, 개당 50~75g, 크기가 균일하지 않다. 괴경은 편평하고 긴 타원형이거나 굽어 있으며, 표면은 황색 또는 갈색이다. 구멍, 상처, 부서진 부분이 있을 수 있으며, 색상이 다소 떨어지지만 곰팡이와 벌레 먹은 흔적은 없다.

4등급 천마: 20개/kg 이상, 개당 50g 이하, 크기가 균일하지 않다. 괴경은 편평하고 긴 타원형이거나 굽어 있으며, 표면은 황색 또는 갈색이다. 구멍, 부서진 부분이 있을 수 있으며, 색상이 다소 떨어지지만 곰팡이와 벌레 먹은 흔적은 없다.

2. 건천마의 상품 품질 등급 분류

가공된 천마는 상품 품질 규격에 따라 등급을 나눈다.

1등급: 건조된 천마로 괴경은 편평한 긴 타원형이며, 표면에 거친 껍질이 없고 황백색을 띠며 반투명이다. 조직이 단단하고, 벌레 먹은 흔적이나 곰팡이, 구멍이 없으며, 1kg당 32개를 초과하지 않는다.

2등급: 건조된 천마로 괴경은 편평한 긴 타원형이며, 표면에 거친 껍질이 없고 황백색을 띠며 반투명이다. 조직이 단단하고 균일하며, 절단면이 각질 상태이고, 벌레 먹은 흔적이나 곰팡이, 구멍이 없다. 1kg당 33~80개이다.

3등급: 건조된 천마로 괴경은 긴 타원형이고 약간 편평하며 일부는 구부러져 있다. 표면은 황백색 또는 연한 황갈색이며, 절단면이 각질 상태이고, 벌레 먹은 흔적이나 곰팡이가 없다. 1kg당 80개 이상이다. 색상이 다소 떨어지거나 구멍, 부서진 부분이 있을 수 있지만, 불순물이나 먼지 등은 없다.

가공된 천마 완제품은 <표 10-2>에 명시된 여러 가지 이화학적 지표를 충족해야 한다.

〈표 10-2〉 건천마의 이화학적 지표

항목	단위	지표
수분	%	≤10
천마소 함량	%	≥0.10
납 (Pb 기준)	mg/kg	≤0.2
수은 (Hg 기준)	mg/kg	≤0.01
비소 (As 기준)	mg/kg	≤0.5
질산염	mg/kg	≤1200

자료 출처: 후베이성『천마생산 기술규정』.

제5절 천마 제품의 보존

천마는 가공 후 반드시 적절히 보관하여 벌레나 곰팡이의 발생을 방지하고 제품의 품질에 영향을 주지 않도록 해야 한다. 천마 완제품은 가공 즉시 내부에 흰 종이가 들어 있는 무독성 비닐봉지에 밀봉 포장하거나, PP 플라스틱 통, 플라스틱 상자에 담아 안에 건조제를 넣어 포장한다. 그다음, 깨끗한 두꺼운 종이로 덮어 건조한 곳에 보관하여 습기와 곰팡이를 방지한다.

천마 건조 제품은 0~4℃의 저온저장고에서 장기 보관하는 것이 가장 좋다.

참고문헌

包燚, 狄永国, 操璟璟, 等, 2017. 四株昭通乌天麻共生蜜环菌的生理生化特征及其分子鉴定 [J]. 中国微生态学杂志, 29(7): 761-765.

包永睿, 王帅, 唐爽, 等, 2016. 基于指纹图谱结合多元统计分析的天麻总苷差异指标的研究 [J]. 中药材, 39(5): 1082-1085.

蔡永敏, 张玮, 2002. 天麻药名沿革考 [J]. 中国中药杂志, 27(10): 783-784.

蔡永萍, 陈帮国, 2001. 天麻的组织培养及快速繁殖 [J]. 中草药, 32(5): 445-446.

曹春雨, 1999. 天麻促智冲剂对反复脑缺血再灌小鼠的脑保护机制研究 [D]. 北京: 中国中医研究院.

曹文芩, 徐锦堂, 1992. 蜜环菌子实体的液体培养 [J]. 中药材, 11: 3-4.

曹亚芹 , 苏怡凡, 陈虹, 等, 2008. 戊四氮致痫幼鼠颞叶和海马区 Cx43 的表达及天麻素干预 [J]. 兰州大学学报, 34(3): 53-56.

陈建国, 2004. 大个体天麻高产优质栽培技术研究 [J]. 作物研究, 18(2): 103-104.

陈建设, 侯昭强, 文光玉, 等, 2015. 中国大陆天麻属一新分布种—细天麻 [J]. 西北植物学报, 35(7): 1482-1484.

陈陆, 2008. 天麻复方降压胶囊的制备及其药效研究 [D]. 成都: 西南交通学.

陈顺方, 祁岑, 黄先敏, 2009. 天麻小菇属萌发菌生产技术 [J]. 现代农业科技, 15: 110-110.

陈云云, 刘忠庆, 常琦, 等, 2002. 天麻降压胶囊治疗 原 发 性 高 血 压 81 例临床观察 [J]. 中医药临床杂志, 14(5): 336-337.

陈祖云, 王晓丽, 宋聚先, 2007. 贵州天麻遗传多态性的 ISSR 初步分析 [J]. 中华中医药杂志, 22(7): 436-439.

程芬, 张焜, 赵肃清, 等, 2009. 波密栽培天麻与野生天麻中三种有效成分的含量测定 [J]. 中药材, 32(7): 1028-1030.

程立君, 刘健君, 王世敏, 等, 2017.4 个天麻品种种植效果对比研究 [J]. 农业科学与技术: 英文版, 18(10): 1856-1859.

戴维, 王涛, 赵丹, 2018. 平武天麻产业发展存在的问题及措施建议 [J]. 南方农业, 2: 82-84.

邓晶晶, 王传华, 2017. 天麻生态型及“杂交品种”的生物学和化学特征研究进展 [J]. 中药材, 40(11): 2726-2729.

邓士贤, 莫云强, 1979. 天麻的药理研究(一) 天麻素及天麻甙元的镇静及抗惊厥作用 [J]. 云南植物研究, 2: 66-73.

丁家玺, 陈世丽, 周天华, 等, 2017. 天麻种质资源研究进 展 [J]. 现代农业科技, 6: 100-101.

董凯, 梁世君, 2014. 华亭县天麻大棚栽培技术 [J]. 农业科技与信息, 9: 44-45.

杜贵友, 陈楷, 周文全, 等, 1998. 天麻促智冲剂治疗老年血管性痴呆临床观察[J].中国中药杂志,23(11): 695-698.

杜伟锋, 陈琳, 丛晓东, 等, 2011. 天麻化学成分及质量控制研究进展 [J]. 中成药, 33(10): 1785-1787.

杜伟锋, 徐珊珊, 王胜波, 等, 2011. 近红外光谱法测定天麻中天麻素的含量 [J]. 南京中医药大学学报, 27(6): 568-569.

段小花, 代蓉, 李秀芳, 等, 2011. 天麻酚类成分对脑缺血模型大鼠海马一氧化氮和一氧化氮合酶的影响 [J]. 中华老年心脑血管病杂志, 13(7): 653-655.

段小花, 李资磊, 杨大松, 等, 2013. 昭通产天麻化学成分研究 [J]. 中药材, 36(10): 1608-1611.

樊启猛, 陈朝银, 林玉萍, 等, 2013. 天麻的炮制研究与规范 [J]. 中成药, 35(8): 1737-1741.

范黎, 郭顺星, 1999. 天麻种子萌发过程中与其共生真菌石斛小姑间的相互作用 [J]. 菌物系统, 18(2): 219-225.

方宣启, 王芳斌, 周彬彬, 等, 2018. 非线性化学指纹图谱技术结合高效液相色谱法鉴别天麻产地及活性成分测定 [J]. 中国实验方剂学杂志, 24(11): 54-60.

封玉东, 高为民, 吕凤芝, 2007. 天麻素注射液联合洛斯宝口服液治疗突发性耳聋 72 例疗效观察 [J]. 中国中医药科技, 14(6): 453.

高明菊, 熊清泉, 张文斌, 等, 2006. 昭通小草坝天麻 GAP 基地产品质量评价 [J]. 中成药, 28(4): 515-517.

高明菊, 张文斌, 马妮, 等, 2006. 天麻中二氧化硫的含量测定 [J]. 时珍国医国药, 17(5): 722-723.

葛进, 刘大会, 鲁惠 珍, 等, 2016. 蒸制断生后真空冷冻干燥对天麻质量的影响 [J]. 中国医院药学杂志, 36(3): 180-186.

葛进, 张磊, 刘大会, 等, 2017. 产地、商品级别和干燥工艺对天麻品质影响研究 [J]. 中药材, 40(3): 637-640.

宫喜臣, 2010. 天麻标准化生产技术 [M]. 北京: 金盾出版社出版.

关萍, 高玉琼, 石建明, 等, 2005. 不同产地野生及栽培天麻中天麻素含量比较 [J]. 中国中药杂志, 30(21): 1698.

郭顺 星, 范黎, 曹文芩, 陈晓梅, 1999. 菌根真菌一新种一石斛小菇 [J]. 菌物学报, 18(2): 141.

郭顺星, 王秋颖, 2001. 促进天麻种子萌发的石斛小菇优良菌株特性及作用 [J]. 菌物学报, 20(3): 408-412.

郭顺星, 徐锦堂, 肖培根, 1996. 蜜环菌隔膜发育的超微结构研究 [J]. 中国医学科学院学报, 18(5): 363-369.

郭顺星, 徐锦堂, 1990. 促进天麻等兰科药用植物种子萌发的真菌初生产物分析 [J]. 中国中药杂志, 15(6): 12-14.

郭顺星, 徐锦堂, 1990. 促进天麻等兰科药用植物种子萌发的真菌发酵液的抑菌作用 [J]. 中国药学杂志, 15(4): 200-202.

郭顺星, 徐锦堂, 1991. 促进天麻等兰科药用植物种子萌发的真菌酯酶同工酶研究 [J]. 中国药学杂志, 26(9): 524-526.

郭顺星, 徐锦堂, 1990. 兰科植物种子无菌萌发的研究 [J]. 种子, 5: 36-37.

郭顺星, 徐锦堂, 1996. 蜜环菌的化学成分及应用研究 [J]. 微生物学通报, 23(4): 239-240.

郭顺星, 徐锦堂, 1993. 蜜环菌侵染猪苓菌核的细胞学研究 [J]. 植物学报: 英文版, 1: 44-50.

郭顺星, 徐锦堂, 1992. 蜜环菌索发育的研究 [J]. 菌物学报, 4: 308-313.

郭顺星, 徐锦堂, 1990. 天麻消化紫萁小菇及蜜环菌过程中细胞超微结构变化的研究 [J]. 菌物学报, 20(3): 218-225.

郭学廷, 聂永霞, 2011. 天麻素治疗偏头痛的近期疗效 [J]. 中华全科医学, 09(4): 579-579.

郭营营, 蒋石, 林青, 等, 2014. 天麻中对羟基苯甲醇抗血小板聚集的作用及机制研究 [J]. 时珍国医国药, 25(1): 4-6.

韩春妮, 何芳雁, 田野, 等, 2014. 天麻提取物对记忆获得障碍模型小鼠胆碱能系统的影响 [J]. 中国药业, 23(21): 3-4.

韩春妮, 何芳雁, 田野, 等, 2014. 天麻总提物对小鼠学习记忆能力影响 [J]. 中国中医药信息杂志, 21(9): 50-52.

韩春妮, 林青, 何芳雁, 等, 2013. 云南昭通 3 种天麻对小鼠脑缺血再灌注损伤的保护作用 [J]. 云南中医中药杂志, 34(10): 62-64.

郝帅林, 张媛, 魏艳杰, 2017. 天麻素抗心肌氧化应激损伤的作用机制研究 [J]. 中国现代医学杂志, 27(9): 1-7.

狐小斌, 张智慧, 季鹏章, 等, 2016. 特异资源绿天麻和乌天麻光合色素合成特性研究 [J]. 西南农业学报, 29(3): 541-544.

胡胜傅, 白凰, 1958. 四川古苓的天麻栽培方法 [J]. 中国中药杂志, 4(1): 22.

胡文华, 2003. 天麻病虫害及其防治 [J]. 农学学报, 5: 19.

胡文华, 2003. 天麻蜜环菌同步播种栽种法 [J]. 农学学报, 4: 19.

胡昭庚, 1999. 食用菌制种技术 [M]. 北京: 中国农业出版社.

黄俊华, 王桂莲, 1989. 天麻注射 液、去天麻甙部分和天 麻甙药理作用的比较 [J]. 中国医学科学院学报, 11(2): 147-150.

黄万兵, 桂阳, 朱国胜, 等, 2014. 贵州天麻主产区蜜环菌的分离及 rDNAITS 序列分析 [J]. 西南师范大学学报(自然科学版), 39(6): 35-42.

黄万兵, 朱国胜, 钱珍珍, 等, 2016. 鲜天麻保存中相关生理特性的研究 [J]. 中药材, 39(7): 1525-1529.

黄万兵, 2014. 贵州省天麻主产区蜜环菌多样性研究及优良菌株筛选 [D]. 重庆: 西南大学.

黄秀凤, 唐红, 1990. 合成天麻素对心肌细胞中毒性损伤的保护作用 [J]. 成都中医药大学学报 2: 27-28.

霍川, 2011. 天麻品种现状及杂交种子生产 [J]. 农业科技通讯, 11: 159-161.
季德, 2016. 不同干燥加工方法对天麻药材质量的影响 [J]. 中国中药杂志, 41(14): 2587-2590.
季宁, 2008. 蜜环菌优良菌株的筛选、鉴定及对乌天麻产量的影响 [D]. 长春: 吉林农业大学.
江本利, 苏香峰, 储甲松, 等, 2016. 蜜环菌培养影响因子的多因素分析 [J]. 安徽农业科学, 44(29): 1-2.
江维克, 2018. 天麻生产加工适宜技术 [M]. 北京: 中国医药科技出版社.
姜玲, 万蜀渊, 王绍柏, 等, 2001. 乌天麻和红天麻及其杂种的同工酶分析 [J]. 中药材, 24(8): 547-548.
康明, 李刚凤, 霍蓓, 等, 2017. 德江天麻营养成分分析与评价 [J]. 食品研究与开发, 38(24): 128-131.
孔小卫, 柳听义, 关键, 等, 2005. 天麻多糖对亚急性老模型小鼠自由基代谢的影响 [J]. 安徽大学学报(自科版), 29(2): 95-99.
兰进, 徐锦堂, 2010. 天麻栽培技术百问百答 [M]. 北京: 中国农业出版社. 李长喜, 2004. 天麻高效栽培技术 [M]. 郑州: 河南科学技术出版社.
李峰, 朱洁平, 王艳梅, 等, 2015. 天麻多糖对小鼠免疫性肝损伤的保护作用 [J]. 中药药理与临床, 1: 111-113.
李洪益, 李虎杰, 2003. 天麻病虫害的常见类型及其防治 [J]. 特产研究, 25(3): 38-41.
李井文, 魏江山, 2018. 天麻素注射液对丛集性头痛抗氧化能力、炎症反应及免疫功能的影响 [J]. 西部中医药, 31(11): 84-86.
李梁, 张艺, 成群芝, 2004. 中药天麻产区生态环境分析与评价 [J]. 中国现代中药, 6(6): 14-16.
李梁, 1993. 人工栽培与野生天麻微量元素及营养源的实验研究 [J]. 四川中医, 4: 8-9.
李梁, 2004. 天麻规范化生产标准操作规程 [J]. 中国现代中药, 6(2): 13-16.
李瑞洲, 刘守金, 2000. 天麻采集加工方法考察 [J]. 安徽中医药大学学报, 19(6): 44-45.
李世, 苏淑欣, 2008. 天麻高产栽培技术 [M]. 北京: 中国山峡出版社.
李世全, 1982. 天麻的生态和增产途径 [J]. 生态学杂志, 3: 52-53.
李世全, 1990. 天麻栽培技术 [M]. 西安: 陕西科学技术出版社.
李铜, 姚梅, 李蓉, 等, 2011. 天麻退化的症状、原因及防治措施 [J]. 陕西农业科学, 57(4): 273-274.
李仙娟, 罗晨曲, 2000. 天麻不同炮制品中天麻素含量的比较分析 [J]. 中医药导报, 6: 39-40.
李秀芳, 代蓉, 李国花, 等, 2013. 天麻成分对羟基苯甲醛抗血小板聚集作用及急性毒性研究 [J]. 天然产物研究与开发, 25(3): 29-32.
李秀芳, 孙衍鲲, 张维明, 等, 2011. 天麻酯溶性酚性成分对大鼠脑缺血/再灌注损伤的保护作用 [J]. 天然产物研究与开发, 23(5): 842-845.
李云, 王志伟, 耿岩玲, 等, 2016. 基于 HPLC-ESI-TOF/MS 法分析测定乌天麻和红天麻中化学成分的研究 [J]. 天然产物研究与开发, 11: 1758-1763.
李云, 王志伟, 耿岩 玲, 等, 2016. 天麻素注射液的药理机制及临床应用研究进展 [J]. 中国药房,

27(32): 4602-4604.

李振斌, 2016. 天麻林下仿野生种植部分关键技术的研究 [D]. 成都: 成都中医药大学.

李志峰, 王亚威, 王琦, 等, 2014. 天麻的化学成分研究(Ⅱ) [J]. 中草药, 45(14): 1976-1979.

李志英, 2007. 缩短天麻栽培周期的研究 [D]. 武汉: 华中农业大学.

林青, 李秀芳, 李文军, 等, 2006. 天麻提取物对血小板聚集的影响 [J]. 中国微循环, 10(1): 33-35.

刘炳仁, 2006. 天麻高产栽培新技术 [M]. 天津: 天津科学技术出版社.

刘炳仁, 等, 2002. 天麻栽培与加工新技术 [M]. 北京: 科学技术文献出版社.

刘成运, 1981. 天麻食菌过程中细胞结构形态变化的研究 [J]. Journal of Integrative PlantBiology, 2: 10-14, 92-93.

刘大会, 龚文玲, 詹志来, 等, 2017. 天麻道地产区的形成与变迁 [J]. 中国中药杂志, 42(18): 3639-3644.

刘大会, 2017. 天麻高效栽培 [M]. 北京: 机械工业出版社.

刘涤瑕 , 郑德书, 1993. 天麻无棒代料高产栽培技术 [J]. 中药材, 9: 7-9. 刘国卿, 戴德哉, 饶经玲, 等, 1974. 天麻成分香荚兰醇的神经药理研究 [J]. 中草药, 5: 33-36.

刘锦波, 杨杰, 郝建玺, 等, 2016. 天麻种子共生菌—萌发菌生产的关键技术 [J]. 中国农业信息, 7: 105-107.

刘明学, 李梁, 牛靖娥, 2014. 天麻及其种质资源研究进展 [J]. 科技视界, 26: 33-34.

刘明学, 李琼芳, 李梁, 2009. 平武天麻 GAP 基地三种天麻变异类型质量评价 [J]. 现代中药研究与实践, 23(5): 3-5.

刘能俊, 1995. 提高天麻产量的有效途径 [J]. 中药材, 10: 489-492.

刘威, 赵致, 王华磊, 等, 2015. 不同树种菌材对贵州仿野生栽培天麻的影响 [J]. 北方园艺, 10: 129-132.

刘威, 2015. 天麻仿野生栽培关键技术研究 [D]. 贵阳: 贵州大学.

刘小琴, 汪鋆植, 袁琴, 等, 2009. 天麻不同品种及不同组织中天麻素的含量比较 [J]. 时珍国医国药, 20(4): 908-909.

刘学湘, 2003. 天麻的现代鉴别新技术 [J]. 时珍国医国药, 14(1): 54-55.

刘玉亭, 1986. 不同因素对天麻产量的影响 [J]. 中国中药杂志, 11(6): 7-11.

卢刚, 胡爱群, 肖艳, 等, 2017. 中国兰科天麻属一新记录种—白点天麻 [J]. 广西植物, 37(02): 228-230.

鲁艳娇, 王强, 张伟, 等, 2015. 天麻苷增强小鼠免疫功能的实验研究 [J]. 内科急危重症杂志, 21(2): 141-143.

罗凡, 1996. 天麻病害及其防治 [J]. 食药用菌, 6: 33-35.

吕国平, 王春芹, 蔡中琴, 2002. 天麻素注射液的药理及临床研究 [J]. 中草药, 33(5): 003-004.

马骏, 孙海燕, 钟爱民, 等, 2016. 不同 1-MCP 处理对汉中红天麻保鲜效果的研究 [J]. 保鲜与加工,

4: 14-17.

马礼成, 2013. 天麻原种室内袋式河沙高产栽培技术研究 [J]. 食药用菌, 1: 42-44.

孟千万, 赵志礼, 宋希强, 等, 2008. 国产天麻属药用植物资源 [C]. 中华中医药学会中药鉴定学术会议.

孟肖, 张红瑞, 高致明, 2015. 栽培技术对天麻药材品质影响的研究概述 [C]. 中国中药商品学术大会暨中药鉴定学科教学改革与教材建设研讨会.

宓伟, 2010. 天麻增强小鼠免疫功能的实验研究 [J]. 滨州医学院学报, 33(4): 272-273.

区焕财, 李宏涛, 甘梦阳, 等, 2013. 天麻种植工艺及机械化生产技术体系探讨 [J]. 安徽农业科学, 21: 8869-8871.

彭述敏, 陈玉惠, 敖新宇, 2012. 蜜环菌与菌材不同组合对昭通乌天麻种子萌发及生长的影响 [J]. 西南林业大学学报, 32(3): 47-50.

彭述敏, 2011. 昭通天麻共生优良蜜环菌的筛选及特性研究 [D]. 昆明 : 西南林业大学.

齐学军, 刘金敏, 2010. 穴位注射天麻素注射液治疗后循环缺血性眩晕的疗效观察 [J]. 中西医结合心脑血管病杂志, 08(8): 937-938.

冉砚珠, 徐锦堂, 1990. 紫萁小菇等天麻种子萌发菌的筛选 [J]. 中国中药杂志, 15(5): 15-18.

冉砚珠, 徐锦堂, 1990. 紫萁小菇等天麻种子萌发菌生物学特性及种子共生萌发条件研究. [J]. 中草药, 9: 29-32.

饶毅, 崔金国, 魏惠珍, 等, 2007. 天麻药材中铜和镉的含量测定 [J]. 中国实验方剂学杂志, 13(6): 22-23.

任世兰, 于龙顺, 1992. 天麻对血管阻力和耐缺血缺氧能力的影响 [J]. 中草药, 6: 302-304.

容丽华, 蔡传涛, 2010. 不同菌材对天麻(*Gastrodia elata*) 产量的影响 [J]. 植物科学学报, 28(6): 761-766.

容丽华, 2010. 不同菌材对天麻(*Gastrodia elata*) 产量和品质的影响研究 [J]. 西双版纳热带植物园毕业生学位论文, 28(6): 761-766.

桑希生, 2004. 天麻降压胶囊对原发性高血压大鼠降压作用及其机制的实验研究 [D]. 哈尔滨: 黑龙江中医药大学.

山水, 1995. 袋栽天麻高产新技术 [J]. 中国农学通报, 4: 2.

申婷, 肖纯, 向彬, 等, 2017. 天麻成分对羟基苯甲醛抗血小板聚集的作用机制研究 [J]. 中国药业, 26(18): 4-7.

沈道修, 张效文, 1963. 天麻的抗惊与鎮痛作用 [J]. 药学学报, 4: 242-245. 施汉钰, 崔巍, 郑焕春, 等, 2014. 蜜环菌菌索生物学特性的研究 [J]. 菌物研究, 12(4): 229-232.

石子为, 马聪吉, 康传志, 等, 2016. 基于空间分析的昭通天麻生态适宜性区划研究 [J]. 中国中药杂志, 41(17): 3155-3163.

宋阳, 李珊, 李洁, 等, 2012. 天麻素对离体蟾蜍心脏活动影响的实验研究 [J]. 中国民族民间医药,

21(4): 46-47.

孙海燕, 马骏, 钟爱民, 等, 2016. 不同保鲜包装对天麻贮藏生理和效果的影响 [J]. 食品工业科技, 37(12): 329-333.

孙佳, 朱迪, 陆苑, 等, 2016. 天麻种植基地土壤与天麻中重金属及有害元素残留分析 [J]. 中国实验方剂学杂志, 12: 32-36.

孙立夫, 张艳华, 杨国亭, 2007. 蜜环菌生物种和地理分布概况综述 [J]. 菌物学报, 26(2): 306-315.

覃卫国, 王绍柏, 2011. 天麻栽培用材林的利用现状及对策 [J]. 湖北林 业科技, 6: 59-61.

汤凌浩, 吕梅, 洪岭, 2007. 天麻素治疗突发性耳聋临床疗效观察 [J]. 山东医药, 47(18): 71.

唐春梓, 廖朝林, 林先明, 等, 2008. 天麻的研究现状与展望 [J]. 中国现代中药, 10(6): 10-12.

陶文娟, 沈业寿, 刘如娟, 等, 2005. 天麻糖复合物抗衰老作用的实验研究 [J]. 生物学杂志, 22(5): 24-26.

田好亮, 李立, 王勇, 等, 2014. 天麻微粉的毒理学安全性评价 [J]. 中国卫生检验杂志, 24(15): 2161-2164.

田紫平, 肖慧, 冯舒涵, 等, 2017. 天麻有效成分巴利森苷的降解规律分析 [J]. 中国实验方剂学杂志, 23(23): 18-21.

童毅, 2019. 白赤箭, 中国大陆天麻属新记录种 [J]. 热带亚热带植物学报, 19(3): 327-330.

童毅, 吴磊, 2019. 中国大陆兰科植物新资料 [J]. 西北植物学报, 39(04): 181-184.

汪鋆植, 王绍柏, 刘晓琴, 等, 2007. 栽培条件对无土袋栽天麻种麻质量的影响 [J]. 中华中医药学刊, 25(4): 724-726.

汪植, 容辉, 段和平, 2007. 天麻多糖对小鼠免疫功能的影响 [J]. 中国民族民间医药, 2: 112-114.

王彩云, 侯俊, 王永, 等, 2017. 天麻种子萌发菌研究进展 [J]. 北方园艺, 12: 198-202.

王光明, 张保贤, 李钦, 等, 1994. 天麻袋栽技术的研究 [J]. 中药材, 7: 3-5.

王加强, 韩东娜, 关碧琰, 等, 2005. 天麻素辅助治疗慢性顽固性癫痫的疗效观察 [J]. 中国全科医学, 8(14): 1181-1182.

王家银, 2018. 昭通天麻规范化种植技术 [M]. 昆明: 云南科学技术出版社.

王进中, 2018. 2018 年天麻市场行情看好 [J]. 农村百事通, 5: 24.

王丽, 马聪吉, 刘大会, 等, 2017. 昭通天麻地下块茎产量与主要农艺性状的相关及通径分析 [J]. 中国中药杂志, 42(4): 644-648.

王丽, 马聪吉, 吕德芳, 等, 2017. 云南昭通天麻仿野生栽培技术的规范化管理 [J]. 中国现代中药, 19(3): 408-414.

王莉, 王龙星, 肖红斌, 等, 2007. 天麻指纹图谱模式识别研究 [J]. 中国中药杂志, 32(6): 536-538.

王莉, 肖红斌, 梁鑫淼, 2003. 天麻化学成分研究(Ⅲ) [J]. 中草药, 40(7): 1186-1189.

王莉, 2007. 天麻化学物质基础及质量控制方法研究 [J]. 中国科学院大连化学物理研究所.

王连墀, 刘成运, 1982. 天麻室内瓶栽法 [J]. 中药材, 1: 11-13.

王良叶, 赵永烈, 王谦, 等, 2014. 天麻素治疗头痛的研究 [J]. 医学信 息(28): 342-342.

王秋颖, 郭顺星, 2001. 天麻节料高产栽培技术的研究 [J]. 中草药, 32(12): 1121-1122.

王秋颖, 郭顺星, 2002. 天麻人工栽培技术 [M]. 北京: 中国农业出版社.

王秋颖, 郭顺星, 2001. 天麻生长特性及其在栽培中的应用 [J]. 中国中药杂志 26(5): 353.

王秋颖, 郭顺星, 2001. 天麻优良品种选育的初步研究 [J]. 中国中药杂志, 26(11): 744-746.

王绍柏, 余昌俊, 许启新, 2011. 栽培天麻种群的退化及防控对策 [J]. 中药材, 34(10): 1490-1494.

王绍柏, 余昌俊, 周富君, 2007. 天麻规范化栽培新技术 [M]. 北京: 中 国农业出版社.

王曙光, 曹东, 杨小洁, 等, 1997. 鲜天麻蜜膏对小鼠免疫功能的影响 [J]. 蜜蜂杂志, 3: 3-4.

王素文, 1987. 天麻双扣膜栽培 [J]. 新农业, 18: 24.

王伟, 文欢, 张大燕, 等, 2018. 不同类型天麻的品质比较 [J]. 食品工业, 1: 305-308.

王亚威, 李志峰, 何明珍, 等, 2013. 天麻化学成分研究 [J]. 中草药, 44, 21: 2974-2976.

王永山, 袁铸人, 1989. 不同加工方法对天麻中的天麻素及其甙元含量的影响 [J]. 中成药, 3: 18-19.

王永珍, 李建新, 1989. 不同菌材栽培天麻的质量研究 [J]. 中国中药杂志, 14(3): 15-18.

王昭君, 刁杨彦彬, 刘佳, 等, 2007. 天麻素对快速衰老小鼠大脑组织衰老相关基因表达的影响 [J]. 解剖科学进展, 13(4): 353-357.

王昭君, 2009. 天麻素与三七总皂甙对 SAM/P-8 小鼠脑衰老相关基因表达的影响 [D]. 昆明: 昆明医学院.

文欢, 张大燕, 王伟, 等, 2017. 不同保藏方法对鲜天麻保鲜效果比较 [J]. 食品研究与开发, 38(6): 201-205.

吴迪, 邓琴, 贾亚琪, 等, 2016. 德江天麻种植基地土壤养分含量分析及评价 [J]. 贵州师范大学学报(自然版), 34(2): 27-31.

吴会芳, 李作洲, 黄宏文, 2006. 湖北野生天麻的遗传分化及栽培天麻种质评价 [J]. 生物多样性, 14(4): 315-326.

吴慧平, 陆明荣, 吴美娟, 1990. 天麻对实验性癫痫豚鼠脑内儿茶酚胺含量的影响 [J]. 南京中医药大学学报, 6(2).49-51.

吴洁, 2012. 天麻及其制剂神经保护机制探析 [J]. 亚太传统医药, 8(7): 38-39.

吴丽伟, 2009. 天麻、蜜环菌化感现象及天麻连作障碍原因探讨 [D]. 北京: 北京协和医学院.

吴连举, 关一鸣, 潘晓曦, 2015. 如何办个赚钱的天麻家庭种植场 [M]. 北京: 中国农业科学技术出版社.

吴连举, 关一鸣, 潘晓曦, 2017. 天麻实用栽培技术 [M]. 北京: 中国科学技术出版社.

吴连举, 关一鸣, 王英平, 2013. 天麻标准化生产与加工利用一学就会 [M]. 北京: 化学工业出版社.

吴连举, 潘晓曦, 郭靖, 2015. 天麻栽培技术问答 [M]. 北京: 金盾出版社.

吴霜, 李娴, 韩春妮, 等, 2012. 天麻提取物对 OGD/RepPC_ (12) 细胞存活率和游离 Ca~ (2+) 的影响 [C]. 全国中药药理学会联合会学术交流大会论文摘要汇编.

吴尊华, 王绍柏, 2011. 蜜环菌菌种的分离纯化复壮研究 [J]. 中国食用菌, 30(4): 17-19.

夏德术, 刘仁合, 1995. 仿野生天麻高产稳产栽培技术 [J]. 湖北农业科学, 6: 62-63.

肖国鑫, 谢丽玲, 郝海利, 等, 2012. 波密县天麻品质的测定与分析 [J]. 经济林研究, 30(3): 66-70.

肖佳佳, 2017. 天麻 HPLC 指纹图谱建立及判别分析 [J]. 中国中药杂志, 42(13): 2524-2531.

谢笑天, 李海燕, 王强, 等, 2004. 天麻化学成分研究概况 [J]. 云南师范大学学报: 自然科学版, 24(3): 22-25.

谢学强, 彭宗杰, 2015. 菌材树种及用量对甘孜州野生乌天麻无性繁殖的影响 [J]. 湖北农业科学, 54(3): 654-657.

谢学强, 2006. 甘孜州野生乌天麻驯化栽培初步研究 [D]. 成都: 四川农业大学.

谢学强, 2011. 蜜环菌对甘孜州野生乌天麻有性繁殖的影响 [J]. 湖北农业科学, 50(17): 3562-3565.

谢学渊, 晁衍明, 杜珍, 等, 2010. 天麻多糖的抗衰老作用 [J]. 解放军药学学报, 26(3): 206-209.

谢云峰, 龙盛京, 1999. 5 种中药注射液对脂质过氧化及活性氧自由基作用的影响 [J]. 海峡药学, 11(3): 29-30.

徐锦堂, 范黎, 2001. 天麻种子/原球茎和营养繁殖茎被菌根真菌定殖后的细胞分化 [J]. 植物学报(英文版), 43(10): 1003-1010.

徐锦堂, 郭顺星, 范黎, 等, 2001. 天麻种子与小菇属真菌共生萌发的研究 [J]. 菌物系统, 20(1): 137-141.

徐锦堂, 郭顺星, 1989. 供给天麻种子萌发营养的真菌—紫萁小菇 [J]. 真菌学报, 44(3): 221-226.

徐锦堂, 郭顺星, 1991. 天麻与紫萁小菇蜜环菌的营养关系及其在栽培中的应用 [J]. 医学研究杂志, 10: 31-32.

徐锦堂, 郭顺星, 1988. 天麻种子萌发菌—紫萁小菇 [J]. 中国医学科学院学报, 4: 270.

徐锦堂, 郭顺星, 1990. 应用放射性自显影技术研究标记紫萁小菇侵染天麻种胚的过程 [J]. 菌物学报, 20(3): 218-225.

徐锦堂, 兰进, 贺秀霞, 1995. 天麻有性繁殖播种方法 [J]. 中国农村科技, 3: 12-13.

徐锦堂, 冉砚珠, 郭顺星, 1989. 天麻生活史的研究 [J]. 中国医学科学院学报, 4: 237-241.

徐锦堂, 冉砚珠, 牟春, 等, 1990. 天麻种子发芽营养来源的研究(简报) [J]. 中国医学科学院学报, 6: 431-434.

徐锦堂, 冉砚珠, 王孝文, 等, 1980. 天麻有性繁殖方法的研究 [J]. 药学学报, 15(2): 100-104.

徐锦堂, 冉砚珠, 1990. 紫萁小菇等天麻种子萌发菌分离方法的研究 [J]. 中国药学杂志, 25(3): 139-142.

徐锦堂, 2000. 家栽天麻与野生天麻质量比较 [J]. 中国药学杂志, 35(8): 511-513.

徐锦堂, 2001. 天麻营繁茎被蜜环菌侵染过程中细胞结构的变化 [J]. 中国医学科学院学报, 23(2): 150-153.

徐锦堂, 2013. 我国天麻栽培 50 年研究历史的回顾 [J]. 食药用菌, 1: 58-63.

徐锦堂, 1993. 中国天麻栽培学 [M]. 北京: 北京医科大学中国协和医科大学联合出版社.

徐玉娥, 2003. 中药天麻的研究现状. 中国野生植物资源, 22(4): 12-14.

许启新, 余昌俊, 周富君, 等, 2010. 珍稀品种—绿天麻自交纯化栽培的初步研究 [J]. 中药材, 33(10): 1531-1533.

杨飞, 王信, 马传江, 等, 2018. 天麻加工炮制、成分分析与体内代谢研究进展 [J]. 中国中药杂志, 43(11): 37-45.

杨国会, 李如升, 郜作武, 1999. 天麻速生高产栽培新技术研究初报 [J]. 中国食用菌, 2: 19-20.

杨廉玺, 张光明, 谭官禄, 等, 2005. 昭通天麻的栽培方法集中连续给菌法 [J]. 现代中药研究与实践, 19(6): 25-26.

杨赛男, 戴斌, 吕爱秀, 等, 2017. 真伪天麻的交叉响应特征谱研究 [J]. 食品工业科技, 38(19): 227-230.

杨世林, 兰进, 徐锦堂, 2000. 天麻的研究进展 [J]. 中草药, 31(1) : 66-69.

杨顺强, 武婷, 吴珊珊, 2015. 不同包装方式对鲜天麻保鲜效果的比较 [J]. 湖北农业科学, 54(13): 3221-3224.

杨志平, 秦丽媛, 王玉川, 等, 2019. 利用 PCR 扩增快速筛选天麻萌发真菌小菇属 *Mycena* sp. 的研究 [J]. 中国食用菌, 38(1): 55-61.

叶红, 沈映君, 汪鋆植, 等, 2003. 天麻种子、种麻及商品麻的药理作用比较(Ⅰ) [J]. 时珍国医国药, 14(9): 78-79.

叶红, 汪鋆植, 王绍柏, 等, 2003. 种麻及商品麻的药理作用比较 Ⅱ [J]. 时珍国医国药, 14(12): 730-731.

易思荣, 肖波, 黄娅, 等, 2013. 中药材天麻的现代栽培技术研究进展 [J]. 中国现代中药, 15(8): 677-679.

雍武, 赵寅生, 顾月华, 2005. 不同干燥方法对天麻质量影响的比较研究 [J]. 中成药, 27(6): 673-676.

游金辉, 谭天秩, 匡安仁, 等, 1994. ~3H-天麻甙元和~3H-天麻素在小鼠体内的分布和代谢 [J]. 四川大学学报(医学版), 3: 325-328.

淤泽溥, 林青, 李秀芳, 等, 2007. 天麻醋酸乙酯提取物抗 ADP 诱导的家兔血小板聚集作用及机制 [J]. 中草药, 38(5): 743-745.

于滨, 左增艳, 孔维佳, 2014. 天麻细粉片毒性及安全性的实验研究 [J]. 中国当代医药, 21(21): 6-10.

于生, 郭舒臣, 姚卫峰, 等, 2017. 基于 ICP-MS 法的不同产地天麻中 20 种元素分析 [J]. 中草药, 48(17): 3619-3623.

余昌俊, 王绍柏, 刘雪梅, 2010. 三峡地区天麻主要虫害无公害防控技术 [J]. 中国食用菌, 28(1): 60-61.

虞小燕, 邓百万, 陈文强, 等, 2016. 基于形态学特征和 ITS 序列分析秦巴山区天麻萌发菌的亲缘关系 [J]. 江苏农业科学, 44(5): 245-248.

虞小燕, 邓百万, 陈文强, 等, 2016. 基于形态学特征和 ITS 序列分析秦巴山区天麻萌发菌的亲缘关系 [J]. 江苏农业科学, 45(5): 245-248.

袁胜浩, 王东, 张香兰, 等, 2008. 天麻中天麻素含量的影响因子研究 [J]. 植物分类与资源学报, 30(1): 110-114.

云南名特药材种植技术丛书编委会, 2013. 天麻 [M]. 昆明: 云南出版集团.

曾令祥, 2003. 天麻主要病虫害及防治技术 [J]. 贵州农业科学, 31(5): 54-56.

曾旭, 杨建文, 凌鸿, 等, 2018. 石斛小菇促进天麻种子萌发的转录组研究 [J]. 菌物学报, 37(1): 52-63.

曾旭, 杨建文, 凌鸿, 等, 2018. 天麻种子与真菌共生萌发的蛋白组学研究 [J]. 菌物学报, 37(1): 64-72.

曾勇, 蔡传涛, 2011. 不同海拔两种天麻仿野生栽培下产量和品质变化 [J]. 植物科学学报, 1(5): 637-643.

张博华, 刘威, 赵致, 等, 2014. 贵州仿野生栽培红天麻的生活史及物候期研究 [J]. 中国中药杂志, 39(22): 4311.

张德著, 2013. 天麻(*Gastrodia elata*) 的仿野生栽培实验及共生蜜环菌(*Armillaria*) 的遗传多样性研究 [D]. 昆明: 云南大学.

张国庆, 陈青君, 郭亚萍, 等, 2014. 北方地区天麻品种与栽培模式对产量的影响 [J]. 中国农学通报, 30(4): 205-209.

张宏杰, 周建军, 李新生, 2003. 天麻研究进展 [J]. 氨基酸和生物资源, 25(1): 17-20.

张宏杰, 2008. 天麻素联合甲钴胺治疗顽固性耳鸣 [J]. 现代中西医结合杂志, 17(30): 4742-4743.

张家琼, 2016. 昭通市昭阳区天麻仿野生种植技术 [J]. 现代农业科技, 20: 68-69.

张金芝, 黄光清, 郑卫红, 等, 2012. 天麻素对长春新碱诱导大鼠神经病理性疼痛的抑制作用 [J]. 中药药理与临床, 6: 44-46. 张雷, 2003. 天麻的无性繁殖 [J]. 农学学报, 6: 18.

张梦娟, 2007. 天麻多糖的提取、纯化及活性研究 [D]. 咸阳: 西北农林科技大学.

张素玲, 胡秋梅, 周新巧, 等, 2012. 天麻素对利多卡因致惊厥作用的影响 [J]. 徐州医学院学报, 32(2): 81-83.

张伟, 宋启示, 2010. 贵州大方林下栽培天麻的化学成分研究 [J]. 中草药, 41(11): 1782-1785.

张炜, 盛彧欣, 张金兰, 等, 2007. 应用 HPLC-DAD/MS 技术评价中药天麻的质量 [J]. 药学学报, 42(4): 418-423.

赵国举, 任世兰, 吴绍光, 1984. 天麻、天麻素的镇静镇痛机制及抗炎效应 [C]. 全国药理学术会议.

赵俊, 赵杰, 2007. 中国蜜环菌的种类及其在天麻栽培中的应用 [J]. 食用菌学报, 14(1): 70-75.

赵仁, 2012. 天麻高效栽培 [M]. 昆明: 云南科学技术出版社.

郑卫红, 钱京萍, 2005. 乌红天麻种麻对小鼠镇痛作用的实验研究 [J]. 湖北民族学院学报(医学版), 22(4): 228-230.

郑晓君, 叶静, 管常东, 等, 2010. 兰科植物种子萌发研究进展 [J]. 北 方园艺, 19: 206-209.

中华人民共和国卫生部药典委员会, 2005. 中华人民共和国药典 [M]. 北京: 化学工业出版社.

周昌华、韦会平, 2009. 天麻栽培技术 [M]. 北京: 金盾出版社出版. 周昌华, 2004. 天麻栽培技术 [M]. 北京: 金盾出版社.

周俊, 杨雁宾, 杨崇仁, 1979. 天麻的化学研究—Ⅰ. 天麻化学成分的分离和鉴定 [J]. 化学学报, 37(3): 183-189.

周宁娜, 段小花, 何芳雁, 等, 2014. 天麻对缺血再灌注损伤模型血脑屏障保护作用及机 制研究 [C]. 中华中医药学会中药实验药理分会 2014 年学术年会.

周天华, 丁家玺, 田伟, 等, 2017. 天麻基因组微卫星特征分析与分子标记开发 [J]. 西北植物学报, 37(9): 1728-1735.

周天华, 丁家玺, 徐皓, 等, 2018. 天麻种质资源的 SSR 指纹图谱研究 [J]. 西北植物学报, 38(5): 0830-0838.

周岩, 曹殿波, 韩燕 燕, 等, 2011. 天麻对病毒性心肌炎小鼠心肌细胞保护作用的研究 [J]. 临床儿科杂志, 29(8): 766-768.

周永 志, 庞小博, 2007. 无公害天麻标准化栽培技术 [J]. 食用菌, 29(2): 34-35.

周元, 梁宗锁, 张跃进, 2005. 天麻开花及授粉特性研究 [J]. 西北农林科技大学学报(自然科学版), 33(3): 33-37.

朱栋, 王建国, 李聪 妮, 2013. 天麻安全高产规范化栽培关键技术 [J]. 农业科技通讯, 8: 233-235.

祝洪艳, 蒋然, 何忠梅, 等, 2017. 不同乌天麻炮制品中天麻素、天麻苷元和天麻多糖的含量分析 [J]. 中国药学杂志, 23: 2062-2065.

邹宁, 吕剑涛, 宁立涛, 等, 2010. 天麻素抗疲劳和耐缺氧的实验研究 [J]. 上海中医药杂志, 11: 64-65.

邹宁, 吕剑涛, 薛仁余, 等, 2011. 天麻素对小鼠的镇静催眠作用 [J]. 时珍国医国药, 22(4): 807-809.

Anderson J B, Korhonen K, Ullrich R C, 1980. Relationships between European and North American biological species of *Armillaria mellea* [J]. Experimental Mycology, 4(1): 78-86.

Anderson J B, Ullrich R C, 1979. Biological Species of *Armillaria mellea* in North America [J].Mycologia, 71(2): 402-414.

Berube J A, Dessureault M, 1989. Morphological studies of the *Armillaria mellea* complex: two new species, A.gemina and A.calvescens. [J]. Mycologia, 81(2): 216-225.

Cairney J W G, Jennings D H, Veltkamp C J, 1988. Structural differentiation in maturing rhizomorphs of *Armillaria mellea*(Tricholomatales) [J]. Social Indicators Research, 89(1): 79-95.

Chen S Y, Geng C A, Ma Y B, et al, 2019. Melatonin Receptors Agonistic Activities of Phenols from *Gastrodia elata* [J]. 9(4): 297-302.

Chen Y, Dong H, Li J, et al, 2019. Evaluation of a Nondestructive NMR and MRI Method for Monitoring the Drying Process of Gastrodia elata Blume [J].Molecules, 24(2) : 236.

Coetzee M P A, Wingfield B D, Harrington T C, et al, 2000. Geographical diversity of *Armillaria mellea* s. s. based on phylogenetic analysis [J]. Mycologia, 92(1) : 105-113.

Coetzee M P, Wingfield B D, Harrington T C, et al, 2010.The root rot fungus *Armillaria mellea* introduced into South Africa by early Dutch settlers [J].Molecular Ecology, 10(2) : 387-396.

DONNELLY, D. M X, HUTCHINSON, et al, 1990. Armillane, a saturated sesquiterpene ester from *Armillaria mellea* [J].Phytochemistry, 29(1) : 179-182.

Gao J M, Yang X, Wang C Y, et al, 2001. Armillaramide, a new sphingolipid from the fungus *Armillaria mellea.* [J]. Fitoterapia, 72(8) : 858-864.

Garrett S D, 1960. Rhizomorph behaviour in *Armillaria mellea* (Fr.) Quél. Ⅲ. Saprophytic colonization of woody substrates in soil. [J]. Annals of Botany, 24(94) : 275-285.

Garrett S D, 1953. Rhizomorph Behaviour in *Armillaria mellea* (Vahl) Quél : I. Factors controlling Rhizomorph Initiation by A. Mellea in Pure Culture [J].Annals of Botany, 17(65) : 63-79.

Huai-Zhen T, Hong-Qing L I, Chih-Kai Y, 2010. *Gastrodia* R. Br. A newly recorded genus of orchidaceae in Guangdong Province [J]. Journal of Tropicaland Subtropical Botany, 18(5) : 488-490.

Huang C L, Wang K C, Yang Y C, et al, 2018. *Gastrodia elata* alleviates mutanthuntingtin aggregation through mitochondrial function and biogenesis mediation [J]. Phytomedicine, 39(1) : 75-84.

Huang W C, Wang Z W, Wei N, et al, 2018. *Gastrodia elatoides* (Orchidaceae : Epidendroideae : Gastrodieae), a new holomycoheterotrophic orchid from Madagascar [J]. Phytotaxa, 349(2) : 167.

Jin, Xiao-Hua, Kyaw, Myint, 2017. *Gastrodia putaoensis* sp. nov. (Orchidaceae, Epidendroideae) from North Myanmar [J]. Nordic Journal of Botany, 35(6) : 730-732.

Li G F, Yin Q B, Zhang L, et al, 2017. Fine classification and untargeted detection of multiple adulterants for *Gastrodia elata* Bl. (GE) by near-infrared spectroscopy coupled with chemometrics [J]. Analytical Methods, 9(12) : 1897-1904.

Li M, Du Y, Wang L, et al, 2017. Efficient discovery of quality control markers for *Gastrodia elata* tuber by fingerprint-efficacy relationship modelling [J]. Phytochemical Analysis Pca, 28(4) : 351-359.

Li Y, Wang L M, Xu J Z, et al, 2017. Gastrodia elata attenuates inflammatory response by inhibiting the NF-κB pathway in rheumatoid arthritis fibroblast-like synoviocytes [J]. Biomedicine & Pharmacotherapy, 85 : 177-181.

Lung M Y, Huang P C, 2010. Optimization of exopolysaccharide production from *Armillaria mellea* in submerged cultures [J]. Letters in Applied Microbiology, 50(2) : 198-204.

Meng Q W, Song X Q, Luo Y B, 2007. A new species of *Gastrodia* (Or chidaceae) from Hainan Island, China and its conservation status [J]. Nordic Journal of Botany, 25(1 2) : 23-26.

Metusala D, Supriatna J, 2017. *Gastrodia bambu* (Orchidaceae : Epidendroideae), A New Species from Java,

Indonesia [J]. Phytotaxa, 317(3): 211.

Nogales A, Aguirreolea J, María E S, et al, 2009. Response of mycorrhizal grapevine to *Armillaria mellea* inoculation: disease development and polyamines [J]. Plant & Soil, 317(1-2): 177-187.

Obuchi T, Kondoh H, Watanabe N, et al, 1990. Armillaric acid, a new antibiotic produced by *Armillaria mellea*. [J]. Planta Medica, 56(2): 198-201.

Sc A H C B, 2010. Zone lines in plant tissues: Ii. the black lines formed by *armillaria mellea* (Vahl) Quel [J]. Annals of Applied Biology, 21(1): 1-22.

Seok P R, Oh S J, Choi J W, et al, 2019. The protective effects of *Gastrodia elata* Blume extracts on middle cerebral artery occlusion in rats [J]. Food Science and Biotechnology, 28(3): 857-864.

Ullrich R C, Anderson J B, 1978. Sex and diploidy in *Armillaria mellea*. [J]. Experimental Mycology, 2(2): 119-129.

Wang Y, Shahid M Q, Ghouri F, et al, 2019. Development of EST-based SSR and SNP markers in *Gastrodia elata* (herbal medicine) by sequencing, de novo assembly and annotation of the transcriptome [J]. 3Biotech, 9(8): 1-10.

Wargo P M, 1975. Lysis of the cell wall of *Armillaria mellea* by enzymes from foresttrees [J].Physiological Plant Pathology, 5(2): 99-105.

Watanabe N, Obuchi T, Tamai M, et al, 1990. A novel N6-substituted adenosine isolated from mi huan jun (*Armillaria mellea*) as a cerebral-protecting compound. [J]. Planta Medica, 56(1): 48-52.

Watling R, Kile G A, Gregory N M, 1982. The genus Armillaria-nomenclature, typification, the identity of *Armillaria mellea* and species differentiation [J]. Transactions of the BritishMycological Society, 78(2): 271-285.

Xu Z, YangJ W, Hong L, et al, 2018. Proteome changes during the germination of the fungus-symbiotic seed of *Gastrodia elata* [J]. Mycosystema, 37(1): 64-72.

Yang L, Rui R, Huang G, 2018. Study on the best initial processing technology of *gastrodia elata* [J]. Pharmaceutical Chemistry Journal, 52(3): 224-230.

Yuan Y, Jin X, Liu J, et al, 2018. The *Gastrodia elata* genome provides insights into plant adaptation to heterotrophy [J]. Nature Communications, 9(1): 1615.

Yu-Bin J I, Wan-Rui D, Xue-Song L, et al, 2018. Effect of *Gastrodia elata* Bl. from Yiliang on mouse model of memoryimpairment induced by scopolamine and its mechanism [J]. Chinese Pharmacological Bulletin, 34(12): 1684-1688.

Zeng X, Li Y, Ling H, et al, 2018. Revealing proteins associated with symbiotic germination of *Gastrodia elata* by proteomic analysis [J]. Botanical Studies, 59(1): 8.

Zeng X, Li Y, Ling H, et al, 2017. Transcriptomic analyses reveal clathrin-mediated endocytosis involved in symbiotic seed germination of *Gastrodia elata*. [J]. Botanical Studies, 58(1): 31.

부록

세계 천마속 식물 종 목록

(전 세계 천마속 식물 89종, 중국 30종)

번호	라틴어 학명	분포 지역
1	*Gastrodiaa bscondita* J. J. Sm.	인도네시아 자바
2	*Gastrodia africana* Kraenzl.	카메룬
3	*Gastrodia albida* T. C. Hsu, & C. M. Kuo	중국 대만, 광둥
4	*Gastrodia albidoides* Y. H. Tan & T. C. Hsu	중국 윈난성
5	*Gastrodia angusta* S. Chow & S. C. Chen	중국 윈난성
6	*Gastrodia appendiculata* C. S. Leou & N. J. Chung	중국
7	*Gastrodia arunachalensis* S. N. Hegde & A. N. Rao	아루나찰프라데시, 인도
8	*Gastrodia ballii* P. J. Cribb & Browning	말라위, 짐바브웨, 모잠비크
9	*Gastrodia bambu* Metusala	인도네시아
10	*Gastrodia boninensis* Tuyama	일본 보닌 제도
11	*Gastrodia cajanoae* Barcelona & Pelser	필리핀
12	*Gastrodia callosa* J. J. Sm.	인도네시아 자바, 중국 대만
13	*Gastrodia celebica* Schltr.	술라웨시, 인도네시아
14	*Gastrodia clausa* T. C. Hsu, S. W. Chung & C. M. Kuo	중국 대만, 광둥
15	*Gastrodia confusa* Honda & Tuyama	중국 대만, 북한, 일본, 보닝 제도, 류큐 제도
16	*Gastrodia confusoides* T. C. Hsu, S. W. Chung & C. M. Kuo	중국 대만
17	*Gastrodia cooperae* Lehnebach & J. R. Rolfe	뉴질랜드
18	*Gastrodia crassisepala* L. O. Williams	뉴기니
19	*Gastrodia crebriflora* D. L. Jones	호주 퀸즐랜드

번호	라틴어 학명	분포 지역
20	*Gastrodia crispa* J. J. Sm.	인도네시아 자바
21	*Gastrodia cunninghamii* Hook. f.	바누아투, 뉴질랜드
22	*Gastrodia damingshanensis* A.Q. Hu & T. C. Hsu	중국 대만
23	*Gastrodia dyeriana* King & Pantl.	시킴, 인도다길링
24	*Gastrodia effusa* P. T. Ong & P. O'Byrne	말레이시아 사바주, 말레이시아 반도
25	*Gastrodia elata* Blume	중국 대부분, 일본, 북한, 러시아 극동, 부탄, 네팔, 인도 아삼주
26	*Gastrodia elatoides* W. C. Huang, G. W. Hu & Q. F. Wang	마다가스카르
27	*Gastrodia entomogama* D. L. Jones	호주
28	*Gastrodia exilis* Hook. f.	태국, 인도 북부 아삼주, 인도네시아 수마트라 섬
29	*Gastrodia falconeri* D. L. Jones & M. A. Clem.	파키스탄, 북부 인도, 네팔
30	*Gastrodia fimbriata* Suddee	태국
31	*Gastrodia flavilabella* S. S. Ying	중국 대만
32	*Gastrodia flexistyla* T. C. Hsu & C. M. Kuo	중국 대만
33	*Gastrodia flexistyloides* Suetsugu	일본
34	*Gastrodia fontinalis* T. P. Lin	중국 대만
35	*Gastrodia gracilis* Blume	중국 대만, 윈난, 일본 혼슈
36	*Gastrodia grandilabris* Carr	사바, 말레이시아
37	*Gastrodia holttumii* Carr	말레이시아
38	*Gastrodia huapingenisi* X. Y. Huang, A. Q. Hu & Yan Liu	중국
39	*Gastrodia isabelensis* T. C. Hsu	중국 대만
40	*Gastrodia javanica* (Blume) Lindl.	인도네시아, 말레이시아, 필리핀, 태국, 중국 대만, 피지, 일본, 류큐제도
41	*Gastrodia kachinensis* X. H. Jin & L. A. Ye	푸타, 카친 주, 미얀마
42	*Gastrodia khangii*	
43	*Gastrodia kuroshimensis* Suetsugu	일본
44	*Gastrodia lacista* D. L. Jones	서호주

번호	라틴어 학명	분포 지역
45	*Gastrodia longitubularis* Q. W. Meng, X. Q. Song & Y. B. Luo	중국 하이난
46	*Gastrodia madagascariensis* H. Perrier ex Martos & Bytebier	마다가스카르
47	*Gastrodia major* Aver.	베트남
48	*Gastrodia maliauensis*	말레이시아
49	*Gastrodia menghaiensis* Z. H. Tsi & S. C. Chen	중국 윈난
50	*Gastrodia minor* Petrie	뉴질랜드
51	*Gastrodia mishmensis* A. N. Rao, Harid. & S. N. Hegde	말레이시아
52	*Gastrodia molloyi* Lehneback & J. R. Rolfe	뉴질랜드
53	*Gastrodiana ntoensis* T. C. Hsu, C. M. Kuo ex T. P. Lin	중국 대만
54	*Gastrodia nipponica* (Honda) Tuyama	중국 대만, 일본, 류큐 제도
55	*Gastrodia nipponicoides* Suetsugu	일본
56	*Gastrodia okinawensis* Suetsugu	일본
57	*Gastrodia papuana* Schltr.	뉴기니
58	*Gastrodia peichatieniana* S. S. Ying	중국 광둥, 대만
59	*Gastrodia phangngaensis* Suddee	호주 뉴사우스웨일스
60	*Gastrodia procera* G. W. Carr	호주 뉴사우스웨일스, 빅토리아, 수도권, 타스마니아
61	*Gastrodia pubilabiata* Y. Sawa	중국 대만, 일본
62	*Gastrodia punctata* Aver.	중국 하이난, 베트남
63	*Gastrodia putaoensis* Jin, X. H., Kyaw & Myint	미얀마 북부
64	*Gastrodia queenslandica* Dockrill	호주 퀸즐랜드
65	*Gastrodia rwandensis* Eb. Fisch. & Killmann	르완다
66	*Gastrodia sabahensis* J. J. Wood & A. L. Lamb	사바, 말레이시아
67	*Gastrodia selabintanensis* Tsukaya & Hidayat	말레이시아 젤란드
68	*Gastrodia sesamoides* R. Br.	호주 퀸즐랜드, 뉴사우스웨일스, 빅토리아, 수도권, 타스마니아
69	Gastrodiashimizuana Tuyama	일본 이리오모테 섬, 중국 대만

번호	라틴어 학명	분포 지역
70	*Gastrodia silentvalleyana* C. S. Kumar, P. C. S. Kumar, Sibi& S. Anil Kumar	인도 케랄라
71	*Gastrodia similis* Bosser	레위니옹 섬
72	*Gastrodia solomonensis* T. C. Hsu	중국대만
73	*Gastrodia spatulata* (Carr) J. J. Wood	말레이시아 사바
74	*Gastrodia stapfii* Hayata	일본
75	*Gastrodia sui* C. S. Leou, T. C. Hsu & C. R. Yeh	중국 대만
76	*Gastrodia surcula* D. L. Jones	호주 뉴사우스웨일스
77	*Gastrodia taiensis* Tuyama	베트남
78	*Gastrodia takeshimensis* Suetsugu	일본
79	*Gastrodia tembatensis* P. T. Ong & P. O'Byrne	말레이반도
80	*Gastrodia theana* Aver.	베트남
81	*Gastrodia tonkinensis* Aver. & Averyanova	베트남
82	*Gastrodia tuberculata* F. Y. Liu & S. C. Chen	중국 윈난
83	*Gastrodia umbrosa* B. Gray	호주 퀸즐랜드 북부의 아서튼 고원
84	*Gastrodia uraiensis* T. C. Hsu & C. M. Kuo	중국 대만
85	*Gastrodia urceolata* D. L. Jones	호주 퀸즐랜드
86	*Gastrodia verrucosa* Blume	태국, 말레이 반도, 인도네시아 자바, 수마트라
87	*Gastrodia vescula* D. L. Jones	남호주
88	*Gastrodia wuyishanensis* Da M. Li & C. D. Liu	중국푸젠성
89	*Gastrodia zeylanica* Schltr.	스리랑카

용어정리

- **괴경(塊莖)**: 땅속에서 줄기가 비대해져 생긴 식물의 영양 기관으로, 천마는 괴경을 통해 지하에서 생장하며, 감자, 토란 등의 작물이 이에 해당함
- **균락(菌落)**: 한 개의 미생물이 배지에서 증식하여 육안으로 관찰이 가능하도록 덩어리를 이룬 상태
- **균봉(菌棒)**: 생장균의 균사를 배양한 천마목을 의미하며, 천마 재배 시 균사 공급원으로 사용
- **균사(菌絲)**: 곰팡이나 버섯 등의 진균(fungus)이 이루는 가늘고 긴 실 모양의 세포 덩어리로, 영양분 흡수, 숙주와의 공생 또는 기생을 통하여 생장
- **균사체(菌絲體)**: 균사가 모여 이룬 집합체
- **균삭(菌索)**: 균사가 다발로 굵게 조직화된 구조로, 균삭의 구조와 기능은 복잡성 면에서 식물의 뿌리에 비견될 수 있음
- **균상(菌床)**: 균재가 잘 자랄 수 있도록 조성한 공간으로, 적절한 온도, 수분, 통기성 유지 등이 생장 관리에 중요한 요인으로 작용
- **균재(菌材)**: 천마는 광합성을 하지 않는 특이한 습성이 있는 식물로, 생장을 위해서는 반드시 균류가 필요하며, 이때 사용되는 균재에는 발아균과 생장균이 있음
- **꽃차례(花序)**: 꽃의 배열 형식을 말하며, 식물의 생식 구조 중 하나임
- **무(苗)**: 중국의 토지 면적 단위. 1무=666.67㎡
- **미마(未麻)**: 원구경이 자라면서 생긴 어린 천마 또는 백마, 전마 재배 시 발달한 길이 2cm 이내, 무게 2g 이내의 작은 괴경
- **발아균(發芽菌)**: 천마 종자의 발아에 필수적으로 공생해야 하는 진균(주름버섯속)으로, 종자의 발아를 유도하고 초기 생장을 돕는 역할. 맹발균
- **배지(培地)**: 미생물 등 배양물이 자라기 위한 영양분을 담은 환경으로, 고체, 액체, 반고체 배지가 있음
- **백마(白麻)**: 2cm 이상의 추대가 안 된 천마 괴경. 일반적으로 길이 2~11cm, 무게 2~50g으로 번식 능력이 강하여 '종마'라고도 함
- **부생(腐生)**: 죽은 유기물(낙엽, 썩은 나무 등)을 분해하며 살아가는 생존 방식으로, 진균, 일부 세균, 일부 식물 등이 이에 해당함

- 부생성(腐生性): 생물이 죽은 유기물을 분해하여 영양분을 얻는 특성
- 분주(分注): 멸균시킨 배지를 페트리디시, 시험관 등의 배양 용기에 적정량 나누어 담는 과정
- 삭과(蒴果): 열매 속이 여러 칸으로 나뉘어져서, 각 칸 속에 많은 종자가 들어 있는 열매의 구조
- 생장균(生長菌): 천마 재배에 필수적인 공생균의 일종으로, *Armillaria*속의 진균이며 생장균이 없으면 발아와 생장이 불가능함. 천마는 광합성을 하지 못하므로 생장균으로부터 생장에 필요한 당, 아미노산, 무기질 등을 흡수함. 밀환균
- 원구경(原球莖): 천미 종자 배아의 발아에 의하여 형성되며 끝이 둥근 풍선 모양으로, 일반적으로 길이 0.4 ~ 0.7mm, 지름 0.3 ~ 0.5mm
- 자실체(子實體): 포자를 만드는 번식기관으로, 우리가 흔히 보는 버섯의 갓과 대는 자실체임
- 전마(全麻): 백마가 성장하여 꽃을 피우고 씨앗을 맺을 수 있는 괴경으로, 상품으로 사용하며 길이 5 ~ 20cm, 지름 2 ~ 8cm, 무게 50 ~ 300g
- 좌자체(坐子體): 곰팡이, 특히 자낭균류에서 포자를 생성하고 담고 있는 구조로 자낭각이라고도 함
- 진균(真菌): 균사 또는 효모 형태로 존재하는 진핵생물로, 엽록체가 없어 광합성이 불가능하여 유기물을 분해하여 영양을 흡수하여 살아가는 생물군
- 천마배당체(天麻配糖體): Gastrodia glycosides. 천마 괴경에 함유되어 있는 글리코사이드 유효 성분의 총칭으로, 가스트로딘과 파리신류가 대표적인 물질임
- 천마소(天麻素): 가스트로딘(Gastrodin). 천마의 주요 유효 성분 중의 하나로, 분자식은 $C_{13}H_{18}O_7$, 분자량은 283.22g/mol, 화학명은 4-하이드록시메틸페닐-β-D-피라노글루코사이드. 신경 보호, 항경련, 항산화, 혈류 개선 등의 효과
- 천마속(天麻属): 식물 분류학적으로 천마(*Gastrodia elata*)가 속한 속(genus)을 뜻함
- 침지(浸漬): 배지나 종자를 일정 시간 소독액 등 액체에 담그는 과정
- 한천(寒天): 해조류에서 추출한 천연 다당류로 배지를 만들 때 고온에서 녹고 낮은 온도에서 굳는 특성을 활용하여 응고제로 활용
- 호흡공(呼吸孔): 균류는 배양 시 적절한 산소 공급이 필요하며, 이 호흡공을 통하여 산소를 공급하고 이산화탄소를 배출하는 역할을 함

역자소개

왕효봉(王晓峰, Wang Xiaofeng)

- 전북대학교 대학원 농업경제학과 졸업(경제학 박사)
- 현 한국농식품정책학회 중국 이사
- 현 중국 이창농순천마협동조합 전문연구원
- 현 China Suqian University 경제관리학원 조교수

유찬주(兪贊周, Yu Chan-ju)

- 전북대학교 대학원 농업경제학과 졸업(경제학 박사)
- 전 전북대학교 바이오식품소재개발및산업화연구센터 산학협동조교수
- 전 (사)무주천마사업단 단장
- 전 전남농촌융복합산업지원센터 현장코칭 전문위원
- 전 전라고등학교 학교운영위원회 위원장
- 현 전북특별자치도 농어업·농어촌위원회 위원
- 현 전북특별자치도 소규모식품가공사업 심의위원장
- 현 전북대학교 농경제유통학부 교수

이장원(李璋源, Lee Jang-won)

- 전북대학교 원예학과 졸업
- 전북대학교 대학원 원예학과 원예학 석사
- 전북대학교 대학원 원예학과 농학박사
- 전 전주대학교 건강과학종합연구소 연구원
- 전 농촌진흥청 농업유전자원센터 박사후연구원
- 전 무주군농업기술센터 연구개발팀장
- 현 에코텍 이사

백승우(白承雨, Back Seoung-woo)

- 전북대학교 대학원 농업경제학과(경제학석사 및 박사)
- 전 중국 청도농업대학교 농촌경제연구소 객좌연구원
- 전 국무조정실 국정과제자문단 자문위원
- 전 전북대학교 농업생명과학대학 학장
- 전 한국농식품정책학회 회장
- 현 고산농협 사외이사
- 현 전북특별자치도 농어업·농어촌위원회 위원장
- 현 전북대학교 농경제유통학부 교수

천마 시설 재배 신기술

초판 1쇄 인쇄 2025년 7월 14일
초판 1쇄 발행 2025년 7월 21일

지 은 이 | 贺新生 · 王正前 · 陈波 · 杜春雪 · 赵秋月
옮 긴 이 | 왕효봉 · 유찬주 · 이장원 · 백승우
펴 낸 이 | 김기섭
편 집 인 | 이혜란
펴 낸 곳 | 창지사 www.changjisa.com
08589 서울시 금천구 가산디지털 1로 83 파트너스타워 1차 9층
전화 (02)719-2211~3
팩스 (02)701-9386
등 록 | 1977년 4월 28일 · 제1-421호

ISBN 978-89-426-1934-4 (13480)

값 25,000원